COLECCIÓN POPULAR

291

CELEBRACIONES DE LA VIDA

Traducción de
JOSÉ RAMÓN PÉREZ LÍAS

RENÉ DUBOS

Celebraciones
de la vida

CONSEJO NACIONAL DE CIENCIA Y TECNOLOGÍA

FONDO DE CULTURA ECONÓMICA

MÉXICO

Primera edición en inglés, 1981
Primera edición en español, 1985

Este libro se publica con el patrocinio del
Consejo Nacional de Ciencia y Tecnología

Título original:
Celebrations of Life
© 1981, René Dubos
Publicado por McGraw-Hill Book Company, Nueva York
ISBN 0-07-017894-1

D. R. © 1985, Fondo de Cultura Económica, S. A. de C. V.
Av. de la Universidad, 975; 03100 México, D. F.

ISBN - 968-16-2076-3

Impreso en México

PRÓLOGO

Fue mi primera intención titular este libro *The Celebration of Life* [La celebración de la vida]. Sin embargo, después de recapacitar, me pareció que *Celebrations* [Celebraciones] sería el nombre más apropiado, pues las maneras de celebrar el mundo son tantas como criaturas vivas habitan en él. ¿Quién duda que el gato estirado al sol o enroscado al calor de una estufa y el cordero o el potro que retozan sobre la hierba de un prado en primavera celebran cada uno la vida a su propia manera? Nosotros, los seres humanos, podemos complementar esta alegría puramente vital con la invención de estilos de vida, instituciones sociales, modos de pensar y otras innumerables actividades que trascienden las actividades meramente vitales y constituyen otras tantas diferentes maneras de experimentar y celebrar la vida humana.

La palabra "vida" no denota aquello de que están constituidos los organismos vivientes, sino lo que éstos *hacen*. Observaciones y estudios científicos nos han proporcionado mucho conocimiento acerca de las criaturas vivientes, especialmente los seres humanos —su desarrollo evolutivo, sus características anatómicas, sus funciones psíquicas, sus modos de comportamiento— pero estos conocimientos biológicos no revelan cómo se experimenta la vida; cada uno de nosotros sólo puede experimentarla por medio de su propio ser en su totalidad, y únicamente por extrapolación atribuimos a otros seres humanos vivencias y experiencias semejantes a las nuestras. Nosotros celebramos la vida cuando reconocemos que es el origen mismo de todas nuestras satisfacciones y da significación a toda nuestra existencia puramente vital, aun cuando fracasemos en nuestras empresas. En palabras de Ruskin: "No hay otra riqueza que la vida."

Este libro no trata de la naturaleza de la vida ni de las características o actividades de organismos particulares, sino de la experiencia vital, especialmente en la aventura humana. Trataré de transferir esta experiencia mediante la explicación de lo que *sé* y lo que *siento* acerca de ciertos lugares y acontecimientos que han sido de particular interés para mí o que han afectado algunos aspectos de mi existencia.

El capítulo I, "La humanización del *Homo sapiens*", documenta el hecho de que los miembros de esta especie biológica llegan a ser realmente humanos y capaces de usar un lenguaje humano sólo si se crían hasta cierta edad crítica en alguna sociedad humana en cualquier parte de la Tierra.

El capítulo II, "El pasado, lugares públicos y autodescubrimiento", explica cómo determinado individuo humano se convierte en persona —persona única, sin precedente e irrepetible— como resultado de la herencia, los efectos del ambiente y de los acontecimientos y, especialmente, de las decisiones que toma en el curso de su existencia.

El capítulo III, "Pensar globalmente, pero obrar localmente", ilustra por medio de ejemplos históricos y contemporáneos que, si bien los problemas de la vida más importantes son fundamentalmente los mismos dondequiera, su solución está siempre condicionada por circunstancias y opciones locales.

El capítulo IV, "Tendencia no es destino", ilustra

8

que, aun cuando la evolución biológica es irreversible, la evolución social hace posible a personas individuales y sociedades humanas modificar su curso e incluso desandar sus pasos, cuando juzgan que siguen una dirección inconveniente.

El capítulo v, "Recursos materiales y riqueza de la vida en recursos", describe cómo los seres humanos y otros organismos vivientes pueden convertir materias y fuerzas primas de la tierra en sustancias y estructuras aprovechables para su propio desarrollo y ejercitar sus actividades.

El capítulo vi, "Optimismo, pese a todo", afirma que, no obstante tragedias pasadas y actuales, podemos tener fe en el futuro, pues la vida y la naturaleza humanas son en extremo elásticas y, además, vamos aprendiendo a prever y prevenir los peligros inherentes a las fuerzas naturales y a nuestras propias actividades. No es posible predecir el futuro, pero todavía seguimos renovándonos a medida que nos trasladamos a nuevos lugares y pasamos por nuevas experiencias —la manera humana de celebrar la vida.

Celebraciones de la vida es una expresión de mis experiencias personales, e indudablemente estoy en deuda con innumerables personas que me han ayudado en el curso de más de ochenta años que llevo de existencia. Como no me será posible expresar a cada una de ellas mi agradecimiento, mencionaré únicamente a tres que simbolizan tres etapas y aspectos de mi vida.

Adeline De Blöedt Dubos, mi madre, a quien debo todo.

Jean Porter Dubos, mi esposa, que ha contribuido con críticas e ideas creativas a cada parte de este libro.

9

Peggy Tsukahira, quien primero leyó conmigo este libro y se mostró tan triste después de haber leído partes de la primera versión que inmediatamente reorganicé el manuscrito, con intención de hacer más legible el texto y lograr que volviera a brillar su amable sonrisa.

Aun cuando me hago responsable de todas y cada una de las frases de *Celebraciones de la vida,* título inclusive, debo señalar que muchos de sus conceptos tuvieron su origen en discusiones con amigos y colegas que fundaron el Centro René Dubos para Ambientes Humanos, especialmente con Ruth y William Eblen. Las actividades del Centro se basan en nuestra fe en la posibilidad de que los seres humanos modifiquen la superficie de la Tierra de manera tal que se formen nuevos ambientes ecológicamente viables, estéticamente placenteros y económicamente provechosos que generen aún más oportunidades para la celebración de la vida.

I. LA HUMANIZACIÓN DEL "HOMO SAPIENS"

LA FAMILIA HUMANA GLOBAL

DESPUÉS de tres semanas de extenuantes actividades bajo el brillante y centelleante cielo primaveral de Australia, seguidas de una semana en el cálido, húmedo y contaminado aire de Taiwan, mi mujer y yo decidimos hacer escala en el Territorio de Hong Kong, antes de regresar a Nueva York. Ocurría esto en 1965. Hong Kong era entonces, y todavía es, la metrópoli con la más alta densidad de población de todo el mundo; el ingreso medio *per capita* era bajísimo, especialmente entre los refugiados provenientes de la China continental. Sin embargo, por sorprendente que parezca, todos los estudios sociales y médicos que he leído afirman que la salud física y mental es excelente en la mayor parte de la ciudad y que los delitos u otras formas de conducta desordenada son raros. Nosotros estábamos ansiosos por ver si semejantes placenteras formas de vida podían realmente lograrse en condiciones de pobreza y hacinamiento extremos.

No conocíamos a nadie en Hong Kong, como tampoco sabíamos nada acerca de su estructura. Como deseábamos explorar primero la parte interior de la ciudad, sin sufrir la influencia de guías, anduvimos más o menos al azar respondiendo sólo a los intrigantes estímulos que llegaban a nuestros ojos, oídos y nariz.

11

Vimos por doquier, y a cualquier hora del día, a gente que comía en la calle o en alguno de la gran variedad de restaurantes situados a bordo de embarcaciones o en tierra. Vimos inmenso número de alegres y retozones niños con ánimo de juego, pero que se comportaban ordenadamente a su salida de escuelas de diverso grado y especialidad. Por la tarde ambulamos por los sectores más pobres de la ciudad que, sin embargo, no merecían calificarse de tugurios, pues las calles se utilizaban para una gran diversidad de vívidos y alegres espectáculos.

Aun cuando en muchas ocasiones pensábamos que éramos nosotros las únicas personas de raza blanca, en momento alguno experimentamos preocupación o temor por nuestra seguridad, y ni siquiera incomodidad. Así pues, un bajo ingreso y una alta densidad de población nos parecieron compatibles con una vida agradable y decente. Es probable que el hacinamiento sólo constituya un peligro público cuando otras condiciones sociales han sufrido grave empeoramiento.

Poco después del mediodía nos aventuramos en el interior de un gigantesco edificio, en parte mercado público y en parte tienda de departamentos, el cual resultó estar dirigido por la República Popular China. Mientras observábamos las exhibiciones, advertimos a una adorable niñita china entregada a una vivaz conversación con un anciano caballero chino. Alto, de cara delgada y con una perilla blanca, el anciano parecía en extremo prudente y muy distinguido, con su vestidura basta, pero limpísima. Él y la muchachita parecían el símbolo perfecto de la relación afectuosa entre abuelo y nieta en cualquier parte del mundo. Tanto el caballero chino como la niña parecían más interesados el uno en el otro que en los escaparates o en las demás personas; pero era evidente, por la forma en que nos miraban, que se habían dado cuenta de nuestro interés por ellos y del placer que su presencia nos causaba.

Mi mujer y yo recorrimos las diferentes secciones de la tienda y, sólo por el capricho de poseer algún objeto fabricado en la China continental, compré una túnica del estilo semimilitar de Mao. La túnica me venía bien, pero cuando me la puse en Nueva York, aun después de lavada, despedía un olor y tufo peculiares incompatibles con mi vida norteamericana. Al final halló su camino hasta una tienda barata.

Seguimos paseando por el mercado y unos quince minutos después de haberme comprado la túnica, volvimos a ver al abuelo con su nieta. Los cuatro intercambiamos amistosas sonrisas, probablemente iniciadas por nosotros. Pero mi esposa y yo nos pusimos serios al investigar algunas piezas del mobiliario que, si bien hermosamente confeccionadas, nos hicieron pensar por qué las sillas, correctamente proporcionadas para nuestros cuerpos, nos hacían sentirnos incómodos, como si hubiéramos de aprender gestos y actitudes nuevas para nosotros, aunque naturales para los chinos.

Había llegado la hora de regresar a pie al hotel. Cuando estábamos ya a punto de salir del mercado, nuestro camino se cruzó una vez más con el de la niñita y el anciano caballero, pero en este tercer encuentro sus sonrisas y las nuestras explotaron en alegres carcajadas. Sentíamos la impresión de que conocíamos a ambos desde hacía largo tiempo, y que ellos también experimentaban la misma sensación respecto a nosotros —sin duda sobre todo aquello relativo a nosotros que tiene verdadera importancia en las relaciones humanas. Nosotros, el abuelo chino y su nieta habíamos permanecido separados culturalmente por incontables generaciones y geográficamente por varios millares de kilómetros; sin embargo, pudimos establecer de inmediato mutuas relaciones porque ellos y nosotros formábamos parte del mismo grupo biológico, la familia humana universal.

He tenido cálidos contactos semejantes, independientes de la comunicación verbal, en otras partes del mundo; por ejemplo: con niños indios y sus padres en una escuela de Nuevo México, donde yo trabajaba sobre la reservación navaja a fines de los años cuarenta, e igualmente con dos familias senegalesas en los años cincuenta mientras permanecía varado en el aeropuerto de Dakar. La sonrisa más feliz que recuerdo la vi en un filme en que aparecía una muchachita aborigen australiana que exhibía una enorme y jugosa larva que acababa de extraer de debajo de la corteza de un árbol, y que iba a comerse en seguida.

Comprendí qué tan feliz se sentía en aquel momento, y estoy convencido de que la niña se hubiera dado cuenta del placer que me producía, de haber estado con ella frente a frente. Aun la conducta humana menos familiar nos es significativa por la razón aparentemente obvia, pero en realidad misteriosa, de que hay una forma peculiar característicamente humana de hacer casi cualquier cosa.

En cualquier lugar de la Tierra, individuos humanos de la más diversa índole están constantemente entregados a actividades que ejecutan de las más variadas maneras. No obstante, una avasalladora impresión de unidad emerge de esta prodigiosa diver-

14

sidad de tipos humanos, situaciones sociales y modos de conducta. Un esquimal enjaezando sus perros, un labrador chino encorvado en su arrozal, un tuareg conduciendo un camello por el Sahara a través de una tormenta de arena, un neoyorquino deteniendo un taxi, un turista japonés tomando fotografías en el parque de Versalles, todos ellos exhiben modos de conducta que son claramente humanos.

Las actitudes de los científicos respecto a la naturaleza humana han variado ampliamente durante los recientes decenios. Por ejemplo, en 1928, Margaret Mead publicó su primer libro, *Coming of Age in Samoa,* en el que concluye acerca de sus estudios sobre mujeres jóvenes habitantes de la isla que mucho de lo que se suele adscribir a la naturaleza humana es en realidad la expresión del ambiente social en el que la persona nace y se cría. En 1978, medio siglo después de la publicación del mencionado libro de Margaret Mead, el profesor E. O. Wilson alcanzó fama, compuesta a la vez de admiración y ultraje, por afirmar en su libro *On Human Nature,* que la herencia genética de la especie humana gobierna todos los aspectos de nuestra conducta —no sólo la agresión y la sexualidad, sino también aquellos rasgos que se suponen característicamente humanos, como la generosidad, el autosacrificio e incluso los sentimientos religiosos.

En *Celebraciones de la vida* daré por demostrado que tanto la constitución genética como el ambiente total obran sobre todos los aspectos del desarrollo y la conducta humana, pero acentuaré en particular que estos mecanismos determinantes no explican por completo la vida humana. Ni los individuos ni las sociedades se someten pasivamente al ambiente y a los acontecimientos. Es propio del hombre elegir el lugar donde vivir y la actividad a que habrá de dedicarse —elecciones ambas fundadas en lo que se quiere ser, hacer y llegar a ser. Por lo demás, personas y sociedades cambian a menudo sus métodos y metas; incluso llegan a rectificar su camino y comenzar en una nueva dirección, si piensan haber tomado la vía equivocada. De este modo, mientras la vida del animal es prisionera de la evolución *biológica* esencialmente irreversible, la vida humana goza de la maravillosa libertad de la evolución *social*, que es rápidamente reversible y creadora. Por lo que concierne a los seres humanos, tomar cierto rumbo no es decidir su destino.

En varias ocasiones presentaré los temas que trato en este libro por medio de ejemplos tomados de mi vida, no sólo los ambientes y sucesos que han influido en mi desenvolvimiento, sino también las opciones que he tomado. No significa ello subrayar las circunstancias de mi vida, sino más bien utilizarlas como piedras de paso colocadas a través de una amplia corriente de experiencia humana hacia otras situaciones en varios grupos sociales y nacionales. El siguiente breve esbozo de mi vida pretende transmitir la verdad general de que todo en nosotros encarna nuestro medio ambiente y pasado social, y que no podemos escapar de su influencia sobre nuestra constitución y nuestra conducta.

MIS RAÍCES

Nací al comienzo de este siglo, el 20 de febrero de 1901 —para ser exacto—, y me crié en aldeas agrícolas a unos 50 kilómetros directamente al norte de París.

Hasta que mi familia se trasladó a París, cuando yo tenía casi trece años de edad, sólo había visto un pequeño pueblo, Beaumont-sur-Oise, situado a unos cuantos kilómetros de la aldea donde me había criado, donde vivían mis abuelos, y cuya población no pasaba de los 3 mil habitantes. Salí de Francia a comienzos de 1922, primero a Italia y después, en el otoño de 1924, a los Estados Unidos, y desde entonces he tenido muy poco contacto con la región en que me crié. En realidad, no volví a Hénonville, la pequeña aldea en que había pasado casi toda mi niñez, hasta sesenta años después de haber salido de ella para residir en París.

Nunca me he arrepentido de haber dejado la parte del mundo en que transcurrió mi niñez, ni tampoco he experimentado jamás nostalgia alguna —*le mal du pays*. Sin embargo, los nombres de los lugares relacionados con mi juventud siempre despiertan en mí hondas reacciones emocionales. El mero hecho de pronunciar su nombre basta para transportarme a través del tiempo y del espacio. Todavía me causa profundo placer escribir o decir nombres como *Le Pays de Thelle* y *Le Vexin française,* las dos minúsculas regiones de la Isla de Francia en que están situadas mis dos aldeas. Me es también una admirable experiencia leer los nombres del Oise, el ancho y perezoso río al que iba a pescar con mi abuelo, y La Troesne, un angosto arroyo que fluye desde Hénonville hasta desembocar en el río Epte, en Clermont en Vexin, arroyo que fue la primera corriente de agua que he visto jamás.

¡Cuán extraño es que yo reaccione con tal intensidad a los nombres de lugares en que sólo habité durante mi primera juventud y no han representado ningún papel en mi vida desde que salí de ellos hace más de medio siglo! Cuando más, puedo racionalizar mi actitud por recordar que nombres tales como Vexin y Pays de Thelle evocan el encanto y también los límites de la vida provinciana en el pasado; que los nombres *Oise* y *Troesne* simbolizan las tranquilas corrientes a lo largo de cuyas riberas se asentó el hombre desde los tiempos prehistóricos; que la frase Île de France evoca en mí los diversos y graciosos paisajes que sirvieron de escenario al desarrollo de los aspectos más distintivos de la historia y de la cultura francesas.

Sin embargo, tiene mayor importancia para mí el que los nombres de los lugares donde transcurrió mi juventud también traigan a mi memoria las situaciones en que me hice consciente de mi propia vida y desarrollé mi personalidad. Ellos evocan el paisaje rural tal como lo percibí de joven, las personas con quienes me relacioné y las actividades que consideraba estilos normales de vida. Las características vitales hereditarias que me legaron mis padres fueron únicamente potencialidades hasta que las conformaron los modos de vida vigentes en la Île de France. Llegaron a convertirse en los actuales atributos físicos y psíquicos que aún sobreviven en mí, a pesar de la larga ausencia y de las incontables experiencias subsiguientes.

Decepcionará a los lectores interesados en las "raíces", mi ignorancia sobre el pasado de mi familia. El apellido de mi padre, Dubos, seguramente proviene del sudoeste de Francia, donde es extraordinariamente común; pero él y su padre nacieron al norte de París. Mi abuelo Dubos fue un pintor de brocha gorda en el pueblecito Beaumont-sur-Oise; a los treinta años de edad ganó algún dinero en la lotería nacional e inmediatamente se retiró de los negocios. Compró tres casas en Beaumont, se aposentó en la mejor y obtenía ingresos del alquiler de las otras dos, situadas a menos de cinco minutos de camino, a pie, desde su nuevo hogar. Aunque de niño estuve muy ligado a él, no recuerdo que manifestara interés por algo salvo la jardinería y la pesca en el Oise —no desde una barca, sino casi siempre desde la orilla. De su esposa, la madre de mi padre, sólo recuerdo que era guapa, de enérgica voluntad, y la gobernante absoluta de su hogar.

Mi padre se hizo aprendiz de carnicero en Beaumont y conoció a mi madre mientras hacía su servicio militar en Sedán, pequeña ciudad en el nordeste de Francia. Tuve muy poca relación con él porque todo su tiempo lo monopolizaban las pequeñas carnicerías que poseía. En 1914 lo movilizaron al comienzo de la primera Guerra Mundial y murió en 1918, todavía con uniforme.

La relación de los antepasados de mi madre parece más romántica, pero nunca ha sido autenticada. Según sus padres, al de ella lo hallaron, siendo todavía un tierno infante, abandonado en la catedral de Santa Gúdula, en Bruselas. Vestía fino atavío y prendida a él llevaba una nota en la que se decía que lo llevaran a cierta granja cerca de Mons, junto a la frontera con Francia, donde se proveería de dinero para su manutención hasta que fuera mayor. Se le dio el apellido "De Bloëdt", palabra flamenca que significa "la sangre". Finalmente se trasladó a Francia, asentó en Sedán como obrero de una fábrica textil, casó con una humilde francesa, y el nombre de nacimiento de mi madre fue Adeline De Bloëdt. Era

19

de estatura bastante baja, pelinegra, sensible y vivaz y, como quedará en evidencia más adelante, ejerció profundísima influencia en mi vida —aun cuando, por mi aspecto físico me parezco más a mi padre que a ella.

Por sorprendente que parezca, las pequeñas aldeas y la región agrícola en que me crié no han cambiado mucho en los últimos setenta años. No puedo juzgar si sus muy humanizadas cercanías son triviales o atractivas. Sólo sé que me encuentro cómodo en ellas, casi seguramente porque fueron quienes configuraron mi ser físico y mental y yo sigo todavía adaptado a ellas, aun después de casi setenta años de ausencia.

Hacia los veinte años de edad yo ya había adquirido los atributos esenciales resultantes de la interacción de mi constitución genética con mi ambiente condicionante, y que siguen siendo los aspectos dominantes de mi personalidad. Mi estatura pasaba unos centímetros del metro ochenta, era bastante larguirucho, tenía ojos azules y abundante pelo rubio —el tipo del vikingo. Era muy trabajador y ansiaba lanzarme al mundo, quizá principalmente por amor a la aventura —de nuevo como un vikingo. No me sorprendería si gran parte de mi dotación genética pudiera rastrearse hasta alguno de los pueblos nórdicos que se establecieron en Francia durante las edades oscuras. Pero mi voz, mis gestos y ademanes, mis gustos y mi forma de vivir son productos de mi condicionamiento social en la Francia del siglo XX, y me hacen muy diferente de lo que sería si mi juventud hubiera transcurrido en Escandinavia o en algún otro país del norte de Europa. Desde tan atrás como puedo recordar, me ha gustado caminar por los bosques y aún más por campo abierto, pero rara vez he experimentado las románticas ensoñaciones que se dicen comunes entre los jóvenes sobre quienes domina un alma sueca, alemana o rusa.

Las manifestaciones existenciales de mi dotación genética —llámenla, si gustan, mi naturaleza biológica— han sido en gran parte determinadas por la alegre variabilidad del cielo de la Isla de Francia, a menudo delicadamente luminoso, pero a veces oscuro y levemente amenazador; por la diversidad del paisaje francés, unas veces estrictamente estructurado y disciplinado, como el de las carreteras y jardines artificiales, otras un tanto desordenado y misterioso, como un cuadro de Corot; por la gente común a la que he conocido, activa y duramente trabajadora, pero en ocasiones sentimental y casi siempre exhibiendo una ferviente alegría de vivir.

Los párrafos precedentes podrían inducir al lector a pensar que yo soy ahora un anciano que vive enteramente del pasado, pero la verdad es que sigo todavía muy activo en la escena actual, en gran medida parte de los tiempos modernos. Cuando organizaba el Centro René Dubos para Ambientes Humanos, lo mismo que al inaugurarlo en octubre de 1980, mi preocupación no la constituía la preservación de paisajes y monumentos, sino el deseo de demostrar que la mejor política de conservación consiste en intervenir cuidadosa pero creadoramente en el orden de cosas existente.

EL SER HUMANO COMO ANIMAL

Somos humanos no tanto por nuestra conformación física como por lo que hacemos y la manera de hacerlo y, más importante, por lo que decidimos hacer o no hacer. Nuestra especie adquirió su humanidad no por perder sus características animales, sino por acometer actividades y desenvolver modos de comportamiento que condujeron a una progresiva trascendencia de la animalidad que dio origen a la condición humana.

El lenguaje y el modo de conducta genuinamente humanos sólo lo han logrado hasta ahora los miembros de la especie biológica *Homo sapiens,* pero la conclusión de que estos logros nos hacen cualitativamente diferentes del resto de las especies animales se cuestiona actualmente cada vez más. Tal como ahora admiten casi todos los antropólogos, cuanto más aprendemos acerca de la conducta de los primates, tanto más se reduce la diferencia entre éstos y el hombre. Esta opinión está de patente acuerdo con recientes descubrimientos de laboratorio, según los cuales la diferencia genética entre el chimpancé y el ser humano es menor del uno por ciento. Son muchas las personas que no dudan de la posibilidad de enseñar a ciertos monos superiores a conducirse, hablar y aun pensar en forma humana, si se los situara en condiciones adecuadas y se los tratase desde su nacimiento como si fueran infantes humanos.

Cuando los europeos descubrieron los grandes monos, hace unos cuantos siglos, primero al chimpancé, en el África occidental, después al orangután en Borneo y, finalmente, al gorila en África central, quedaron hondamente impresionados por algunas de sus características humanoides, y llegaron a considerar a estas criaturas como seres humanos salvajes, peludos y con cola. Al presidente de la Academia de Ciencias de Berlín le intrigaron mucho las narraciones de exploradores referentes a los orangutanes y, en 1768, afirmaba que prefería pasar una hora de conversación con alguno de estos "hombres hirsutos" que con los más notables intelectos de Europa. Incluso podría él haber sabido que la palabra orangután deriva de dos vocablos malasios que significan hombre salvaje.

Creo ahora oportuno afirmar mi propio prejuicio, de acuerdo con el cual un lenguaje auténtico —articulado o no— es la característica que verdaderamente diferencia al hombre de todas las demás especies animales. Los loros y cierta ave asiática (*Gracula religiosa*) y otras aves pueden aprender a pronunciar algunas palabras y aun frases enteras, pero se trata de actos de mera imitación, sin correlato mental.

Es improbabilísimo que el hombre pueda mantener una verdadera conversación con alguno de los primates superiores. Algunos de estos primates, de diferentes especies, se han criado desde su nacimiento en el seno de familias humanas y se los ha inducido de todas las maneras posibles a aprender el lenguaje humano y a conducirse como personas. En tales condiciones, han aprendido sin duda a comprender y comunicar algunos conceptos sencillos. En limitada medida, algunos de ellos habrían llegado incluso a ser capaces de simbolizar algunos sencillos aspectos del mundo exterior y de su relación con sus mentores, pero esto es más discutible. Como quiera que fuere, ninguno de estos animales ha conseguido adquirir lenguaje o conducta propiamente humanos. En realidad, el que tal cosa ocurra ha de considerarse como mera esperanza irracional. Aun si llegáramos *nosotros* a dominar las técnicas de comunicación que los monos y otros animales usan en el trato con individuos de su misma especie, habríamos de modificar nuestra propia índole social antes de ser capaces de pensar qué temas nos conducirían a una auténtica conversación. Mientras que entre los animales el lenguaje es principal, si no exclusivamente, un medio de comunicación, entre la mayoría de los seres humanos es un artificio para la formulación y uso de símbolos fundamentales para la creatividad de la vida humana.

Me apresuro a admitir que los seres humanos se han dado siempre cuenta —al menos desde la época del hombre de Cro-Magnon— de que existen profundas afinidades entre ellos y otros miembros del reino animal. Por ejemplo, muchas sociedades cazadoras, pese a su primitivismo, han dejado signos al parecer indicadores de que guardaban una posición respetuosa hacia los animales que solían cazar, aun cuando con frecuencia mataban a muchos más de los que justificaban sus necesidades. Por otra parte, los autores de bestiarios han utilizado retratos de animales para simbolizar enseñanzas religiosas y problemas morales de la vida humana. Con el tiempo, los temas de los bestiarios fueron haciéndose cada vez más laicos, y los animales se usaron entonces para representar diversos aspectos de la conducta humana ordinaria en la Tierra. *Le Bestiaire d'Amour,* compuesto en el siglo XIII, ilustra los juegos del amor entre personas. En *La divina comedia,* Dante utilizó los animales para simbolizar los vicios, pasiones y virtudes de la gente de su tiempo. Maquiavelo eligió al león y al zorro para simbolizar en *El príncipe* los papeles que representaban la fuerza y la astucia en los conflictos políticos.

Las alegorías populares basadas en la vida animal, tal vez hayan perdido algo de su atractivo después de haber afirmado Descartes en sus tratados filosóficos que los animales no son sino máquinas, pero este eclipse, si realmente ocurrió, nunca fue completo ni duró mucho. En las fábulas, por ejemplo en las de La Fontaine, los animales pronto recuperaron su significación simbólica en la representación de tragedias y comedias de la condición humana con todos sus matices. El filósofo francés Hipólito Taine dedicó muchas páginas a su valor simbólico en el libro *La Fontaine et ses fables.* En nuestro tiempo, el éxito de los libros *La granja de los animales,* de Orwell, y *Jonathan Livingston Seagull,* de Bach, demuestra que la gente moderna aún admite cierta afinidad con los animales, al menos en la medida en que éstos representan ciertos modos de conducta social. Sin duda, en todos los pueblos del mundo ha habido siempre cierta tendencia a personificar en alguna especie animal aspectos particulares de la naturaleza humana —inteligencia o estolidez, agresividad o timidez, glotonería o frugalidad, negligencia o prudencia.

La representación de la vida humana por animales tiene su contraparte en el hábito universal de describir la conducta animal con palabras derivadas de aspectos de la conducta humana —como si los animales condujeran sus vidas de acuerdo con un repertorio de actitudes similar al que es característico de los seres humanos. En el siglo XVIII, esta práctica fue ampliamente seguida por Buffon, en su *Histoire naturelle;* en nuestro siglo la utilizó Sir Julian Huxley en sus primeros escritos sobre etología animal. Por ejemplo, la palabra "ritualización" está densamente cargada de valores antropomórficos e históricos; pero Sir Julian la adoptó para denotar confrontaciones simbólicas por medio de las cuales ciertos animales tratan de lograr predominio sobre otros de la misma especie en un grupo determinado, como si los combates simbólicos entre lobos machos equivalieran a los torneos entre caballeros en la Edad Media.

Aun cuando el hombre siempre ha reconocido su afinidad con el animal, la inmensa mayoría considera superior la vida humana a la vida animal, en virtud de poseer nosotros determinadas cualidades intelectuales y morales consideradas peculiares de la humanidad; pero las actitudes a este respecto parecen estar cambiando entre nuestros contemporáneos. La nueva moda intelectual consiste en pretender que la especie humana apenas difiere de otras especies animales y, en consecuencia, cabría explicar la conducta y la historia humanas mediante un determinismo puramente biológico.

John Locke, Juan Jacobo Rousseau y otros autores partidarios de la teoría "cultural" del desarrollo humano enseñan que el niño recién nacido es como una página en blanco en la que todo va siendo consecutivamente escrito por la experiencia y la enseñanza, en el curso de la vida. Hace un siglo, Thomas Huxley dio una expresión más biológica a esta tesis al afirmar que el infante recién nacido "no llega a este mundo ya rotulado como basurero o tendero, obispo o duque, sino que nace como una masa bastante indiferenciada de pulpa roja", cuyas potencialidades sólo la educación puede revelar. La teoría "cultural" ha tomado muy diversas formas en nuestro tiempo. Sigmund Freud y sus partidarios afirman que las peculiaridades de cada persona, de la mente de cada persona, sólo pueden explicarse como consecuencia de experiencias muy tempranas, entre ellas las ocurridas hacia el tiempo mismo de su nacimiento.

La mayor parte de las dificultades que plagan la existencia humana serían, pues, determinadas por el ambiente más temprano. Ésta ha sido la opinión general de Margaret Mead, así como la de la Escuela de Antropología Social de la Universidad de Columbia, de la cual formaba parte cuando ganó fama con su libro *Coming of Age in Samoa*. En la actualidad, B. F. Skinner sigue manteniendo la más radical posición con respecto al efecto del ambiente sobre el determinismo conductual, como lo ilustran las técnicas que emplea en su laboratorio para condicionar a animales de experimentación y expone en sus libros *Walden II* y *Beyond Freedom and Liberty* [Más allá de la dignidad y la libertad], en los que asegura que se puede inducir cualquier clase de conducta social si se establece para la humanidad el ambiente adecuado. Son muchos quienes creen que esto precisamente es lo que están haciendo los especialistas en relaciones públicas de la Avenida Madison de Nueva York.

Por otro lado, los escritos de Carl Gustav Jung, publicados casi todos a principios de este siglo, aseveran que la única manera de comprender realmente a la humanidad consiste en explorar los muchos factores que han desempeñado algún papel en la génesis de la mente humana durante el más remoto pasado; según este autor, la conducta individual está influida en gran parte por los que él llama *arquetipos*, tan viejos como la raza humana misma.

Los partidarios contemporáneos del determinismo genético son más concretos. En su opinión, el hombre no es más que un mono desnudo; nuestras relaciones con otros seres humanos y con el resto del cosmos están gobernadas por imperativos territoriales y otros atributos agresivos, y aun destructivos, heredados de nuestros antepasados de la Edad de Piedra, que hubieron de ser "matadores", pues se alimentaban de lo que cazaban. Según el profesor Edward O. Wilson, el actual líder de esta escuela de sociobiología, aun el altruismo y los sentimientos religiosos son consecuencia de mecanismos genéticos que tuvieron otrora, y todavía suelen tener, cierto valor selectivo en favor de la sobrevivencia.

El profesor Wilson no halla dificultad en demostrar que, en el caso de los insectos sociales, "la selección natural se ha ensanchado hasta abarcar la selección en su propia familia". Por ejemplo, el termes soldado protege al resto de la colonia a que pertenece hasta su propio sacrificio, con el resultado de ayudar así a florecer a sus hermanos y hermanas más fecundos. Sin embargo, el argumento es mucho más complejo en el caso de los seres humanos, y sólo puede ilustrarse por medio de ejemplos no convincentes. Por consiguiente, me limitaré a citar fragmentos del comienzo y del final del largo capítulo que el profesor Wilson dedica al altruismo en su libro *Human Nature*. "La sangre de los mártires es la simiente de la Iglesia. Con esa escalofriante sentencia, el teólogo del siglo III Tertuliano confesaba que [...] el propósito del sacrificio es levantar a un grupo humano sobre otro[...]. La conducta humana es la técnica tortuosa en virtud de la cual la sustancia genética se ha conservado y se conservará intacta. La moralidad no tiene otra función última demostrable." Según Wilson, las prácticas religiosas también confieren ventajas vitales, pues en medio de las experiencias potencialmente desorientadoras de cada persona en la vida cotidiana, la religión conduce a ser miembro de un grupo y, en consecuencia, proporciona un impulso conductor en la vida compatible con el interés propio.

Aun cuando el conductismo y la sociobiología son científicamente polos opuestos en los mecanismos vitales que ellos invocan, ambos derivan de actitudes semejantes con respecto a la vida humana. Con una u otra explicación, el ser humano pierde identidad como sujeto, por cuanto lo conforman y gobiernan fuerzas sobre las cuales no tiene control. La persona se convierte en mero *objeto* cuya conducta y destino no dependen de opciones y decisiones conscientes. El ser humano se transforma en mero producto "del azar y la necesidad" para quien la libertad y la dignidad son simples conceptos sin significación.

Casi huelga afirmar una vez más que el *Homo sapiens* es un animal muy semejante a los primates por su estructura anatómica, por los mecanismos funcionales que mantienen en actividad su organismo y por sus reacciones instintivas a los estímulos ambientales. Pero el conocimiento de estos aspectos animales de nuestra naturaleza no basta para explicar nuestra humanidad. En esto seguramente pensaba el psicólogo alemán Benno Erdmann cuando hace un siglo escribía: "En mi juventud, solíamos preguntarnos ansiosamente: ¿Qué es el hombre? A los científicos contemporáneos parece bastarles la respuesta de que *fue* un mono." Más recientemente, Paul Valéry también se mostraba insatisfecho con la explicación científica ortodoxa de la vida humana. Su declaración: *L'homme n'est pas si simple qu'il suffise de le rabaisser pour le comprendre* ("El hombre no es tan sencillo que baste rebajarlo para comprenderlo") significa que lo humano no puede explicarse exclusivamente en términos de estructuras y mecanismos biológicos. Aun Emilio Zola, el campeón de la novela "científica", declaraba en las notas para su obra *La joi de vivre* [La alegría de vivir]: "Quiero presentar a mi héroe tratando de alcanzar la felicidad por medio de la lucha *contra* sus innatas características hereditarias y *contra* la influencia del ambiente." Con el mismo espíritu, en las siguientes páginas enfocaré mi atención sobre las características que diferencian al ser humano de los animales. Pondré particular empeño en señalar que estas características distintivas no derivan de los atributos *biológicos* de la especie *Homo sapiens*, sino de las *manifestaciones* de la vida humana, que son en gran medida consecuencia de la intencionalidad.

DIVERSIDAD SOCIAL EN LA HUMANIDAD

Muchos, si no todos, de los rasgos sociales hallados en una u otra sociedad humana se encuentran también en la vida de una u otra especie de primates. Por ejemplo, la organización social entre primates no humanos incluye prácticamente toda posible clase de asociaciones sexuales, desde la soledad del orangután al gregarismo del chimpancé; desde la monogamia del gibón a la poligamia del babuino; desde la familia seminuclear del gibón hasta la laxa asociación del babuino y el chimpancé; desde la cooperación e igualdad del macho con la hembra entre los gibones, hasta la hegemonía del macho y la separación entre sexos de los babuinos, chimpancés y gorilas. Toda esta variedad de arreglos sexuales y sociales se encuentra también entre los seres humanos, y similar diversidad existe en cuanto a todos los demás géneros de organizaciones o actividades humanas. En consecuencia, la intencionalidad y la libertad de opción son al menos tan importantes en la vida humana como lo es el determinismo vital —sea genético o ambiental. En muy gran medida, el ser humano puede superar las restricciones dependientes de sus peculiaridades genéticas y las debidas a la influencia del ambiente donde vive y actúa; por lo regular, goza de un grado considerable de libertad en cuanto a elegir ambiente y estilo de vida.

Por ejemplo, aun cuando se supone que el hombre llegó a América, procedente de Asia, unos 20 000 años a.c. —y quizá hasta unos 50 000 años a.c.— las normas sociales de los grupos de amerindios encontrados por los europeos cuando llegaron al Nuevo Mundo diferían profundamente de las de Europa y aun más notablemente entre sí, las prevalentes en distintas partes de América. Los primeros pueblos llegados de Asia llevaron con ellos alguna forma de cultura de la Edad de Piedra y el conocimiento del uso del fuego. Con el tiempo, algunos de ellos aprendieron a usar ciertos metales, pero otros jamás progresaron más allá de las armas e instrumentos de piedra. Ninguno de los pueblos amerindios usó el arado ni tampoco la rueda, y las lenguas que hablaban eran tan diversas que algunas tribus separadas únicamente por unos cuantos kilómetros tenían que usar un lenguaje de signos para entenderse.

Grandes civilizaciones, comparables en esplendor a las de Europa y Asia, se desarrollaron tempranamente en las junglas de la América Central, el valle de México y las alturas peruanas; pero civilizaciones equivalentes a las de los imperios maya, azteca e incaico no surgieron en ningún lugar del inmenso territorio casi vacío que después ocuparían Estados Unidos y Canadá. En esta región inmensa, en 1492, la población india llegaba aproximadamente a un millón, mientras que la de Centro y Sudamérica se calcula en unos quince millones. Sin embargo, aún más notable era la extrema fragmentación de las tribus de América del Norte. Por su temperamento variaban entre la índole pacífica de los pimas de Arizona y la beligerancia de los iroqueses de la región de Nueva York. Algunos habitaban en aldeas, como los pueblos indios del valle del río Bravo; otros eran nómadas y cazadores, como los apaches. Algunos, como varias tribus de la región noroccidental del Pacífico, tenían una organización capitalista, mientras que muchas tribus de la región oriental seguían una orientación comunitaria. Aun cuando vivieran próximas entre sí, como era el caso de los hopis y los navajos, hablaban diferentes lenguajes y tenían diversos estilos de vida y creencias religiosas.

Probablemente habitaban unas quinientas tribus diferentes en la Norteamérica precolombina, cada una con su propio estilo de vida. En el árido sudoeste se había desarrollado una tradición sedentaria, agrícola, con complicadas redes de canales de riego en la región de los ríos Gila y Salado. En contraste, los primitivos shoshones que vivían en relativo aislamiento en la áspera meseta al norte de la región habitada por los pueblos indios, se alimentaban de la caza y de semillas y piñones silvestres; su organización social rara vez sobrepasaba el nivel de la familia. Los indios de la costa noroccidental tenían una organización capitalista: eran un pueblo marítimo, pero también notablemente diestro para explotar los bosques de altísimas coníferas perennes. Pescaban salmón en los grandes ríos; recorrían la costa en sus piraguas y utilizaban sus altísimos postes totémicos para documentar la historia. Su organización social comprendía varios estratos, desde los jefes y nobles hasta los esclavos.

Las grandes llanuras al oriente de las Montañas Rocosas parecen haber permanecido bastante tranquilas antes de la introducción de los caballos por los españoles; pero esta serenidad fue sacudida cuando tribus nómadas, como los comanches, los apaches, los piesnegros y los siux irrumpieron en ellas con sus caballos semisalvajes e hicieron de las vastas praderas territorio para la caza del búfalo y librar sus guerras tribales.

Al oriente de las Grandes Llanuras habitaban numerosas tribus pequeñas laxamente organizadas en confederaciones mayores. En el grupo algonquino los hombres cazaban ciervos y navegaban por ríos y lagos en sus canoas de corteza de abedul, mientras que las mujeres cuidaban de sus pequeños plantíos de maíz, calabaza y frijoles; el pueblo vivía en jacales con techo en forma de cúpula, que constituían pequeñas aldeas defendidas por fortificaciones formadas con troncos de árboles. Los indios algonquinos necesitaban estos medios de protección, pues eran constantemente atacados por otros indios de temperamento agresivo más o menos laxamente agrupados en la llamada confederación iroquesa. Otras tribus guerreras con diferentes medios de vida, pero también ligadas en débiles confederaciones, ocupaban el sudeste. Los mejor conocidos de ellos son los nachez, que heredaron la tradición de levantar túmulos, que había comenzado en el remoto pasado, en el valle del Ohio, y progresivamente evolucionó hacia la construcción de montones de tierra más elaborados y extendidos, que formaban una especie de pirámide truncada que servía de asiento a templos o palacios. Otra nota distintiva de los nachez era una compleja sociedad estructurada en clases gobernada por una monarquía absoluta, la única conocida hasta la fecha entre los indios de lo que ahora son Estados Unidos y Canadá.

Estos ejemplos de la extrema diversidad entre los amerindios no pretenden ser una descripción de la vida en la América precolombina, sino únicamente una ilustración del hecho de que la biología no *determina* los aspectos sociales del comportamiento humano. Todos los miembros de la especie *Homo sapiens* están dotados con capacidades biológicas y mentales semejantes; todos nosotros estamos limitados por restricciones semejantes en cuanto a lo que podemos hacer; pero en la vida real funcionamos al compás de muy diferentes tambores culturales. Me doy cuenta de lo obvia que resulta esta observación, que no es otra cosa que expresión de simple sentido común. Pero vivimos en una época en que muchas personas, y no solamente los científicos encerrados en sus torres de marfil, están aturdidas por los recientes descubrimientos de la biología, al punto de ya no apreciar que la diversidad social de la humanidad es uno de nuestros rasgos más distintivos. La biología teórica es más fácil de comprender que las complejidades de la vida humana y, por tanto, estimula la formulación de simplistas teorías dogmáticas sobre la vida. Por esta razón se ha hecho necesario reafirmar ciertas verdades muy elementales, ahora enturbiadas por la aceptación de conocimientos científicos incompletos y mal asimilados.

Es causa de gran confusión la creencia ampliamente difundida de que ser humano y *Homo sapiens* significan exactamente lo mismo, cuando la verdad es que difieren profundamente.

Los miembros de la especie *Homo sapiens* no nacen con la cualidades esenciales para una vida propiamente humana, sino con *potencialidades* que los capacitan para *llegar a ser* humanos. Estas potencialidades sólo se actualizarán si el *Homo sapiens,* desde muy poco después de nacido, tiene la oportunidad de criarse y convivir con otros seres humanos *en cualquiera* de los muy diferentes géneros de sociedades humanas. Llegamos a ser humanos sólo en la medida en que aprovechamos tales oportunidades. He subrayado *en cualquiera* porque la experiencia ha demostrado irrebatiblemente que personas de cualquier raza o color pueden rápidamente aprender a vivir y actuar eficientemente entre otra gente si fueron socializadas en edad temprana de su vida, aun cuando hubiera sido en una sociedad muy primitiva. Los individuos de diferentes grupos sociales piensan, sienten y hablan de diferente modo sobre cosas diferentes, pero pueden pensar, sentir y hablar —los atributos que transforman al *Homo sapiens* en ser humano.

Reducidos a nuestra pura base biológica no somos sino animales estrechamente emparentados con los monos superiores. Por sí sola, nuestra naturaleza biológica es incapaz de explicar nuestros modos de conducta social o nuestros intereses culturales, y aún menos la distintiva personalidad por la que cada uno de nosotros es identificado, personalidad que en muy gran medida nosotros mismos creamos por medio de nuestras opciones. La distinción entre la animalidad y la humanidad se manifiesta en cualquiera de las más simples, y sin embargo más notables diferencias de conducta entre los animales, aun los más nobles y espectaculares, y los seres humanos, incluso los más primitivos.

En teoría, los leones, tigres, osos polares, orangutanes y otros animales poderosos pueden fácilmente extender su respectivo hábitat mediante la expulsión de otras criaturas. Pero en la naturaleza, rara o ninguna vez abandonan su ambiente natural, en el cual evolucionaron y al que están vitalmente adaptados; incluso, en este mismo ambiente permanecen estrechamente localizados. Lo mismo cabe decir de casi todas las demás especies animales, tanto las débiles como las fuertes. Las aves y otros animales migratorios no difieren a este respecto. Por lejos que viajen, lo hacen siguiendo un curso preordenado y de acuerdo con un programa estacional, a los cuales obligadamente se conforman. En el ámbito silvestre, la buena vida para un animal significa realizar aquellas determinadas actividades para las cuales las programaron sus instintos durante su desarrollo evolutivo en su hábitat natural.

La razón de este "aldeanismo" de los animales silvestres no es que ellos no puedan sobrevivir en condiciones diferentes a las de su hábitat nativo. La experiencia de los zoológicos demuestra que, con acomodaciones menores, los animales de casi todas las especies pueden vivir y reproducirse en lugares muy alejados de aquel en que se desarrollaron y en condiciones muy diferentes de las en éste prevalecientes. Los animales que habitan en el muy popular Parque Zoológico Central, en Manhattan, conservan generalmente excelente salud; la duración de su vida suele ser mayor que en el ámbito natural propio, y casi todos ellos se reproducen sin inconveniente. Acontecimiento notable en la vida de la ciudad de Nueva York ocurrió en 1972, cuando nació la gorila Patty Cake, cuya madre, Lulu, desplegó una conducta materna ideal, amorosa y vigilante y, al parecer, no perturbada por la presencia de incontables admiradores neoyorquinos, agitados y ruidosos. En la fecha en que escribo, noviembre de 1980, Patty sigue viva y sana.

Los animales permanecen en su hábitat nativo probablemente por la simple razón de que no necesitan buscar otras condiciones que las prevalecientes en el reducido territorio al que la evolución darwiniana y los accidentes de su nacimiento, crecimiento y crianza, los han adaptado vital y conductualmente. Es dudoso que los animales puedan concebir la existencia en otras condiciones que aquellas en que se desarrollaron. Y sin embargo, pueden reaccionar a las condiciones "naturales" de su pasado evolutivo, aun cuando jamás las hayan experimentado. Recuerdo la rapidez e intensidad con que un gato doméstico dirigió su mirada hacia la parte superior de la habitación cuando oyó por primera vez un disco fonográfico con cantos de pájaros, a pesar de que había nacido en un departamento de la ciudad de Nueva York y se había criado en él sin haber tomado nunca contacto con pájaro alguno antes de oír el mencionado disco.

El hábitat natural de un animal silvestre es su Edén. Nos sentimos culpables cuando trasladamos a algún animal silvestre a otro lugar, aun si las nuevas condiciones hacen su vida más fácil y prolongada, probablemente porque nosotros también añora‹ mos de vez en cuando una existencia semejante a la de los animales en un Edén.

Nuestra cuna biológica, nuestro Edén, fue una sabana semitropical con pocos árboles grandes, pero con diversa vegetación y cambios estacionales. Sin embargo, a diferencia de los animales, nosotros, los seres humanos, nos hemos extendido por toda la Tierra y asentado en ambientes a los que no estamos biológicamente adaptados. Por razones no del todo conocidas, representantes del *Homo erectus,* el precursor inmediato del *Homo sapiens,* se desplazaron de su Edén biológico hace más de un millón de años y, desde entonces, la condición humana ha ido diferenciándose cada vez más de la existencia animal. En lugar de vivir en la naturaleza, el hombre ha modificado el ambiente natural a fin de crear distintas clases de hábitats artificiales adaptados a las cualidades biológicas que adquirió durante la Edad de Piedra y que conserva dondequiera que habite sobre la Tierra e incluso cuando se eleva al espacio exterior.

LOS ORÍGENES DE LA HUMANIDAD

Son varias las partes de la Tierra que se adjudican el honor de haber sido la cuna de la especie humana —pero la decisión permanecerá probablemente incierta, por cuanto depende de lo que queramos significar cuando utilizamos el adjetivo "humano". Si por humano se entiende exclusivamente la posesión de características anatómicas y funcionales semejantes a las nuestras, es probable que el género *Homo* se originara hace varios millones de años en la sabana semitropical del África oriental o, algo menos probablemente, en alguna región semejante del occidente de Asia. El cerebro de estos hipotéticos precursores del hombre era mucho más pequeño que el nuestro, pues el del *Homo habilis* medía unos 600 centímetros cúbicos mientras que el del *Homo sapiens* mide entre 1 000 y 1 400 centímetros cúbicos.

La cuestión del origen del hombre se hace menos clara, y la consecuente respuesta más difícil, cuando el adjetivo "humano" se refiere a características sociales, tecnológicas, conductuales, culturales y otras que identificamos con el hombre y la mujer contemporáneos. Casi con plena seguridad, algunas de estas características las poseía ya el *Homo erectus* que (o quizá debiéramos decir quien) además de su bipedestación erecta, producía utensilios sencillos y aprendió a usar el fuego hace no menos de 500 000 años. El *Homo erectus* parece haber sido el primer representante del género *Homo* que salió de África y dio así comienzo a la aventura humana que nos ha conducido a asentar sobre toda la superficie de la Tierra. El *Homo erectus* ocupó buena parte de Europa y llegó hasta Asia, donde lo conocemos como el hombre de Pequín, e indudablemente utilizó el fuego, como lo demuestran los hallazgos en la famosa cueva de Chucutien. El volumen del cerebro del *Homo erectus* era probablemente algo más pequeño que el del nuestro, pero aún esta diferencia es discutible. Variaba entre 730 y 1 200 centímetros cúbicos y, por consiguiente resulta comparable con el de Anatole France, uno de los más famosos escritores del siglo xx y ganador del premio Nobel, cuyo cerebro medía 1 100 centímetros cúbicos. El juego de utensilios que usaba el *Homo erectus* era bastante extenso, suficientemente diversificado y perfeccionado para hacerlo capaz de vivir en regiones de la Tierra a las que no estaba constitucionalmente adaptado. Por tanto, hay que admitir que había comenzado a apartarse de la naturaleza.

Prácticamente, todas las características que ahora consideramos distintivas del ser humano pueden reconocerse en el hombre de Neanderthal y en el de Cro-Magnon, que vivieron hace unos 100 000 años. Ambos eran tan semejantes a nosotros y tan claramente se habían separado en muchos aspectos del resto de los animales que sin duda merecen el nombre de *Homo sapiens*. Sus artefactos —desde utensilios y armas hasta esculturas y pinturas— tienen gran atractivo para nosotros, no sólo estético, sino también por revelar intereses y actividades que son aspectos importantes de nuestras vidas, tales como los trabajos que sobrepasan la mera necesidad utilitaria; las ceremonias colectivas, el entierro de los muertos, a veces sobre lechos de flores. Igualmente notables son la precisión y la extensión del conocimiento del mundo exterior que poseían estos hombres llamados "cavernícolas", incluso la conciencia de sus ritmos y leyes naturales.

Poco sabemos de la prehistoria para indicar con precisión la época y el lugar en que transcurrió; por lo demás, hay pruebas de que diferentes grupos de *Homo sapiens* alcanzaron la condición humana independientemente unos de otros en varios lugares de la Tierra, hace más de 100 000 años. Se ha sugerido recientemente que el lugar donde el *Homo sapiens* habría alcanzado por primera vez un elevado nivel de refinamiento no fue el Viejo Mundo, sino California, de donde seres humanos se trasladaron a Asia, a través de estrecho de Behring.

Uno de los acontecimientos más desconcertantes y de grave consecuencia en la historia humana fue la rápida sustitución del pueblo de Neanderthal en la Europa Occidental por otro pueblo más semejante a nosotros, al que suele llamarse de Cro-Magnon, por el nombre de la caverna francesa donde por primera vez se hallaron sus vestigios. La sustitución del hombre de Neanderthal por el de Cro-Magnon ocurrió hace unos 35 000 años, durante un deshielo transitorio en la época glaciar.

El hombre de Neanderthal parece haber sido el único habitante de Europa durante no menos de 100 000 años. Se solía pensar que este hombre de Neanderthal era torpe y primitivo, pero en realidad su estación era erecta y marchaba con todo el pie. El volumen de su cerebro podría incluso haber excedido ligeramente el del nuestro; y producía un distintivo conjunto de utensilios y armas, los de la llamada cultura mousteriana. En sus hordas parece que hubo un buen porcentaje de ancianos; el hecho de que uno de cada cinco individuos se haya identificado como mayor de cincuenta años es asombroso en el caso de cualquier pueblo cazador primitivo. Dos de los más viejos individuos de Neanderthal hallados en la caverna de Shanidar, en Iraq, estaban tan gravemente lisiados que necesariamente hubieron de depender de otros miembros de su grupo durante largo tiempo. Finalmente, el pueblo de Neanderthal practicaba el entierro ritual de sus muertos y por esta razón se le da ahora el nombre de *Homo sapiens neanderthalis*.

Casi todos los expertos suponen que los pueblos de Cro-Magnon emigraron a Europa desde África, donde se han encontrado sus primeros fósiles; pero esta emigración no ocurrió hasta hace unos 35 000 años. Por aquel tiempo ya sabían producir utensilios complejos, los que ahora clasificamos como pertenecientes a la llamada cultura aurignaciense. Produjeron también asombrosas obras de arte, como las figuritas llamadas "Venus paleolíticas" y las sublimes y misteriosas pinturas rupestres de Francia y España. Al hombre de Cro-Magnon lo llamamos ahora *Homo sapiens sapiens*.

Hace unos treinta y cinco mil años, las dos razas del *Homo sapiens* acabaron por encontrarse en algún lugar de Europa; el hombre de Neanderthal desapareció rápidamente, y todavía no se ha hallado la explicación de tan súbita desaparición, que sigue siendo un misterio. Tal vez lo ocurrido fuera la rápida evolución del hombre de Neanderthal hasta convertirse en hombre de Cro-Magnon, suposición poco verosímil; cabría pensar en una guerra entre razas, de la cual no existe prueba alguna; no cabe desechar la hipótesis de la inadaptación del hombre de Neanderthal a los cambios ambientales u otra razón hasta ahora no descubierta, como tampoco es sin más refutable la posibilidad de la hibridación entre las dos razas. Estas cuestiones han suscitado uno de los mayores debates sobre la prehistoria humana y, como carecemos de pruebas convincentes y quizá nunca las encontremos, uno de los más doctos paleontólogos evolucionistas europeos, Bjorn Kurten, de Helsinski, decidió presentar toda la información pertinente, junto con una teoría suya, en forma de una excitante novela titulada *Dance of the Tiger* [La danza del tigre]. No puedo estimar la validez de la explicación de Kurten sobre la desaparición del hombre de Neanderthal, pero su novela ha reforzado mi creencia de que varios representantes de la especie *Homo sapiens* no tardaron en adquirir facultades y desarrollar modos de conducta que hicieron de ellos auténticos seres humanos.

A partir de la época del hombre de Cro-Magnon, el desarrollo evolutivo de la humanidad ha sido casi exclusivamente sociocultural, más que biológico. La humanidad trascendió la animalidad. Evidentemente, la cualidad humana ya había llegado a su plenitud en la época en que nacieron las grandes religiones axiles, hace más de 2 500 años. No obstante, algunos de nuestros contemporáneos, por ejemplo Joseph Wood Krutch, han expresado la opinión según la cual, aun cuando la especie biológica *Homo sapiens* ha continuado prosperando, la humanidad comenzó a degenerar en algún momento de finales del siglo xix, cuando los deseos de la sociedad de consumo tomaron precedencia sobre las aspiraciones culturales y espirituales.

Hay un aspecto por lo menos en que el *Homo sapiens* no ha cambiado de manera importante desde la Edad de Piedra. Habite en la zona templada, en las regiones polares, en los áridos desiertos o en las condiciones de cálida humedad de las zonas tropicales, todo ser humano conserva una constitución genética que se adapta mejor a las condiciones de la sabana, hábitat donde nuestra especie adquirió sus características biológicas distintivas hace millones de años. Dondequiera que el hombre se establezca, procurará formar un ambiente semitropical en torno de su cuerpo, sea por medio de vestiduras protectoras o la calefacción o refrigeración del lugar de su residencia; si fundamos colonias en regiones densamente forestadas, las situaremos en claros naturales o artificiales; prácticamente, todos los vegetales que usamos como alimento pertenecen a especies heliófilas. En realidad, estamos tan adaptados a las condiciones de la sabana que nos sería imposible sobrevivir, ni siquiera en las zonas templadas, si no transformásemos el ambiente natural a fin de adaptarlo a nuestras necesidades y gustos vitales. Cualesquiera que sean el color de su piel, el lugar de su nacimiento o su profesión, todos los seres humanos permanecen la mayor parte del tiempo en equivalentes de zoológicos por ellos construidos, en los cuales tratan de recrear las condiciones de su cuna biológica, la sabana semitropical. No obstante, cada grupo humano modifica el ambiente natural a su propio modo, de lo que resulta una inmensa diversidad de entornos físicos y condiciones socioculturales.

Vivimos ahora "fuera de la naturaleza", en los dos muy diferentes sentidos de la frase. Por un lado, vivimos fuera de la naturaleza porque nuestros ambientes humanizados tienen poco en común con los ecosistemas naturales de los cuales derivan. Por otro lado, todo lo que nosotros utilizamos procede en último término de la naturaleza, aun cuando gran parte de ello haya de ser transformado antes de que pueda usarse para la vida humana. Parafraseando a San Pablo diríamos que el hombre vive *en* la naturaleza pero ya no *de* la naturaleza. Como este profundo cambio ha sido uno de los pasos más importantes en el proceso de humanización del *Homo sapiens* y en el de la generación de la condición humana, el lugar y el tiempo en que ocurrió podrían adecuadamente considerarse coincidentes con el origen verdadero de la humanidad.

No hay ejemplo convincente de algún animal que haya aprendido a conducirse y comunicarse de manera genuinamente humana; ni aun el más listo de los chimpancés es capaz de ello, ni siquiera aproximadamente. En contraste, la historia nos ofrece incontables ejemplos de individuos provenientes de cualquiera de las partes de la Tierra que nunca tuvieron contacto alguno con Europa y, no obstante, rápidamente adquirieron las formas conductuales y el lenguaje del pueblo europeo con el que hubieron de tratar. Entre los casos más famosos cuentan los de Malinche y Pocahontas, dos jóvenes indias americanas que representaron un papel decisivo en la ayuda a los europeos a establecerse en el continente.

Malinche fue una de las 20 esclavas que los indios tabasqueños entregaron como tributo a Hernán Cortés, una vez que éste los hubo vencido. Pronto se hizo su amante, y parece que desarrolló un poderoso vínculo emocional con él. Aprendió el español y pudo así servir de intérprete entre Cortés y los indios y también de asesora en política. Malinche siguió siendo la inseparable compañera y aliada política de Cortés, aun cuando la marea de la guerra pareció haberse tornado contra él.

Pocahontas era la hija de Powhatan, agresivo indio de la región de Virginia, que había creado la confederación algonquina, la cual constaba de 9 000 hombres en 1750. Cuando los ingleses intentaron establecer la segunda colonia de Jamestown, Pocahontas entró en contacto con ellos. Tenía entonces entre seis y ocho años de edad y le interesaron mucho las construcciones y hechos de aquella extraña gente blanca. Cuando ya tenía unos once años se enamoró de uno de los líderes de la colonia, el capitán John Smith, cuya edad era entonces de veinticinco años. Smith informó que la niña le había salvado la vida cuando estaba a punto de ser ejecutado por los indios. En todo caso, no hay duda de que ella llevó alimento y prestó otras ayudas a los miembros de la colonia Jamestown, cuando se hallaban al borde de la inanición, y que, además, les avisaba de los ataques de los indios.

Después de haber sido tomada como rehén en un barco inglés, en el que fue bien tratada y parece haber disfrutado de formas de vida nuevas para ella, Pocahontas acabó casándose con un comerciante inglés, John Rolfe, quien la llevó a Londres, en un viaje de negocios. En Inglaterra se la trató como a una princesa real, aun cuando ella apenas sí entendía el significado de los agasajos que se le hacían. Cayó enferma al cabo de unos meses y su estado empeoró cuando se le informó que había llegado el momento de regresar a Virginia, pues ella quería quedarse en Londres. Pocahontas murió en el Támesis, cuando su barco iba a zarpar, y se la enterró cerca de Londres. La leyenda dice que murió "herida del corazón", pero es más probable que hubiera contraído tuberculosis o neumonía, como ha sido a menudo el caso con sujetos semiprimitivos cuando por primera vez entran en contacto con europeos.

Se conocen también muchos casos de personas pertenecientes a sociedades avanzadas que llegaron a formar parte de alguna de las llamadas sociedades primitivas, pocas veces por propia voluntad; las más por accidente o forzadas. Como estos casos no están bien documentados, me limitaré a mencionar los de algunos europeos que, sin haber tenido contacto anterior con la vida salvaje, rápidamente adoptaron las costumbres de sus huéspedes cuando, por uno u otro motivo, hubieron de vivir en regiones subdesarrolladas de Norteamérica. Por ejemplo, los *voyageurs* o *coureurs des bois* se cuentan entre los sujetos más multifacéticos e intrépidos de las selvas norteamericanas. En sus excursiones en busca de pieles maniobraban con sus frágiles canoas a través de turbulentos rápidos o viajaban, llevados por equipos de perros, azotados por los huracanados vientos subárticos. En sus frecuentes acarreos transportaban casi al trote pesadas cargas, a veces de casi 100 kg, sobre quebradas y a veces resbaladizas rocas. Los más de estos hombres temerarios procedían de las aldeas del Canadá francés, situadas a lo largo del río San Lorenzo. Estaban en buenos términos con los indios, cuyas formas de vida habían de adoptar y, en muchos casos, casaban con mujeres indias.

Los polinesios a quienes el capitán Cook y el *Sieur* de Bougainville llevaron consigo a su regreso a Inglaterra y Francia, de sus exploraciones por las islas del Pacífico, en el siglo XVIII, hicieron furor en la vida social de Londres y París. Aun algunos habitantes de Tierra del Fuego, cuya población fue la más tosca y primitiva que Darwin halló en el curso de su viaje en el *Beagle,* aprendieron a hablar inglés y adoptaron algunos de los hábitos europeos cuando los llevaron a Inglaterra. Áspera y ruda como era la vida en Tierra del Fuego, transcurría, no obstante, en una sociedad humana estructurada que capacitó a los fueguinos a la asimilación de otras culturas y lenguas.

Los niños criados sin contacto con otros seres humanos son buena prueba del grado en que el condicionamiento social precoz es esencial para hacer capaz al *Homo sapiens* de adquirir las normas del lenguaje, conducta y cultura que tan evidentemente diferencian la vida humana de la animal.

A pesar de lo mucho que se ha hablado de los "niños lobos", jamás se ha probado fehacientemente la existencia de esos niños adoptados y criados por dichos animales. Sin embargo, la frase podría tener cierta validez, en vista de recientes informes según los cuales los lobos pueden alimentar a infantes humanos con alimento regurgitado, tal como hacen con sus propias criaturas; por lo demás, los niños ferales propenden a caminar en cuatro patas y pueden seguir a la manada. Se sabe de varios casos bien documentados de muchachos y muchachas que han vivido con nulo o poquísimo contacto humano hasta los años de su adolescencia. Tales niños solían estar en buen estado de salud física al ser descubiertos y llevados a un ambiente humano; pero su conducta difería tanto de la de otros niños de su misma edad criados en asociación con seres humanos, que de ellos podría decirse que estaban desnudos socialmente.

El caso del niño feral mejor estudiado es el del "niño salvaje de Aveyron", que tendría unos doce a trece años cuando se le vio por primera vez saliendo de un bosque de las montañas del centro de Francia, durante el rigurosísimo invierno de 1799. Podía correr rápidamente a cuatro patas, trepar a los árboles, ocultarse en medio de la vegetación, soportar fríos intensos y alimentarse con plantas silvestres y patatas crudas que cogía de los campos. Después de capturado se las arregló para huir en varias ocasiones, valido de su fuerza y destreza físicas.

Cuando por fin se le confinó en una casa, se balanceaba hacia adelante y atrás, como los monos de un zoológico, se comportaba de manera desagradablemente sucia, se arrancaba cualquier prenda de vestido que se le pusiera y arañaba y mordía a las personas que trataban de establecer contacto con él o alimentarlo. Por otro lado, exhibía muestras de gran excitación, con estallidos de carcajadas y alegría casi compulsiva, cuando la naturaleza desplegaba una exhibición espectacular, por ejemplo cuando brillaba el sol y el viento soplaba del sur. En las noches bellas, con luna llena, despertaba y permanecía inmóvil, en éxtasis contemplativo, interrumpido por profundos suspiros y débiles lamentos.

Un médico joven, el doctor Jean Marc-Gaspard Itard, se interesó por el muchacho, lo adoptó y le dio el nombre de Víctor. Acometió la empresa de socializarlo y educarlo, comenzando por observar y registrar cada aspecto de su comportamiento, y en particular, cada signo de socialización. En pocos años, el doctor Itard logró que Víctor entendiera algo de francés y expresara algunos deseos en un lenguaje sencillo, pero nunca consiguió entablar con él una verdadera conversación. Se las arregló para hacer que aceptara algún vestido; pero no fue capaz de imbuir en él modos de comportamiento que le hicieran posible vivir en una sociedad francesa normal. Aun cuando Víctor se hizo algo más sociable con el tiempo y aun llegara a demostrar cierto afecto a la mujer que lo cuidaba, así como al doctor Itard, intentó escapar en repetidas ocasiones y nunca llegó a conducirse de manera compatible con la vida social. Finalmente hubo que internarlo en una institución, donde murió a los 33 años de edad a causa de alguna infección. El doctor Itard estaba convencido de que Víctor era fundamentalmente normal y que se comportaba como un idiota sólo por habérsele abandonado en el bosque en su muy temprana niñez.

Varios otros estudios de niños ferales, así como de criaturas gravemente privadas de atención humana, han confirmado que los efectos de la privación social en época temprana de la vida son siempre desastrosos y a menudo irreversibles. Ofrece particular interés el caso de una niña norteamericana, a la que llamaremos Genie, tanto para proteger su identidad como para comunicar "el hecho de que ella ingresó en la sociedad ya pasada su niñez, habiendo hasta entonces existido como algo que no fuera completamente humano". Los pormenores relativos a su familia e historia se relatan detalladamente en *Genie,* libro publicado por Susan Curtiss, de la Universidad de California en Los Ángeles, quien se ha dedicado a la socialización de Genie desde que se la descubrió cuando era ya adolescente, después de haber vivido aislada y privada de relación humana en grado sin precedente.

Genie es el producto de un matrimonio desgraciado. Su padre aborreció a todos los niños. Un hijo suyo, nacido antes de Genie, fue sometido por él a reglas de obediencia y disciplina tan rígidas que desde muy temprano exhibió serios problemas de desarrollo. Fue tardo en comenzar a caminar y hablar y a los tres años todavía tenía dificultades con la alimentación y no había aprendido a controlar la micción ni la defecación. En este punto, su abuela paterna lo llevó a su hogar, en el que acabó por hacerse un niño normal que fue devuelto a sus padres.

Cuando un pediatra examinó a Genie a los cinco

meses de edad, la notó alerta y de peso normal. Nuevamente examinada a los once meses, se la encontró levemente baja de peso, pero alerta y capaz de sentarse sin ayuda y con la dentadura normal para su edad. A los dieciséis meses de edad padeció una neumonía aguda. El pediatra que la examinó la encontró febril, apática y arreactiva. El padre de Genie, intensamente celoso de la atención que la madre prestaba a su hija, aprovechó el dictamen del médico como justificación del aislamiento y maltrato a que subsiguientemente la sometió.

Se la confinó en un pequeño dormitorio, sujeta a una silla-orinal, sin otro vestido que sus ataduras. Incapaz de mover nada, excepto los dedos, manos y pies, se la dejó así sentada casi todo el tiempo durante varios años. Al llegar la noche se la libraba de sus ataduras, pero sólo para introducirla en otra prenda restrictiva, un saco de dormir que su padre había modificado para impedirla mover los brazos. A continuación se la colocaba en una cuna cuyos lados eran de malla de alambre, lo mismo que la cubierta que ponían sobre su cabeza.

Cuando Genie tenía trece años y medio, su madre, pese a estar ciega, consiguió ponerse en contacto con sus padres, quienes llevaron consigo a Genie a su hogar, donde permaneció tres semanas. Un trabajador de la salud tuvo conocimiento de lo que ocurría y se hospitalizó a Genie por desnutrición extrema en noviembre de 1970. Se dio parte a la policía y el padre de Genie se suicidó el mismo día en que iba a celebrarse el juicio.

Como casi nunca había llevado vestidos, Genie no parecía sufrir por el calor o el frío, insensibilidad a la temperatura que también había manifestado el niño de Aveyron, al igual que otras "niñas lobas". En el hospital, Genie permanecía totalmente silenciosa, aun enfrentada a emociones frenéticas. Las videocintas de su conducta durante los primeros meses de permanencia en el hospital revelan que, aun cuando ya entendía algunas palabras, Genie "no podía formar una oración completa en inglés sobre la base única de su contenido lingüístico, sino que dependía críticamente de gestos y otros signos no verbales para entender algo de lo que se le decía". El resultado de las varias pruebas con que se midió su aptitud cognoscitiva la situaron al nivel aproximado de los dos años de edad.

Se la trasladó en diciembre de 1970 a un centro de rehabilitación que ofrecía mejores oportunidades para su socialización, un recio programa de actividades y más fácil acceso al exterior que la sala del hospital. Su estado físico mejoró rápidamente y las pruebas de aptitud cognoscitiva realizadas en abril de 1971 la situaron entre los cuatro y los seis años de edad temporal. Cuando Susan Curtiss, la autora del libro sobre Genie, comenzó a trabajar con ella, en junio de 1971, la muchacha podía entender y usar unas cuantas palabras, pero su comportamiento era insufrible. El libro ofrece varios ejemplos de desagradables hábitos personales y de otras peculiaridades conductuales absolutamente inaceptables socialmente.

En junio de 1971 se la trasladó a un orfanato, un amable y cálido hogar, junto con dos muchachos y una chica adolescentes, un perro y un gato. Durante casi dos años se expresaba mediante palabras aisladas; después, en el curso de los dos años siguientes, comenzó a usar expresiones compuestas de dos palabras; a continuación, progresivamente, fue aprendiendo a expresarse más completamente y a adquirir algún control sobre sus sentimientos y conducta. Aunque todavía era incapaz de leer cuando Susan Curtiss escribió su libro, la autora afirma que "Genie continúa cambiando, haciéndose una persona más completa y dándose cuenta mejor de su potencial humano. Cuando se lea este trabajo, la muchacha podría haber evolucionado mucho más de lo que aquí se describe".

Así pues, el pertenecer a la especie *Homo sapiens* no basta para poseer todos los atributos que nos hacen plenamente humanos. Aprendemos a hacernos humanos durante los años críticos de la infancia, al escuchar el lenguaje humano y observar la conducta de los seres humanos. Todos los miembros de la especie *Homo sapiens* poseen en común ciertas características biológicas y mentales fundamentales que constituyen su naturaleza; pero esta naturaleza sólo toma forma humana y genera modos humanos de vida cuando se expone a condiciones adecuadas para su desarrollo: la educación o crianza.

LAS INVARIANTES DEL SER HUMANO

Cada uno de nosotros llega a ser sólo una de las muchas personas en que habría podido convertirse. Todos nosotros nacemos con una amplia gama de potencialidades que, en teoría, nos capacitarían para desarrollar una inmensa diversidad de atributos; pero en la práctica sólo desarrollamos aquellos aspectos de nuestra naturaleza compatibles no únicamente con las condiciones a que estamos expuestos, sino aún más con las elecciones que hacemos en el curso de nuestra vida. La maravilla es que la naturaleza y la educación se integren tan plenamente que generan un ente socializado único, la persona humana, partiendo de un organismo animal: el *Homo sapiens.*

Cada individuo humano carece de precedente, es irrepetible y único. Ni siquiera los gemelos homocigóticos —los llamados idénticos— son idénticos en la vida real. Ambos poseen la misma constitución genética, mas sin embargo, se transforman en personas diferentes, en virtud de haber estado cada uno de ellos expuesto a diferentes condiciones, primero *in utero* y, todavía más, después del nacimiento. De otro lado, si bien los seres humanos pueden diferir entre sí profundamente, ya que cada uno vive en distinto nicho ambiental, todos pueden interfecundarse y seguir siendo miembros de la especie *Homo sapiens.* Diferentes unos de otros como somos, todos poseemos en común muchas características y sentimos análogas necesidades, a las cuales podemos denominar las invariantes vitales y culturales de la humanidad, que desempeñan papeles esenciales en todas las expresiones socioculturales de la vida del hombre. Estas invariantes las hallamos en todos los miembros de nuestra especie, cualesquiera que sean las condiciones económica, social, étnica o nacional de cada individuo.

Uno de los mayores logros científicos de los recientes decenios ha sido la demostración de que las características vitales de todos los organismos vivientes, cualesquiera sean sus invariantes, se transmiten por medio de las moléculas de ADN que constituyen los genes. He tenido la buena suerte de presenciar las primeras fases de este descubrimiento, que ocurrió a comienzos de los años setenta en el Instituto

Rockefeller para la Investigación Médica, en el laboratorio microbiológico donde yo entonces trabajaba.

A comienzos de 1944, mis colegas Avery, McLeod y McCarthy publicaron en la revista *Journal of Experimental Medicine* un artículo en el que declaraban que habían logrado modificar una de las características hereditarias peculiares de uno de los tipos de neumococo —el agente causal de la neumonía lobar— cultivándolo en un medio al que se había añadido ADN obtenido de otro neumococo natural o artificialmente dotado de diferente estructura genética.

En todo ser viviente —del más chico al mayor, animal o vegetal, hombre o bacteria— las moléculas de sus respectivos genes son las transmisoras de sus características hereditarias. Las moléculas de todos los ADN poseen la misma estructura química fundamental, pero mínimas diferencias entre ellas y el orden en que están colocadas a lo largo de los cromosomas causan la fenomenal diversidad de las especies y las peculiaridades de cada individuo de una misma especie. Por lo demás, la estructura general de las moléculas de ADN y el ordenamiento de las mismas determinarán si la criatura será un halcón, un caballo o un ser humano. Por otra parte, sutiles diferencias en la configuración de los ADN de cada especie determinan las características hereditarias de cada halcón, caballo o ser humano.

Las potencialidades y necesidades fundamentales a las que he calificado de invariantes de la naturaleza humana, pueden satisfacerse de tan diferentes modos que resulta difícil reconocerlas en las manifestaciones habituales de la vida humana. Convendrán algunos ejemplos para ilustrar cómo la uniformidad fundamental del *Homo sapiens* —las invariantes de

55

la naturaleza humana— pueden expresarse en la prodigiosa diversidad de la vida del hombre gracias a la influencia de la crianza y educación, o sea, las condiciones ambientales y socioculturales.

Los hábitos alimentarios de los vegetarianos parecen a primera vista diametralmente opuestos a los de los individuos carnívoros. Muchos africanos y gran porcentaje de los asiáticos se alimentan casi exclusivamente con verduras, legumbres, tubérculos y frutas. En contraste, el pueblo masai del oriente de África, se nutre casi exclusivamente con lo que obtiene de los animales de sus rebaños, incluso la sangre, que extraen de ellos diariamente. Pese a estas profundas diferencias en los *hábitos* alimentarios, todos los seres humanos, vegetarianos o carnívoros, tienen esencialmente las mismas demandas por lo que respecta al ingreso de sustancias energéticas y estructurales (carbohidratos, grasas, aminoácidos, minerales, vitaminas y otros nutrientes esenciales). Por diferentes que parezcan, todos los regímenes alimentarios que sigue el hombre aportan mezclas semejantes de estos nutrientes primarios, si bien el ingreso total difiere de acuerdo con la edad y los hábitos de vida.

Desde el punto de vista de la nutrición hay poca diferencia si los nutrientes esenciales derivan de vegetales, de animales o, incluso, productos obtenidos artificialmente por síntesis química; cualquiera que sea su origen proporcionarán nutrición adecuada si se consumen en cantidad y proporción apropiadas, dando por supuesto naturalmente que no estén contaminados con microbios o sustancias nocivas. Así, la requerida mezcla de nutrimentos es una invariante de la naturaleza humana, mientras que la clase de ellos que ingerimos constituye su expresión sociocultural. De que ésta puede tomar diferentes formas es buen ejemplo el hecho de que las recetas culinarias cuentan entre las características más distintivas de los grupos nacionales, regionales, sociales y culturales.

Otra invariante de la naturaleza humana es que todos los seres humanos necesitan albergues cerrados o, al menos, áreas protegidas, a los cuales puedan acogerse para su seguridad y comodidad o simplemente para apartarse del contacto público. El hombre de la Edad de Piedra solía tener acceso a cavernas o edificaba sencillas cabañas; a lo largo del tiempo han sido incontables las clases de albergues que el hombre ha construido. Por otro lado, el hombre de todas las épocas disfruta con la vista del campo abierto, y esto parece incluso constituir una necesidad psíquica para él. En un pasado no distante, una forma frecuente de castigar a un niño por su mal comportamiento era hacerlo permanecer de cara a la pared durante cierto tiempo, pues se sabía que ello constituía una experiencia desagradable. Las necesidades visuales esenciales del ser humano pueden satisfacerse de diferentes maneras; por ejemplo: despejar, para asentar en ellas, porciones de la selva tropical o de un bosque de la zona templada; dejar prados frente a las casas; esparcir la mirada desde lo alto de una colina, una montaña o un rascacielos.

Tanto si aplacamos nuestros requerimientos alimentarios con productos vegetales o animales, como si satisfacemos nuestra necesidad de albergue, sea en una cueva natural o tras la puerta cerrada de una cómoda habitación, o gustamos de los espacios abiertos y de la contemplación de algún paisaje, de un campo de ondulante trigo o de un jardín clásico, se trata de la expresión de una de las invariantes humanas fundamentales en diversas formas culturales. Y lo mismo podemos decir de otras invariantes, por ejemplo:

Desde el nacimiento, el cerebro de todo ser humano está genéticamente dotado de estructuras especiales, situadas en la llamada área de Broca, que lo hacen capaz de aprender cualquiera de los millares de lenguas humanas existentes. Algunas personas han llegado a dominar veinte lenguas, pero la inmensa mayoría de los individuos aprende solamente la del grupo social particular en que ha nacido y ha sido criado.

Como siempre en el pasado, la gente joven de hoy anhela la aventura y la satisfacción sexual; los adultos persiguen el éxito; casi todos los ancianos procuran la tranquilidad y la estabilidad; pero estos deseos universales son gobernados por incontables códigos de conducta peculiares de cada grupo étnico, cada sociedad y cada época. En el curso del tiempo, los juegos del amor se han realizado de innumerables maneras, cada una de las cuales se ha representado o descrito en otras tantas formas del arte y la literatura; el anhelo de triunfo puede hallar su expresión en el poder político, la acumulación de riqueza o el descubrimiento de alguna ley natural; la tranquilidad y la estabilidad pueden hallarse en el cuidado del propio jardín, en la visita diaria a un parque o destacando en la sociedad.

Aunque los fundamentos de nuestra conducta son hoy los mismos que hace milenios, sus expresiones sociales están determinadas culturalmente y han ido cambiando en el curso de la historia. Los héroes de Homero todavía nos interesan porque obramos movidos por pasiones semejantes a las que a ellos motivaron; pero los dioses y aventuras de los relatos de Homero han sido ahora sustituidos por poderosos hombres públicos entregados a conflictos políticos y económicos.

Desde tiempo inmemorial, la vida humana ha extraído su color de la danza, la música, la poesía, la novela, la escultura, el tatuaje y la pintura del cuerpo, las fiestas, actividades y objetos que trascienden las necesidades vitales obvias; pero estas expresiones y celebraciones han diferido grandemente de una época a otra y de un grupo social a otro, y comprenden cosas y actos tan diversos como los simbolizados en las pinturas de Lascaux, el círculo de Stonehenge, los templos budistas, las ágoras griegas, las catedrales góticas, los palacios del Renacimiento, las ceremonias victorianas, los varios arcos de triunfo y los multitudinarios desfiles de homenaje en Broadway —todas ellas manifestaciones que pueden tener significado diverso o ninguno para miembros de la especie humana educados en diferentes culturas. El *Homo sapiens* ha llegado a ser realmente humano mediante la incorporación de una inmensa diversidad de normas y configuraciones socioculturales a su vida biológica.

La uniformidad biológica es fácil de explicar si se acepta que todos los miembros de la especie *Homo sapiens* tienen el mismo origen y que se han interfecundado continuamente a pesar de las diferencias generadas por la vida en sus varios nichos ambientales y socioculturales. Por el contrario, la diversidad sociocultural obedece a múltiples causas, la mayor parte de ellas poco definidas. Deriva de diferencias genéticas menores entre grupos y personas; de la influencia sobre el desarrollo ejercida por fuerzas ambientales; de la unicidad de las experiencias individuales, de los artefactos e instituciones creados por cada sociedad, de tradiciones, imaginaciones y aspiraciones —factores todos consecuencia de innumerables elecciones.

Además de las influencias que nos llegan del exterior —del mundo externo a nosotros— existen otras influencias que radican en la mente humana individual de cada uno de nosotros y constituyen nuestro ambiente conceptual privado. Primitivo y mal informado o docto y refinado, cada uno de nosotros vive como si existiera en un mundo particular propio. En realidad, el ambiente conceptual puede ser más influyente que el ambiente externo, pues afecta todos los aspectos de nuestras vidas —las formas en que nos enfrentamos a las experiencias ordinarias, nuestras opiniones sobre el lugar del hombre en el orden de las cosas, cómo concebimos las leyes naturales e incluso los atributos que asociamos a la palabra Dios. Nuestro contacto directo con la realidad puede tener menos importancia para la configuración de nuestra personalidad y de nuestra vida que los sueños individuales y colectivos.

Los contrastes sociales entre Atenas y Esparta, entre los vikingos y los trovadores, entre los zuníes y los apaches, dependen evidentemente de factores más numerosos y complejos que las características raciales, el clima, la topografía y la geoconformación de las regiones donde estas naciones y pueblos se desenvolvieron y vivieron. Tampoco los patrones económicos explican las diferencias culturales entre los europeos. Las ciudades-estados y las naciones-estados emergieron no por la acción de fuerzas naturales, sino en virtud de sucesos históricos y sociales que generaron diferentes ambientes conceptuales en distintas poblaciones.

Las influencias ambientales son siempre complicadas y a menudo totalmente deformadas por nuestra tendencia universal a simbolizar todo lo que experimentamos: nosotros reaccionamos a estas distorsiones simbólicas como si fueran la realidad. En casi todos los casos, no creamos nosotros mismos estos símbolos, sino que los recibimos de la atmósfera social en que vivimos. El cielo gris de un primero de noviembre es simplemente deprimente y molesto para una persona criada en Nueva York, pero despierta en mí un humor poético, por recordarme la amable tristeza del día de Todos los Santos en París. El día Primero de Mayo tiene violentas resonancias políticas para muchos europeos; pero para otros no es sino un día del año en que las parejas exploran los bosques con el pretexto de recoger lirios del valle. La ingestión de cierto manjar puede causar náuseas o estimular la secreción de jugos digestivos, según fueran las circunstancias en que por primera vez la persona lo comió.

Nuestros juicios sobre el universo físico y social los imprimen en nosotros los mitos, tabúes e influencias parentales, las tradiciones y la educación —mecanismos todos que nos proveen de las premisas básicas de acuerdo con las cuales conceptuaremos nuestros mundos interno y externo. El proceso de socialización mediante el cual el *Homo sapiens* deviene propiamente humano consiste precisamente en la adquisición de los símbolos colectivos característicos del grupo social a que uno pertenece, con todos los valores a ellos asociados. Cierto es que casi todos los sistemas simbólicos cambian con el tiempo. La observancia judaica del sábado y de los preceptos alimentarios no es tan estricta entre los judíos reformados como entre los ortodoxos; para los católicos el divorcio y el comer carne en viernes ya no son tan pecaminosos como lo fueron otrora. En general, sin embargo, los sistemas simbólicos perviven durante muchas generaciones en una determinada cultura, aunque pueden cambiar de forma. Así, los conceptos sobre el universo y las normas de conducta se transmiten como herencia social que minimiza las diferencias entre los individuos de un grupo o, por lo menos, las enmascara y, en consecuencia, da a éste mayor homogeneidad.

Prácticamente, todos los factores causantes de la diversidad humana están relacionados entre sí, pero yo los trataré separadamente, por razones de conveniencia. Sin embargo, me doy cuenta de que la separación analítica de estos factores producirá una falsa imagen de la vida humana. A pesar de su diversidad, la condición humana consiste en las manifestaciones, interminablemente ramificadas, de los varios aspectos adquiridos por el *Homo sapiens* bajo la influencia combinada de fuerzas cósmicas, vitales y culturales que han generado el al parecer infinito espectro de las sociedades humanas.

II. EL PASADO, LUGARES PÚBLICOS Y AUTODESCUBRIMIENTO

LA VIDA COMO EXPERIENCIA

VEGETAL o animal, pequeño o grande, ningún organismo vivo puede existir como entidad independiente, aislada. Vivir implica no sólo utilizar los recursos disponibles, sino también ser conformado por ellos, modificarlos uno mismo y, en consecuencia, llegar a un estado de integración íntima con la totalidad del ambiente. Sólo es posible comprender a los organismos vivientes si se los considera como parte del sistema en que funcionan. Esto es particularmente cierto referido a nosotros, los seres humanos, pues todos los aspectos de nuestras vidas son profundamente influidos por una inmensa diversidad de fuerzas culturales que configuran nuestros cuerpos, nuestra conducta y las estructuras sociales con las cuales hemos de relacionarnos a fin de ser plenamente humanos. Mnemosina, la diosa griega de la memoria, era también símbolo de la vida y madre de las nueve musas, los espíritus motores de la creatividad. Su compleja naturaleza en el mito griego simboliza que nuestras vidas individuales implican siempre la creación de novedad; nosotros vamos llegando progresivamente a lo que somos en cualquier momento determinado porque podemos recurrir a la memoria consciente o inconsciente e incorporar el pasado a las condiciones actuales.

Yo no puedo pensar de mí como persona sin traer al pensamiento incontables circunstancias y sucesos que recuerdo con alguna precisión, y sin tener en cuenta que muchas influencias, de las cuales no fui consciente en el momento en que obraron sobre mí, me han dejado, sin embargo, huella permanente.

El uso común de la expresión *sustancia viviente* revela cuán pobre es nuestra percepción de las riquezas y sutilezas de la vida. No existe sustancia viviente. Hablemos de microbios, melones, ratones o seres humanos, no podemos tratar de estas criaturas como meras sustancias u objetos en tanto permanezcan vivas. En cualquier nivel, la vida implica la integración de una inmensa diversidad de sustancias que, funcionando como unidad, interactúan continuamente con sus ambientes particulares, a menudo de manera creativa. Para la amiba, como para el elefante, vivir es experimentar y actuar.

Cuanto mayor sea la libertad de un organismo para elegir adónde ir, qué hacer y cómo reaccionar a los estímulos, más compleja y creativa será la experiencia vital. Los representantes individuales de una determinada especie de hongo silvestre, la morilla, por ejemplo, son casi siempre iguales, cualquiera que sea el lugar donde nazcan; aun cuando los individuos de las polillas desfoliadoras *(Porthetria dispar)* puedan mudar, cada individuo es representante típico de su especie. En contraste, un gato o un perro determinados cambiarán profundamente de aspecto y conducta si escapan de la casa donde vivían en domesticidad y eligen vivir en el bosque. El ser humano goza de la mayor libertad de elección y, en consecuencia, posee el más alto grado de adaptabilidad creativa.

No hay forma alguna de demostrar científicamente que el hombre está dotado de libertad. En realidad, razones filosóficas inducen a pensar que no le es posible al cerebro humano llegar a conocer y comprender su propio funcionamiento y que, por tanto, la existencia del libre albedrío ha de aceptarse por fe, como expresión de la experiencia vital. En todo caso, la falta de prueba científica no pesa mucho contra las evidentes manifestaciones de la libre voluntad en la vida humana y tal vez en otras formas de vida. Como Samuel Johnson decía hace dos siglos: "Toda la ciencia está en contra del libre albedrío; todo el sentido común en su favor."

Las ciencias biológicas han adelantado muchísimo desde la época de Samuel Johnson, pero no lo bastante para justificar la aserción de los conductistas ortodoxos según la cual mecanismos puramente deterministas explican por completo todas las variedades del comportamiento humano. Como han señalado dos laureados con el premio Nobel de biología, uno de la Universidad de Harvard y el otro de Bélgica: "Aun en las más perfectas condiciones de laboratorio y con los procedimientos experimentales mejor planeados y controlados, los animales hacen lo que les da su maldita gana..." ¿Puede pedirse más libre voluntad que ésta? Estos dos biólogos no cuestionan el que todos los fenómenos de la vida están condicionados por la herencia, la experiencia y los factores ambientales, pero reconocen en su aserción que ciertos animales, y los seres humanos mucho más, pueden elegir entre varios posibles cursos de acción, con lo que trascienden las restricciones del determinismo biológico gracias a una facultad a la que por conveniencia llamamos libertad de la voluntad.

En la práctica, por libre voluntad significamos simplemente que las personas y, con cierta probabilidad, algunos animales, pueden, en diferente medida, visualizar las alternativas que ofrece determinada situación y elegir una de ellas. Nosotros diferimos de los animales por nuestra mucho mayor capacidad para imaginar situaciones futuras en un lugar distante y elegir fundados en lo imaginado. Amo a Nueva York y a París, puedo permitirme vivir cómodamente en una u otra de estas ciudades, y tengo un conocimiento preciso de las respectivas ventajas y desventajas que ofrecen ambas. No pasa una semana sin que mi esposa, nacida y criada en Estados Unidos, y yo, nacido y criado en Francia, discutamos sobre dónde deberemos pasar el resto de nuestras vidas. Mi mujer se inclina hacia París, por razones que no me son del todo claras, mientras que yo prefiero Manhattan, por motivos que no son mejores que los suyos. En todo caso, ambos gozamos de la libertad de optar y seguiremos ejerciendo esta libertad con fundamento en la selección entre las alternativas imaginadas.

Por consiguiente, yo siempre daré como cierta la libre voluntad, simplemente por creer que los seres humanos constantemente eligen y toman decisiones que desmienten el determinismo biológico y conductual absoluto; pero, no obstante, consideraré primero ciertos aspectos de la vida humana en que la persona involucrada no puede controlar el ambiente ni sus efectos y, por consiguiente, tiene escasa o ninguna oportunidad de manifestar libertad de respuesta o de acción.

Nosotros intentamos ser racionales en casi todas nuestras actividades y hallamos confortante el hecho de poder reconocer y controlar muchas de las influencias que nos afectan, aunque no podamos comprender los mecanismos o los efectos de estas influencias. Sin embargo, muchos aspectos de nuestras vidas están en gran parte fuera de nuestro control, pues son consecuencia de sucesos que ocurrieron en el remoto pasado y de los cuales ni siquiera somos conscientes.

El grado extraordinario en que nuestros procesos fisiológicos están vinculados a ritmos cósmicos ofrece una notable ilustración de la persistencia de rasgos que surgieron hace millones de años en el curso del desarrollo evolutivo de la especie humana. Por ejemplo, propendemos a creer que hemos logrado independizarnos de las fuerzas de la naturaleza porque podemos iluminar nuestras habitaciones por la noche, calentarlas durante el invierno y enfriarlas en el verano; y también porque podemos conseguir una amplia variedad de alimentos a lo largo de todo el año. Pero aun cuando vivimos en un ambiente que nos parece constante porque podemos controlar varios de sus elementos, todas las funciones de nuestro cuerpo siguen fluctuando de acuerdo con ciertos ritmos ligados a los movimientos de la Tierra, de la luna, del sol y quizá también de otras partes del cosmos. Aunque podemos controlar el calor, la humedad, la iluminación, la elección de alimentos y otros cuantos elementos del lugar donde habitamos, nuestros mecanismos corporales exhiben ritmos diarios y estacionales y quizá otros que seguramente afectan nuestro bienestar físico y mental.

Nuestras reacciones biológicas y psicológicas a cualquier estímulo son diferentes en la mañana y en la noche, y también distintas en primavera y verano de las que ocurren en otoño e invierno. Asentaba sobre una sólida base vital la práctica india de atacar a los blancos justo antes de la aurora, pues los mecanismos fisiológicos y psicológicos de defensa de los seres humanos se encuentran en su punto más bajo en dicha hora del día. Las terribles fantasías de la noche y los terrores que engendran son indirectamente afectados por los movimientos de la Tierra, en parte, al menos, como consecuencia de las variaciones diurnas y estacionales del nivel en el cuerpo de las distintas hormonas. Es de experiencia común el hecho de que las operaciones del organismo humano escapen del control de la razón bajo la influencia de la oscuridad y sobre todo a ciertas horas de la noche. Asimismo está bien comprobado el hecho de que el efecto de determinada sustancia tóxica o medicamento difiere notablemente según la hora del día y la estación.

Probablemente, también el ciclo lunar se refleje en las funciones de nuestro cuerpo y en nuestra conducta. Hay pruebas de que los adoradores de la luna, así como los "lunáticos", son realmente afectados —como su nombre sugiere— por fuerzas lunares a las cuales probablemente la mayoría de nosotros también reaccionemos de alguna manera. En los monos, y probablemente también en los seres humanos, ciertos procesos fisiológicos relacionados con la sexualidad parecen exaltarse durante la luna llena.

Los cambios estacionales nos afectan tan intensamente, aun si la temperatura y la iluminación se mantienen artificialmente a un nivel constante, que su influencia se refleja en las prácticas sociales. Muchas de éstas se manifestaron inicialmente en grupos sociales primitivos, y han continuado en diferentes formas después de la transformación y refinamiento de las sociedades posteriores. En nuestros días, en los ambientes urbanos desarbolados, abandonados por los pájaros y mecanizados, justo como en las legendarias Arcadias de la antigüedad, el hombre y la mujer perciben por medio de sus sentidos y revelan por su comportamiento la exuberancia de la primavera y la languidez del otoño.

Las pautas estacionales de comportamiento pueden tener su causa en el hecho de que procesos orgánicos tan fundamentales como la secreción de las hormonas y la forma en que el organismo metaboliza los alimentos difieren de una estación a otra, aun cuando se controlen artificialmente las condiciones ambientales de modo que resulten uniformes en el transcurso de todo el año. Aunque estos fenómenos fisiológicos tengan importancia práctica, es poco lo que de ellos sabemos y, de hecho, apenas se han estudiado. Se sabe desde hace tiempo que en el cuerpo de ratas mantenidas en ayuno por cuarenta y ocho horas los niveles de las llamadas sustancias cetónicas (cetosis) son tres veces más altos de mayo a octubre que en los meses del invierno; los niveles invernales permanecen bajos aun cuando se mantenga a los animales en una habitación cuya temperatura sea constantemente la estival. El alto nivel de la cetosis estival se relaciona con el hecho de la escasa capacidad de los tejidos del cuerpo de la rata para metabolizar la glucosa, probablemente a causa de la reducción de la actividad funcional del páncreas. Es probable que también en los seres humanos algunas de las modificaciones estacionales del metabolismo obedezcan a variaciones de la actividad hormonal. La presión sanguínea, la excreción urinaria de cuerpos nitrogenados y la temperatura corporal profunda cuentan entre las muchas actividades fisiológicas cuya variación estacional se ha demostrado.

Desde luego, causas biológicas más complejas y sutiles que los meros cambios de la temperatura afectan las normas estacionales de la conducta, por ejemplo la costumbre europea de celebrar el carnaval y el Mardi Gras cuando la savia comienza a ascender en los árboles, mientras que el día primero de noviembre —el día de Todos los Santos, de celebración funeral— se conmemora cuando la naturaleza inicia su sueño invernal. Muchas leyendas y ceremonias de los pueblos antiguos, que parecen tradiciones puramente culturales, tienen en realidad origen biológico en las relaciones estacionales de los seres humanos con su ambiente. Muchos de los mitos griegos relacionados con Deméter, Perséfona y Adonis, así como las danzas del maíz de los indios americanos, pueden fácilmente interpretarse como primitivas prácticas locales relacionadas con las condiciones estacionales.

Aun cuando habiten en ambientes climatizados, los seres humanos modernos continúan bajo la influencia de fuerzas cósmicas, casi tanto como si vivieran desnudos en contacto directo con la naturaleza. También seguimos reaccionando a la presencia de personas rivales o animales de ciertas especies como si estuviéramos en peligro de ser atacados por ellos. En todo el mundo, gran número de personas sienten y expresan tremendo horror ante la mera presencia de culebras o arañas, terror que los niños experimentan con máxima intensidad, espontáneamente o después de haber recibido leves advertencias de sus padres u otras personas mayores. En contraste, los niños a quienes constantemente se les advierte que no se acerquen a los contactos eléctricos o a los automóviles, o que no jueguen con cuchillos, rara vez desarrollan fobias contra tales objetos. Una posible explicación de estas diferencias de comportamiento sería que, en un remoto pasado, los seres humanos tuvieran encuentros desagradables o peligrosos con serpientes o arañas y que estas experiencias quedaron grabados en la memoria biológica de nuestra especie.

La llamada reacción de "pega o corre", con todas sus profundas resonancias funcionales del organismo, es casi seguramente una rememoración biológica de los tiempos en que el encuentro con un animal salvaje o un ser humano extraño hacía asunto de vida o muerte el movilizar todos los mecanismos corporales que permitieran a nuestros remotos antepasados emprender una lucha física o huir.

Muchas otras situaciones del pasado distante se reflejan todavía en nuestras reacciones a situaciones sociales actuales. Por ejemplo, seguimos experimentando trastornos funcionales cuando nos perdemos en terreno silvestre o desconocido, no sólo en la selva tropical o en un desierto, sino también en aglomeraciones urbanas, entre gente que comúnmente genera en nosotros un sentimiento de pánico, si no estamos acostumbrados a sus maneras.

Más generalmente, las causas del hacinamiento, del aislamiento o de retos inesperados tienen efectos que reflejan reacciones similares en el pasado evolutivo. Sin embargo, reacciones que fueran otrora favorables al éxito biológico, podrían no ser ya adecuadas en la circunstancia actual. Por ejemplo, el

71

hecho de que el encuentro con un extraño despertara alarma y suspicacia en la Edad de Piedra era biológicamente útil; pero ahora tal reacción suele tomar la forma de racismo o xenofobia. Fenómenos que varían entre las aberraciones psíquicas de las multitudes y los cambios en el metabolismo o en la circulación sanguínea, resultantes de discusiones en el lugar de trabajo o en alguna reunión social, pudieran ser en gran medida supervivencia de atributos que fueron útiles cuando se manifestaron por primera vez en el curso del desarrollo evolutivo, pero que son irracionales, inútiles y posiblemente peligrosos en las condiciones de la vida moderna.

Cambios en la presión sanguínea, en la distribución de la sangre entre las varias partes del cuerpo, en la secreción de hormonas tales como las secretadas por las glándulas suprarrenal y tiroides y la más rápida utilización del azúcar sanguíneo cuentan entre las reacciones fisiológicas que ponen al hombre en condiciones favorables para la lucha o la huida. Podríamos dar por seguro que condiciones semejantes a las que suscitan los cambios descritos ocasionan también alteraciones en la secreción de las hormonas encefálicas hace poco descubiertas, las endorfinas y las encefalinas, que alteran nuestra percepción del dolor. En el mundo moderno, cualquier situación amenazadora moviliza estos y otros mecanismos, aun cuando la amenaza rara vez conduzca a verdaderos conflictos o esfuerzos físicos. Se ha observado, por ejemplo, que el entrenador de un equipo de remeros deportivos, situado en la orilla, atento a la ejecución de éstos, experimenta cambios fisiológicos semejantes a los que sufren los atletas realmente entregados a la competición.

El impulso a defender la propiedad y a dominar a los iguales de uno es también un antiguo rasgo biológico, reconocible hoy en las diferentes formas de territorialidad y dominio. Incluso el instinto del juego corresponde a una importante necesidad biológica en los animales y, probablemente, siempre haya sido parte de la naturaleza humana, por cuanto ayuda al infante y al niño a descubrir el mundo y aprender a funcionar en diferentes situaciones.

Estas y otras muchas características biológicas están intercaladas en el tejido mismo de la raza humana y condicionan todos los aspectos de la conducta del hombre. Probablemente, muchas de ellas van incluidas en la dotación genética de la especie humana, aunque otras se transmiten culturalmente de generación en generación. En todo caso, es difícil o quizá imposible investigar las reacciones innatas por los métodos analíticos ortodoxos de la ciencia, basados en el estudio detallado de las partes componentes del organismo. A semejanza de la libre voluntad y del pensamiento, la mayor parte de los relojes biológicos y de las reacciones de la persona a situaciones sociales complejas desaparecen cuando los estudios se efectúan sobre células u órganos separados del organismo vivo. Los más interesantes fenómenos y experiencia de la vida sólo pueden observarse cuando el organismo responde como unidad completa e integrada a su ambiente total. Felizmente, las investigaciones sobre la vida en el espacio exterior y en los submarinos están creando una sana oleada de interés respecto a los problemas biológicos concernientes al organismo como un todo —tales como los efectos de las mareas, de las estaciones, de los ciclos diurnos, lunares y anuales—, efectos que hasta ahora habían estado muy descuidados por las ciencias biomédicas. Justo de la misma manera que los cohetes y satélites artificiales han dado nueva importancia a la mecánica celeste, lo mismo ocurre con las previsiones de prolongadas estancias en el espacio o bajo el agua, que han atraído la atención a la necesidad de un mejor conocimiento de las fuerzas cósmicas que han conformado la vida en la Tierra y siguen ahora influyendo sobre nosotros.

Cuando alzamos nuestra mirada al cielo en una noche clara y sin nubes, nosotros, individuos modernos fatigados, sentimos que somos parte de ese universo aparentemente infinito que se extiende más allá de las estrellas, y que participamos en sus ritmos. Los hombres de la antigüedad probablemente experimentaron esta sensación de unidad con el cosmos más intensamente que nosotros. Se ha informado, incluso, de chimpancés que permanecieron sentados absolutamente inmóviles observando una puesta de sol, como fascinados por el espectáculo. Los pueblos antiguos fueron conscientes de la regularidad de los movimientos de los cuerpos celestes desde época tan remota como la edad paleolítica; registraron las fases de la luna por medio de muescas talladas en objetos de hueso o marfil e igualmente hicieron con los desplazamientos estacionales de los animales y con el crecimiento de las plantas. La observación de los sucesos astronómicos hubo de haber jugado desde muy pronto importante papel en la vida mental de los pueblos antiguos, si es cierto, y parece serlo, que los inmensos monumentos megalíticos, como el círculo de Stonehenge en Inglaterra, los alineamientos de Carnac en Francia y la gran pirámide de Gizá en Egipto, están orientados de manera tal que ofrecen espectaculares vistas del crepúsculo matutino en ciertos días críticos del año. Se ha afirmado que, en Egipto, hace más de tres mil años, el nacimiento del sol se celebraba la noche del 25 de diciembre, cuando este astro entraba en el signo de Capricornio, y que el sol, en su curso a partir del solsticio de invierno, entraba en el signo de Aries en la Pascua.

Filósofos, escritores y artistas han tenido siempre conocimiento de la función que desempeñan en la vida humana ciertos procesos ocultos. En el diálogo de Platón, *Fedro*, Sócrates habla de las fuerzas creadoras liberadas por la *manía*, la "locura divina". El texto del diálogo deja en claro que la palabra "locura", tal como Sócrates la emplea, no se refiere a estados mentales patológicos, sino a los atributos biológicos ocultos de la naturaleza humana, que se hallan más allá del control de la razón y de los que, por lo regular, ni siquiera nos percatamos, salvo por sus efectos sobre el comportamiento humano. Esos atributos pueden permanecer ocultos en las circunstancias usuales de la vida ordinaria; pero constituyen poderosas fuentes de inspiración para el artista lo mismo que para el científico. La creatividad suele requerir arduo trabajo, pero depende incluso más de la intuición y la inspiración. Oír las "voces que claman desde lo hondo" nos ayuda a descubrir riquezas en regiones de la naturaleza humana que no han sido aún completamente exploradas.

Nietzsche se refería a fuerzas innatas análogas a la "locura divina" de Sócrates cuando escribió en *El nacimiento de la tragedia* que la inspiración dionisiaca es complemento necesario de la actitud apolínea, que considera la razón y el orden como los más altos valores. Como ha demostrado E. R. Dodds, en su libro *The Greeks and the Irrational* [Los griegos y lo irracional], las civilizaciones de la antigüedad sabían de la existencia en la naturaleza humana de poderosos apremios biológicos que no son fácilmente dominados por la razón. Las pasiones ocultas —"la divina locura" de Sócrates— solían simbolizarse por medio de un toro bravo en lucha contra la razón.

En todo el mundo han surgido de forma natural costumbres sociales que permiten a esas fuerzas ocultas manifestarse en condiciones de algún modo controladas. Las orgías dionisíacas, los misterios eleusianos y muchos otros rituales sirvieron como mecanismos de liberación para impulsos vitales que, de otra manera, no habrían hallado expresión aceptable en las formas habituales de la vida griega. Hasta Sócrates tan racional participaba en los ritos coribánticos con su música y danza extáticos. En los países más adelantados del mundo occidental, aunque con frecuencia en forma distorsionada, siguen celebrándose festivales o ceremonias relacionados con las estaciones del año; de esas celebraciones es ejemplo el carnaval, con sus extravagancias de vestido y comportamiento, que continúa festejándose en muchas partes del mundo. El toro paleolítico sobrevive en el habitante urbano, cuya propia manera de patear el suelo se hace manifiesta cuando alguien hace un ademán amenazante en la escena social o cuando los cambios estacionales activan los diversos mecanismos hormonales.

Así nos relacionamos no sólo con nuestro entorno físico, biológico y social, sino también con el cosmos en su conjunto, aun cuando no tengamos conciencia de esta relación. Cualquiera que sea la organización social y por primitivos que nos parezcan los seres humanos que las componen, todas las sociedades humanas han creado mitos y ritos para expresar su participación en el sistema cósmico, actividades que trascienden las necesidades puramente biológicas.

La reacción al tañer de las campanas, por ejemplo, no es tanto a las ondas sonoras como a sus armonías simbólicas. Interminablemente modificado su sonido al difundirse en todas las direcciones del espacio, el repique de las campanas significa para mí que el hombre está relacionado con todo lo que en el cosmos existe. Ese sonido sobrepasa el gran más allá y llega a donde lame la orilla del gran misterio último que quizá la ciencia jamás pueda develar.

Solía creer que mi poderosa reacción emocional al sonido de las campanas de la iglesia era simple consecuencia de haberme condicionado a su significación religiosa por la educación que recibí en Francia durante mi niñez; pero ésta no es la explicación completa. Oír de cerca al almuédano, en el sector arábigo de Jerusalén, evocó en mí sentimientos muy semejantes a los que me despierta el sonido de las campanas de una iglesia católica. Y lo mismo me sucede con otros sonidos relacionados con rituales que he oído en muchas partes del mundo: los gongs de los templos budistas de Japón y Taiwan, los cantos de una ceremonia religiosa de los indios navajos, las voces rítmicas durante una danza polinesia en Tahití, los tambores de los habitantes del África central. Aun el más convencido de los ateos puede experimentar su unidad con el cosmos al oír el tañido de las campanas, la reverberación de los gongs o el efecto hipnótico de ciertos cantos de Nuevo México o el retumbar de los tambores africanos.

La experiencia cósmica derivada del sonido de las campanas u otros sonidos rituales contribuyó al desarrollo del animismo en los pueblos primitivos. El animismo persiste como corriente oculta en todas las grandes religiones que, en su forma más elevada, implican la reacción de la persona como un todo al universo como totalidad. De una u otra manera, pronto habremos de acomodar nuestra relación con el cosmos a la teoría según la cual todo comenzó repentinamente en un momento definido del tiempo, hace unos veinte mil millones de años, con una tremenda explosión, un intensísimo destello de luz y de energía: la Gran Explosión. Discutiendo acerca de la reacción emocional de los físicos teóricos a la hipótesis de la gran explosión, el astrónomo ateo Robert Jastrow declaraba recientemente que esta reacción "provenía del corazón, mientras que uno esperaría que los juicios nacieran del cerebro". Todos los científicos llegan a un punto del conocimiento que no pueden sobrepasar; quedan en él inmovilizados, "recibidos por una banda de teólogos afincados en él desde hace siglos".

De hecho, los teólogos no son los únicos que esperan y vigilan. Seres humanos perceptivos y sensitivos han pensado siempre acerca del origen y destino del cosmos y del lugar del hombre en el orden de las cosas. Las preguntas definitivas han sido siempre las escritas al pie de uno de los cuadros tahitianos de Gauguin: "¿De dónde vengo?, ¿quién soy?, ¿adónde voy?" Las campanas de la iglesia que anuncian una ceremonia religiosa, la voz del almuédano que desde el alminar llama a la oración a los musulmanes, simbolizan que, cualquiera que sea nuestro sistema de creencias, sentimos la vida humana como algo más que el conjunto de reacciones químicas que aseguran el mantenimiento de sus estructuras anatómicas y sus funciones vitales. Ser humano significa no sólo formar parte de una sociedad, sino también tratar de relacionar nuestra existencia con la totalidad del universo. Las moléculas de ADN de nuestra dotación genética determinan las invariantes de nuestra naturaleza, las cuales incluyen las formas de conducta desarrolladas por nuestros antepasados durante la edad paleolítica o por nuestros progenitores más recientes, modos de conducta que gobiernan nuestras reacciones a los estímulos ambientales y sociales. Sin embargo, en un determinado tiempo, la forma e intensidad de estas reacciones están influidas por nuestra experiencia individual. Nunca podremos escapar a nuestro pasado individual condicionante, especialmente al constituido por las experiencias de los comienzos de nuestra vida individual. En una fracción de segundo, un aroma nos hace caer a plomo hasta los más profundos estratos de nuestro ser; así, aun el olor más sutil puede restituirnos a otro lugar y a otro tiempo. Los malos olores relacionados con lugares donde adquirimos la conciencia de nosotros mismos son probablemente tan potentes como los placenteros en cuanto a evocar los sentimientos de seguridad y alegría de vivir relacionados con muchos días de nuestra juventud.

Recuerdo el intenso placer de una muchachita al regresar a la inmundicia de su aldea nativa, junto a una mina de carbón, en la región de los Apalaches, después de su primera experiencia fuera de su hogar en un idílico lugar rural. Inhaló una profunda bocanada de aquel aire turbio y sulfuroso y exclamó radiantemente: "¡Oh, mi hogar!". Comprendí su reacción, porque yo también había experimentado un placer proustiano semejante cuando, después de medio siglo de ausencia, percibí el hedor de una destilería de azúcar de remolacha en la aldea francesa donde me había criado. En una de las cartas dirigidas a su casa desde la escuela, el joven Luis Pasteur expresaba su intenso deseo de tomar una vaharada del aire de la curtiduría de su padre, aun cuando los viejos métodos de curtiembre producían olores nauseabundos. La palabra hablada también refleja la indeleble huella de las influencias tempranas. Se me ha dicho que escribo y hablo el inglés correctamente, y a veces con elegancia, pero mi pronunciación y ciertos giros de las frases delatan que ya tenía veinticinco años cuando pasé del francés y el italiano a la lengua inglesa.

Soy aún parte tan grande del mundo en que me crié, y éste forma parte tan importante de mí, que el sólo pensar en la Isla de Francia y su paisaje basta para transportarme mentalmente a las aldeas donde me veo a mí mismo cuando era un muchachito que vestía una blusa de labrador y empujaba una carretilla llena de altas hierbas y zanahorias recogidas en el campo para los conejos de casa. Siento aún bajo mis pies la blandura de las sendas campestres; huelo los espinos blancos de los setos; oigo el mugido de las vacas y el canto de los pájaros, especialmente el de las alondras al volar desde los trigales; espero ver en cualquier momento el campanario de la iglesia en el centro de la aldea.

Si bien el chiquillo con la carretilla sobrevive en mí, por supuesto soy ahora muy diferente de él, y no sólo porque soy viejo. He vivido en muchos lugares diferentes y me he relacionado con muchas personas distintas, por accidente o propósito. Pocas son las partes de París, Roma, Londres y Manhattan que no me hacen rememorar instantáneamente situaciones en que participé y que me han hecho diferente de lo que antes fuera. No vivo en el pasado, es el pasado quien pervive en mí.

AMBIENTES NATURALES Y ARTIFICIALES

Las distintas razas humanas exhiben evidentes diferencias físicas, resultado de la exposición de innumerables generaciones a diferentes ambientes y modos de vivir. Algunas de estas diferencias son hereditarias, porque han quedado codificadas en las moléculas de los ADN que determinan la constitución genética particular de cada raza humana. Es ésta la causa de las diferencias de pigmentación cutánea características de los grupos raciales, de la corta estatura de los pigmeos africanos y los aborígenes de Australia y, probablemente, de unas cuantas diferencias anatómicas menores entre los japoneses y los hombres blancos. Algunos investigadores de la conducta infantil afirman que las criaturas de las diferentes razas exhiben pequeñas diferencias, determinadas genéticamente, en la rapidez del desarrollo, la postura y el temperamento. Por ejemplo, las pruebas de Gesell han revelado recientemente que el desarrollo motor de cierto grupo de infantes africanos avanza muy por delante del de los infantes europeos de la misma edad, y marcha paralelamente al adelanto en adaptabilidad, adquisición del lenguaje y comportamiento personal-social. La precocidad de los infantes africanos suele perderse hacia el tercer año de edad, aunque sigue manifestándose en algunos que gozan de la ventaja de la educación en un jardín de niños.

Sin embargo, muchas de las características físicas y de la conducta distintivas de los grupos étnicos no son en realidad genéticas, sino consecuencia de diferentes condiciones socioculturales. Por ejemplo, la mayoría de los inmigrantes provenientes de Sicilia eran de corta estatura cuando desembarcaron en Nueva York entre fines del siglo pasado y comienzos del presente; pero sus hijos y, especialmente, sus nietos, nacidos y criados en Estados Unidos, tienden ahora a ser tan altos como los descendientes de los primeros colonos provenientes de la Europa septentrional. De modo análogo, los judíos que vivían en los *ghettos* de la Europa central antes de la guerra ofrecían múltiples características distintivas que se suponían expresión de los genes "semíticos"; pero sus hijos, nacidos y criados en los *kibutzs* de Israel son altos y esbeltos y su conducta tiende a apartarse ampliamente de los patrones tradicionales que prevalecieron entre los judíos de Europa antes de la guerra. Muchos japoneses de la posguerra son también mucho más altos que sus padres y abuelos. Vemos, pues, que el desarrollo humano es profundamente afectado por las fuerzas ambientales y los modos de vida, factores ambos que actúan tan rápidamente —en una o muy pocas generaciones— que resulta imposible atribuir sus efectos a alteraciones genéticas.

Hace más de 2 000 años que los médicos chinos y griegos sabían que los ambientes naturales configuraban ciertos atributos humanos, aunque es improbable que diferenciaran claramente entre las características heredadas genéticamente y las adquiridas por el individuo. El médico griego Hipócrates fue uno de los que insistieron en que las características físicas y mentales de las varias poblaciones de Europa y Asia, así como su valentía guerrera, estaban determinadas por la topografía de las regiones donde vivían, y muy especialmente por la calidad local del aire, el agua y los alimentos. Por ejemplo, Hipócrates pensaba que "los habitantes de países montañosos y bien provistos de agua [...] tienden a la corpulencia, adaptados para la resistencia y el valor", mientras que los habitantes de tierras bajas, templadas y húmedas propenden a ser rechonchos, abultados de carnes e indolentes. Sabemos ahora que las diferencias advertidas y señaladas por Hipócrates no eran expresión de diferencias genéticas, sino del relativo prevalecimiento de ciertas enfermedades infecciosas e insuficiencias alimentarias en los lugares donde él realizó sus observaciones.

En el siglo XVIII, el abate Jean Baptiste DuBos (no estoy emparentado con él) fue uno de los exponentes franceses más expresivos de la doctrina de acuerdo con la cual el hombre es en gran medida conformado por factores geográficos, especialmente los climáticos. En este sentido, fue un descendiente intelectual de Hipócrates y predecesor de Montesquieu. DuBos ponía de relieve los efectos del clima, no sólo sobre el desarrollo humano, sino también sobre la emergencia y manifestaciones de los atributos intelectuales. Decía: *Le climat est plus puissant que la sang et l'origine*, lo que puede traducirse como afirmación de que el clima causa efectos más notables sobre el cuerpo y la mente que la constitución de la persona y el país de origen. Creía que la calidad del aire influye sobre la composición de la sangre y, por consecuencia, sobre todas las características físicas y mentales. Según el abate DuBos, el efecto del clima explicaría por qué los toscos y vigorosos francos y normandos que se establecieron en los países mediterráneos se habían hecho "afeminados, traidores y pusilánimes", y por qué los árabes habían perdido gran parte de su vigor después de establecerse en el sur de España. Si bien las afirmaciones fácticas de DuBos eran históricamente correctas, la interpretación es casi seguramente errónea. Los normandos y los árabes se hicieron más débiles en el ambiente del Mediterráneo no porque hubiesen sido afectados genéticamente por el clima, sino porque su entrega al ocio, los placeres y la lujuria los apartó de cultivar el vigor corporal y las virtudes mentales que explican sus anteriores y enormes triunfos militares.

Con todo y ser científicamente primitivas, las opiniones expresadas por el abate DuBos eran valiosas, pues transmitían la importante verdad de que el entorno y el estilo de vida causan profundos efectos en muchos de los aspectos del carácter y el desarrollo del hombre; pero su sugerencia de que el clima produce profundo efecto sobre la capacidad intelectual ha sido, por desgracia, utilizada para sustentar las doctrinas racistas.

A comienzos de este siglo, el geógrafo Ellsworth Huntington, de la Universidad de Yale, sostuvo enérgicamente la doctrina del determinismo climático en las varias ediciones de su ampliamente difundido libro *Civilization and Climate* [Civilización y clima]. Sostenía que el clima influye no sólo sobre la producción de alimentos y la salud humana, sino también sobre la inteligencia y la moral, y de tales supuestos derivó una doctrina racista. Decía: "El

84

clima de muchos países parece ser una de las grandes razones para que en ellos prevalezcan el ocio, la falta de honradez, la inmoralidad, la estupidez y la debilidad." Creyendo que un clima templado es más favorable al progreso que el tropical, fue tan lejos como para concluir que "Los negros parecen diferir de los blancos no sólo por sus rasgos y color cutáneo, sino por el funcionamiento de su mente." Tal como él lo veía, los efectos del clima experimentados por los negros durante su evolución vital en el África tropical han hecho de ellos seres humanos inferiores. De pasada, sería interesante saber cómo habría reaccionado Huntington al reciente hallazgo, mencionado antes, de la notable precocidad observada entre ciertos infantes negros africanos.

En una aldeana expresión de superioridad, Huntington llegó a afirmar que la Nueva Inglaterra oriental, la región donde él vivía, ofrecía un nivel de variabilidad estacional justamente suficiente para provocar un reto de grado tal que resultaba estimulante, pero no abrumador y, por tanto, ideal para el desarrollo humano y de la civilización.

La opinión de que grados adecuados de variabilidad estimulan la eficiencia y el desarrollo del hombre es, como se sabe, un aspecto especial de la teoría de Toynbee sobre la civilización, basada en "el reto y la respuesta". Pero aun cuando la importancia que Huntington atribuye al clima se fundamenta en unas cuantas observaciones fisiológicas válidas, constituye una aserción muy incompleta y, por tanto, básicamente inexacta, acerca del efecto de las fuerzas naturales sobre el carácter y el desarrollo del hombre. En particular deja sin explicar por qué algunas de las mayores civilizaciones de la antigüedad emergieron y se desenvolvieron en ambientes naturales donde la variabilidad estacional y otras condiciones naturales fueron muy diferentes de las que ahora prevalecen en Nueva Inglaterra o Europa, por ejemplo: la civilización egipcia en el valle del Nilo, entre inmensas bandas de desierto; la civilización incaica, en las grandes alturas de los Andes peruanos; las civilizaciones maya y jmer, en el seno de la masiva selva del húmedo trópico. La historia enseña que los seres humanos han sido capaces de prodigiosos logros culturales en gran variedad de condiciones naturales y también que han ocurrido repetidos retrocesos y estancamientos intelectuales en regiones que Huntington considera ideales para la vida y la civilización humanas.

Una de las razones por las que es realizable el desarrollo humano en ambientes naturales de muy diversa índole es que el *Homo sapiens* sigue siendo esencialmente un animal semitropical, de manera que en el curso de la historia, y aun de la prehistoria, la mayoría de los seres humanos han estado *biológicamente* fuera de lugar en las regiones de la Tierra donde se establecieron. A fin de colonizarla, hemos tenido que crear casi en todas partes hábitats humanos *artificiales* que han hecho capaz al hombre de vivir y multiplicarse en ambientes *naturales* a los cuales no está biológicamente adaptado. El hombre no hubiera sobrevivido largo tiempo, ni siquiera en la llamada zona templada, si no fuera por las prácticas *sociales* que ha desarrollado para protegerse de las inclemencias del tiempo y contra las escaseces alimentarias durante los meses de invierno.

En condiciones normales, pasamos la mayor parte de nuestro tiempo y efectuamos casi todas nuestras actividades no en el desierto o la selva, ni siquiera a la intemperie, sino en ámbitos altamente humanizados, aglomeraciones urbanas, pueblos, aldeas y habitaciones o viviendas de tamaño y forma diversos. Estos son los ambientes que ejercen las influencias más profundas sobre nuestra naturaleza corporal y mental. A falta de conocimientos precisos, estas influencias sólo pueden describirse en foma de hipótesis.

En general, el ritmo de la vida es menos rápido en el campo que en las grandes ciudades, tal como lo documentan mediciones reales. La investigación ha demostrado que los habitantes de las aldeas o ciudades pequeñas de Europa ambulan a razón de poco menos de un metro por segundo, mientras que la velocidad media de ambulación en las ciudades de más de un millón de habitantes llega desde metro y medio a casi dos metros por segundo —sea en ciudades europeas como Praga (Checoslovaquia) o americanas, tal como Brooklyn (Nueva York). En el centro de Manhattan, la velocidad media de la ambulación es claramente mayor en Park Avenue (Avenida del Parque), donde las exhibiciones y escaparates de los comercios abundan mucho menos que en las calles laterales, en las cuales, por haber mucho que ver, se anda más despacio.

La mencionada diferencia del ritmo no significa ineludiblemente que la vida en el campo sea menos esforzada que en la ciudad. La verdad más general es que casi todos los aspectos de los ambientes artificiales en que vivimos influyen notablemente sobre la forma en que obramos y nos comportamos y, por tanto, probablemente, también sobre la forma en que nos desarrollamos física y mentalmente.

El anhelo de aventura, más difundido y poderoso entre la gente joven, corresponde primariamente a la busca de nuevas experiencias. Aunque el impulso a explorar y la necesidad de cierto grado mínimo de estímulo existen en todos los primates y probablemente en todo el reino animal, estas características alcanzan su mayor altura en la especie humana. En el pasado, la apetencia de lo inesperado por los jóvenes a menudo podía satisfacerse simplemente explorando los alrededores del hogar —fuera en la granja de la familia con sus muy diversificadas actividades, o en la ciudad, donde las calles solían ser diferentes unas de otras y cada manzana presentaba muchas y distintas fachadas. En las modernas aglomeraciones urbanas, la uniformidad del ambiente reduce la oportunidad de tales inocentes aventuras —hecho que sugiere la probabilidad de que muchos de los inquietos y enérgicos pioneros de otrora podrían haberse convertido en delincuentes juveniles si se los hubiera obligado a vivir en nuestros pueblos y ciudades.

También influyen sobre las actitudes la forma de la vivienda y el diseño y la escasez o abundancia del mobiliario. Uno no se comporta de la misma manera en la austera simplicidad de una casa japonesa, en la disciplinada elegancia de una estancia europea clásica, o en el descuidado confort del excesivo y mullido mobiliario moderno. Los pisos cubiertos de *tatami* y las frágiles paredes de papel dan a la casa japonesa propiedades acústicas únicas que han influido en el diseño de los instrumentos musicales y aun en el tono y timbre de las voces japonesas. El sonido del piano pierde mucho de su brillantez en la casa japonesa tradicional, pero por otra parte, el *samisen* japonés pierde gran parte de su delicada cualidad en la caja reverberante característica de casi todas las casas europeas y norteamericanas.

Un artículo reciente aparecido en un periódico ilustra cómo el diseño del hogar influye sobre la conducta y el desarrollo del hombre.

En agosto de 1977, el periódico local de un suburbio de la ciudad de Nueva York publicó el plano de una casa diseñado para mejorar la conservación de la energía. Uno de los componentes de este modelo arquitectónico era una combinación de cocina-comedor y estancia familiar, con una chimenea de tal modo dispuesta que esta subunidad podía quedar prácticamente separada del resto de la casa durante los meses de invierno. El arquitecto suponía que la familia habría de pasar muchas horas en este "retiro", gozando de su mutua compañía gracias al calor de la chimenea. Con esta disposición podría ahorrarse buena parte de la energía necesaria para calentar toda la casa. Sin embargo, este género de casa no gustó a uno de los lectores del artículo. "Tanta apretura es buena para las aves", escribió al periódico. "El naufragio de la tranquilidad de una familia es un precio demasiado alto por el ahorro de un poco de energía." Según él, el rasgo más feliz de las casas norteamericanas modernas es precisamente haber hecho posible la separación de las distintas actividades familiares. Su ideal era que cada uno de los miembros de la familia pudiera llevar por separado su propia vida, "sin enredarse cada uno en el pelo de los demás", utilizando la sala, la estancia familiar, comedor y el cuarto de recreo separadamente, de acuerdo con las necesidades y el gusto individuales.

Hace unos cuantos años, un punto de vista exactamente opuesto al del lector del periódico a que acabo de referirme fue expuesto por el doctor A. L. Parr, ex director del Museo de Historia Natural de Nueva York, quien había nacido y crecido en un pequeño pueblo noruego en el periodo de entresiglos. Cada habitación de la casa donde se crió Parr gozaba de calefacción individual proporcionada por una chimenea o una estufa. Al principio, usaban velas como fuente de luz y después, lámparas de petróleo, acetileno o gas. Como tales técnicas de calefacción e iluminación eran bastante engorrosas y peligrosas, no podían confiarse a los niños, e incluso ofrecían alguna dificultad a las personas mayores. En consecuencia, la familia entera —niños, adultos y ancianos— había de pasar casi todas las tardes juntos gozando o, por lo menos, tolerando la mutua compañía. La expresión "círculo familiar" podría haberse originado para designar tales agrupaciones de hijos y padres en torno a la fuente de luz o a la vera del calor. Mi propia experiencia en una aldea francesa a comienzos de este siglo, y en París durante la primera Guerra Mundial, ha sido muy parecida a la del doctor Parr. Coincido con él en que la necesidad de permanecer varias horas en estrecho contacto con un grupo diversificado de personas hace indispensable cultivar la tolerancia social o, por lo menos, una disciplina que facilite otras formas de relación social.

La introducción de la calefacción central y de la luz eléctrica ha reducido la necesidad del agrupamiento de la familia. Estas nuevas fuentes, por ser seguras y cómodas, pueden operarlas incluso los niños que, gracias a ello, gozan de libertad de comportamiento en sus habitaciones. Tales cambios en los hábitos de vida ofrecen evidentes ventajas, pero también son causa de consecuencias indeseables. Gozar de una habitación para uno solo ofrece sensación de libertad y puede ayudar al desarrollo de la individualidad, pero en cuanto a la conducta, el resultado podría ser la pérdida de la disciplina y la cohesión sociales. Tener que estudiar, leer y jugar en contacto con adultos durante varias horas, en torno a la lámpara familiar, imponía restricciones a la conducta de uno, pero constituía un entrenamiento para las ineludibles dificultades de ulteriores relaciones sociales.

Sobre la conducta y el desarrollo del hombre también influye indudablemente la disposición general de los asentamientos humanos.

El aspecto visual de las calles de las aldeas francesas donde viví mi primera juventud era gris y trivial, sin duda visualmente poco atractivo. Casi todos los norteamericanos las ven, como yo mismo me inclino a verlas ahora, como una pesada y monótona pared que hace pensar en una institución conventual o carcelaria en que la gente permanece sin contacto con la vida pública. Esta interpretación de la apariencia de muchas calles francesas tiene alguna validez. La gente a la que conocí durante mi niñez rara vez entraba en alguna casa que no fuera la suya, ni siquiera en las de los vecinos, salvo que a ello fuera expresamente invitado. En las dos aldeas y en el pequeño pueblo en que transcurrió mi infancia no recuerdo haber entrado sino en unas cuantas casas en cada una de ellas, aunque mis padres y abuelos se hallaban en buenos términos con vecinos y conocidos. Sin embargo, aunque las fachadas de las casas francesas parecen grises y poco acogedoras, los hogares que ocultan poseen por lo regular una atmósfera íntima que describe muy bien la palabra *foyer* - hogar. Desde los tiempos prehistóricos, el hogar ha sido el centro material y espiritual de la unidad social fundamental, fuera la familia numerosa o reducida. Las casas ocultas tras esas fachadas repelentes eran en mi juventud los lugares donde las familias llevaban una vida tan privada e íntima que los vínculos emocionales por ella creados jamás se rompían, ni siquiera por la enajenación cultural o familiar. Las palabras de un campesino francés leídas hace poco me parecieron muy familiares y evocadoras: "Comme nos pères, nous sommes méfiants. Il fait froid dehors et chaud dedans... On dit bonjour sur le pas de la porte, on ne fait pas entrer n'importe qui... La vie se déroule à l'interieur entre la pièce principale et l'étable... La grand-mère écarte le rideau, apprécie le temps... Le grand-père remet une bûche dans la cuisinière." (Como nuestros padres, somos suspicaces. Se siente frío afuera y calor adentro [...] Se saluda a la gente cuando pasa frente a la puerta, pero no se invita a entrar a nadie, quienquiera que sea [...] La vida se desenvuelve en el interior, entre la pieza principal y el establo [...] La abuela aparta la cortina para ver qué tiempo hace [...] Después, el abuelo mete otro leño en la estufa.) Cada lengua tiene su expresión peculiar para decir "en casa" [*At home*, en inglés; *mez moi* en francés], y cada una de ellas expresa un matiz diferente en la relación familiar, pero todas significan la invariante necesidad que el francés expresa con la palabra *appartenance* y el inglés con la voz *belonging* [en español "en familia"]. En todos los lugares que conocí en Francia durante mi juventud había, tras la horrible fachada de la casa y contigua a ésta, un jardín o huerto de buen tamaño donde se cultivaban flores, pero también verduras y legumbres, además de criar pollos y conejos, que se aprovechaban como alimento para la familia. La traducción al inglés de la palabra jardín puede ser engañosa. Para mucha gente, la palabra francesa *jardin* evoca las formas de jardín proyectadas por los diseñadores franceses e italianos que consideramos clásicos. En contraste, para mí, la palabra inglesa *garden* se asocia con las formas del mismo que yo he conocido en Estados Unidos. Para mi gusto, el jardín norteamericano es casi objecionablemente público. No puedo imaginar contraste más brillante, como fondo para las relaciones sociales, que el existente entre la cerrada intimidad de los hogares y jardines detrás de las feas pero protectoras fachadas de las calles francesas, y las ventanas y jardines abiertos a la vista del público, que son casi la regla en los asentamientos norteamericanos.

Los franceses que yo conocí no eran tan antisociales como sugería el diseño de sus poblaciones. Su vida social se desenvolvía en lugares públicos, fueran cafés, restaurantes, tiendas, parques o jardines. Por otro lado, los norteamericanos, aun ahora, no son tan socialmente abiertos como cabría pensar al observar sus residencias, y jardines sin tapias; sus reuniones sociales son visibles para cualquiera, mas sin embargo segregadas en muy diferentes maneras, algunas muy sutiles pero no obstante reales. Un intelectual no se siente en su medio cuando se le invita a hablar ante un grupo de vendedores de automóviles o ante el grupo social de Bel-Air de Los Ángeles. Un cristiano puede no sentirse a gusto en una reunión de judíos y viceversa. El color de la piel es oficialmente ignorado, pero recuerdo una conversación muy amistosa en una reunión social con un negro muy instruido y educado, que me aseguró que era imposible para mí como persona blanca que soy, comprender realmente los sentimientos de la comunidad negra.

La clase de población francesa en que me crié propiciaba que el número de conocidos que uno adquiría fuera bastante limitado, pero las amistades que se establecían solían ser sólidas y duraderas, lo cual era válido también para las relaciones hostiles. El estilo de vida norteamericano facilita mucho más las relaciones interpersonales. De ello me ofreció buena caricatura la esposa de un oficial del ejército que había permanecido destinado en una pequeña ciudad de Connecticut menos de dos años. Como estaba a punto de dejar dicha ciudad con su marido, expresaba su disgusto al pensar que iba a perder a más de quinientos amigos que se había hecho en ese tiempo. Sin duda no tardaría en adquirir otros quinientos amigos en el nuevo destino de su marido. Con frecuencia me pregunto si mi temprano condicionamiento en una limitadísima parte de Francia, *le Vexin français* y el *pays de Thelle,* explica el hecho de que, a pesar de haber recibido ofertas de empleos más lucrativos en otras partes de Estados Unidos, haya pasado prácticamente toda mi vida profesional en el Centro Rockefeller de la ciudad de Nueva York y vivido casi todo el tiempo a menos de veinte minutos a pie de mi oficina.

Naturalmente, gustos y conductas cambian. Las paredes de la calle principal de la aldea donde nací, Saint Brice-sous-Forêt, siguen pareciendo tan grises y poco acogedoras como en la época de mi niñez. Sin embargo, al otro lado de la vía del ferrocarril, una aldea parecida, Sarcelles, se convirtió en un lugar de gran desarrollo habitacional después de la guerra. Aunque las nuevas viviendas de Sarcelles eran mejores que las de la vieja aldea, los cambios de hábitos que requerían hicieron aumentar la frecuencia de varias enfermedades entre sus habitantes; el cuadro de estas enfermedades era tan poco definido que los médicos las denominaban "sarcellitis". Ahora, tres decenios más tarde, los habitantes de Sarcelles se han adaptado al nuevo ambiente y, por añadidura, lo han modificado para ajustarlo mejor a los estilos tradicionales de la vida francesa. La "sarcellitis" desapareció espontáneamente una vez verificado este cambio. Mi aldea natal también ha crecido recientemente, pero de manera más controlada. Sus nuevas casas son más pequeñas, y a pesar de que los jardines que las circundan están cercados, los muros o tapias son bajos y dan un carácter más abierto al paisaje. Sin embargo, no se trata de la abierta libertad del paisaje norteamericano, sino sólo de la estricta claridad compatible con el persistente deseo francés de encerrar a la familia en un recinto, aun cuando éste sea únicamente de índole simbólica.

Los accidentes históricos también ejercieron gran influencia sobre la conformación de los asentamientos humanos en Europa y Estados Unidos. Tuvo especial importancia la abundancia de tierra en el Nuevo Mundo, que facilitó la consecución de una independencia relativa, al hacer posible edificar las granjas y viviendas ampliamente separadas entre sí.

Las invariantes de la naturaleza humana también influyeron en el diseño de los asentamientos humanos. La vida en la sabana donde la primigenia humanidad tuvo su origen, y sobre la mayor parte de

la Tierra durante la Edad Glaciar, fueron causa de
dos opuestas clases de necesidades visuales para los
seres humanos. Desde la boca de la gruta de Cro-
Magnon, en las Eyzies, la vista alcanza un amplio
horizonte, y desde ella, el hombre de la Edad de
Piedra podía vigilar los desplazamientos de la fauna
venatoria, mientras que el interior de la caverna le
ofrecía albergue al cual retirarse en procura de protección contra los animales ferales o las inclemencias
del tiempo. Siempre, desde los tiempos prehistóricos,
los estilos y prácticas de planificación han tratado
de satisfacer estas dos necesidades complementarias de
nuestra especie: la protectora comodidad de un albergue y la facilidad del contacto visual con el mundo exterior.

Además del entorno físico y social, otros aspectos
del ambiente también alteran profundamente el crecimiento humano y la calidad de la vida. Por ejemplo, los hábitos alimentarios, la clase de las enfermedades prevalecientes en determinada región en cierta
época y los estímulos que obran sobre una particular
comunidad son factores que influyen profundamente
sobre las características corporales y psicológicas.

La maduración de los jóvenes se ha acelerado en
el transcurso de los últimos decenios en todos los
países que han adoptado los hábitos de la civilización occidental. No sólo son los niños de ahora más
altos que los de hace unos decenios, sino que la estatura y el peso finales de los adultos son también
mayores y se alcanzan en época más temprana de la
vida. Hace un siglo, en general, la estatura máxima
no se alcanzaba sino hasta los 29 años de edad, mientras que ahora los varones llegan a ella a los 19 años
y las muchachas a los 17. También se ha adelantado

la madurez sexual. Mientras que en 1850 la edad habitual de la menarquia variaba en torno de los 17 años de edad, en los países ricos se llega a ella ahora a los 12 años.

No conocemos por completo cuáles son los factores causantes de estos impresionantes cambios en la maduración somática y sexual. La mejor alimentación y el control de las infecciones —tanto de la madre como del hijo— desde luego han representado un importante papel en la aceleración del desarrollo durante la temprana niñez; a su vez, este cambio contribuye a la mayor corpulencia y estatura de los adultos. Disponemos también de algunas pruebas de las que cabría inducir que la mayor facilidad de las comunicaciones ha ampliado las posibilidades de elección de la pareja y que el consiguiente aumento del apareamiento entre diversos grupos humanos se expresa en lo que los biólogos llaman vigor de los híbridos.

Aunque poco se sabe de las consecuencias a largo plazo sobre la conducta que derivan de los cambios en la velocidad del desarrollo, cabe suponer que la más temprana maduración anatómica y funcional ejerce cierta influencia sobre la facilidad de hallar el lugar que a determinado individuo le corresponde en el orden natural de las cosas. También podría afectar ciertas actitudes psicológicas y aun las formas de la civilización. Por ejemplo, a medida que los japoneses vayan adquiriendo mayor corpulencia y estatura, probablemente habrán de cambiar sus muebles, viviendas, edificios y calles, e incluso la administración de sus paisajes y la ejecución de sus ceremonias. La ceremonia del té podría no resultar compatible con las actitudes y ademanes de los toscos adolescentes, que pasan casi todo el día metidos en sus pantalones de mezclilla azul.

En su ensayo *On the Uses of Great Men* [Sobre los usos de los grandes hombres], R. W. Emerson señalaba que "hay vicios y locuras que afectan a todas las poblaciones y edades. *El hombre se parece a sus contemporáneos más que a sus padres*". [Las bastardillas son de Dubos.] El proverbio arábigo correspondiente, "el hombre se asemeja a su propio tiempo más que a sus padres", expresa de manera semejante la verdad general de que muchos de nuestros rasgos biológicos y de conducta son profundamente afectados por la circunstancia y los sucesos. Nos parecemos a nuestros progenitores porque de ellos obtenemos nuestra constitución genética; pero nos asemejamos a nuestros contemporáneos en virtud de estar sometidos a las mismas experiencias y condiciones ambientales y, en consecuencia, condicionados por las peculiaridades sociales y físicas de nuestro tiempo.

En gran parte, la diversidad de los ambientes que forman los edificios refleja los cambios del gusto de las diversas sociedades humanas. En Francia, siendo un adolescente, mi primera experiencia visual de la arquitectura moderna fue una fotografía del edificio Woolworth, entonces el más elevado mojón de la ciudad de Nueva York. Inmediatamente después de terminado, en 1913, este rascacielos fue conocido en todo el mundo, no sólo como maravilla arquitectónica, sino como inmensa hazaña de ingeniería adecuada a la era tecnológica. Florones de gablete góticos ornamentaban el edificio Woolworth de arriba abajo para significar que era la versión moderna de la catedral medieval, pero una catedral para celebrar el poder del dinero y no la gloria de Dios. El nombre "Catedral del Comercio" que se impuso al edificio Woolworth simbolizaba que la arquitectura de esta clase se había convertido en la expresión de la sociedad mercantil.

El edificio Woolworth siguió siendo el rascacielos más alto del mundo hasta 1929. Mas a pesar de sus sesenta pisos, resulta muy pequeño ahora en comparación con los 107 pisos de las torres gemelas del World Trade Center [Centro del Comercio del Mundo] recientemente construido no lejos de él. Por añadidura, la complejidad de su diseño exterior y rasgos decorativos, que retrocedían a ya pasadas alusiones religiosas y sociales, lo hacían aparecer pasado de moda a nuestros ojos, condicionados por la austeridad del moderno estilo "funcional" internacional. Las creaciones impecables y elegantes de Mies van der Rohe en Chicago, Nueva York y otras ciudades norteamericanas, el Trade Center en Nueva York, la aún más alta torre Sears en Chicago, el asombrosamente *chic* y arrogante edificio Hancock de Boston, el increíblemente audaz edificio Pennzoil-Zapata en Houston no fueron proyectados para que fueran "catedrales" de la vida moderna, sino lugares de trabajo, edificios de una sociedad no romántica que busca su propio modo de refinamiento.

A fines del siglo XIX y principios del XX, los pioneros del estilo funcional internacional expusieron sus teorías arquitectónicas en unas cuantas cautivantes fórmulas. La expresión "la forma seguirá a la función", atribuida al arquitecto norteamericano Louis Henry Sullivan, intentaba transmitir la opinión de que el aspecto físico de un edificio debe revelar la función de cada una de sus partes y no ir cargado de innecesarios adornos. La expresión de Mies van der Rohe "menos es más" implica la creencia tan admirablemente expresada en varios de los edificios por él proyectados, de que la simplicidad de diseño en sí contribuye a la cualidad estética. Cuando Le Corbusier se refería a los edificios de departamentos o casas particulares como *machines à habiter*, significaba que el diseño arquitectónico debe cumplir con eficiencia la función de albergar, como es el caso para las funciones especializadas de otras máquinas de la tecnología moderna.

Todas estas aserciones, tan razonables como puedan parecer, sólo adquieren verdadero sentido si se define con claridad la palabra "función". Entre los arquitectos modernos se ha producido la tendencia a restringir la relación entre forma y función a los aspectos estructurales del diseño. De acuerdo con esta opinión, la forma de un edificio debe revelar sus partes sustentadoras y sus mecanismos para varios servicios, pero la función más importante de un edificio es su utilización por el hombre. Por consiguiente, el funcionalismo debe tomar en cuenta en primer lugar el bienestar fisiológico y psicológico de sus ocupantes, y ofrecer satisfacción estética, así como significación simbólica, a las personas que ven el edificio desde fuera. La practicidad y el confort tienen poca importancia en el funcionalismo de iglesias, palacios, fortalezas, cárceles, arcos de triunfo y tumbas de personajes importantes, que por ser obras de carácter monumental valen ante todo por su significación psicológica. El funcionalismo debe también referirse a necesidades sociales y al efecto ecológico.

Como es y será siempre difícil satisfacer eficientemente todas las funciones a que ha de servir cualquier edificio, la forma de éste suele destacar aquella función particular que el arquitecto o el usuario ha elegido poner de relieve. Las quejas del público contra la arquitectura moderna suelen fundarse en el hecho de que muchos arquitectos de la escuela funcionalista se interesan más en los aspectos técnicos de la función que en los humanos o sociales.

Algunas de las funciones a que ha de servir el diseño arquitectónico corresponden a los diferentes modos de la mente humana: sublimidad, belleza, comodidad, tristeza, miedo, terror, respeto, admiración, etcétera. Cada periodo y cada parte del mundo ha tenido o tiene su propia forma histórica o regional para expresar estos diferentes modos. El afán de masividad de los templos y pirámides egipcios expresa una actitud religiosa y un género de relación con la naturaleza radicalmente diferentes de los que revelan la tendencia hacia la altura y la luminosidad de las catedrales góticas. La arquitectura moderna ha producido con frecuencia máquinas para simplemente vivir o trabajar, como si los seres humanos no tuviesen más preocupaciones que éstas, y como si los arquitectos se satisficieran con la construcción de cubículos practicables para gente prescindible. Por añadidura se va ahora extendiendo ampliamente la opinión de que la arquitectura moderna, a pesar de sus intentos de novedad visual y de contenida racionalidad, se ha hecho tan formalista, a su propia manera, como lo fue la arquitectura académica a la que comenzó a desplazar hace casi medio siglo, sin contar que tampoco hace justicia a las más importantes funciones humanas y sociales de nuestro tiempo.

Se acusa a los arquitectos de haberse identificado con los ingenieros y de ya no pensar ni sentir como artistas. Sus edificios podrán ser funcionales desde el punto de vista estructural, pero no desde el punto de vista humano. Se dice que los edificios modernos proporcionan condiciones para la vida y el trabajo fisiológicamente incómodas; que insultan a la vista, al oído y al tacto; que dañan la calidad de entorno físico. Y por último, aunque no en importancia, que los edificios modernos suelen derrochar energía y espacio. La actual retirada del estilo moderno constituye una tentativa para reintroducir los factores humanos y ecológicos en la ecuación arquitectónica.

Algunos libros de texto recientes sobre arquitectura dedican muchas páginas a los efectos de los factores ambientales sobre los procesos funcionales del organismo humano. Los autores consideran esencial este enfoque, pues los proyectistas y constructores clásicos estuvieron interesados en primer lugar en los efectos visuales, como si otras experiencias sensoriales no fueran tan importantes. De hecho, la representación pictórica de un edificio o paisaje puede ser engañosa, aun cuando visualmente exacta. Las mejores pinturas, fotografías y maquetas o modelos capturan únicamente ciertos aspectos visuales en condiciones limitadas, pero no revelan cómo suena, huele o se siente un edificio. El efecto sensorial total es una de las verdaderas medidas del logro arquitectónico. Sea en el Partenón, en Epidauro o en una cabaña en Cape Cod, lo que en último término cuenta es la experiencia total. El proyecto ha de tomar en consideración todos los aspectos de la función humana y del medio.

En el mejor de los casos, la moderna arquitectura comprende no sólo la incorporación de refinadas y perfeccionadas tecnologías en la construcción y uso de los edificios, sino quizá, aún más, intentos de lograr una cualidad racional y estética. Sin embargo, hay muchos aspectos de la vida humana no analizables en términos racionales. Si bien esos edificios con armazón de acero y paredes de vidrio pueden proporcionar alojamiento más confortable que los edificios tradicionales, por lo regular generan un sentimiento de enajenación, por cuanto no hablan a las necesidades subracionales, que probablemente tienen tanta importancia como los valores ordinarios. Nos gustan los edificios y nos sentimos bien en ellos no sólo porque sean racionales en su diseño y construcción, sino aún más por razón de que su atmósfera total y su significación simbólica satisfacen nuestros anhelos emocionales. Es difícil, si no imposible, expresar con palabras estos valores perceptuales y sensoriales de la arquitectura, y no hablemos de cuantificarlos. Por esta razón deben permanecer bajo el dominio del arquitecto como artista, en lugar de convertirse en parte de su ciencia. Un ejemplo ilustrará su papel en la planificación.

Lugares algo misteriosos y habitaciones insólitas por su forma nos atraen de manera que parece irracional, mas no por ello menos real. Los niños en particular, pero también los adultos, suelen preferir los áticos, los sótanos u otros lugares apartados para jugar o dedicarse a otras diversiones; el deseo de lugares misteriosos tal vez tenga su origen biológico en los instintos humanos que llevan al hombre a explorar y a recogerse en un retiro. En todo caso, las irregularidades de los antiguos asentamientos humanos, como las aldeas y poblados de las colinas de la costa del Mediterráneo, son imanes para aquellos visitantes y turistas que habitan edificios físicamente confortables y eficientes, pero que nada ofrecen de inesperado y misterioso. El apotegma de Pascal: *Le coeur a ses raisons que la raison ne connaît pas* [El corazón tiene razones que la razón ignora] es aplicable al hecho de que la racionalidad de la planeación y la construcción no satisfacen algunas de nuestras más hondas necesidades emocionales.

En nuestros tiempos, la contribución más importante a la teoría del diseño ha sido la admisión de que las formas externas que damos a nuestros ambientes reflejan algunos aspectos de nuestros más íntimos estados psicológicos. Las sociedades crean grandes arquitecturas sólo en la medida en que valoran ciertos modos de vivir. La frialdad y fealdad de muchas ciudades modernas es la expresión concreta de nuestras dolencias sociales. Algunos edificios industriales y comerciales son arquitectónicamente más imaginativos que los construidos para relaciones sociales o actos religiosos, simplemente porque los edificadores de aquéllos dan más importancia a los aspectos materialistas de la vida que a sus aspectos espirituales.

Sin embargo, hay razones para esperar, en virtud de nuestra creciente conciencia, que las consideraciones sociales y culturales sean valores a los que se otorgue la importancia que merecen en la creación de ambientes deseables. Por último, la manipulación consciente de nuestros ambientes edificados —el paisaje humano— podría llegar a ser un factor en el consenso que creará el humanismo de la "Edad de la Máquina".

IMÁGENES DE LA HUMANIDAD

El desarrollo humano comprende mucho más que los procesos vitales que llevan al infante a transformarse progresivamente en adulto y más tarde en anciano. Hacerse humano implica el paso del *Homo sapiens* de la naturaleza a la cultura. Para cada persona, este paso es el resultado de una evolución guiada y, sin duda, en gran parte impuesta por un conjunto de supuestos del grupo social al que una persona determinada pertenece, supuestos que prácticamente influyen sobre todos los aspectos de la vida individual.

Los sistemas de creencias y las normas de comportamiento vigentes en una determinada sociedad crean en el grupo social una imagen coherente de la humanidad en la cual se integran conceptos tan diversos como el origen y la finalidad de la vida; las relaciones entre los seres humanos y las de éstos con los animales, las plantas, la tierra, el agua y el cielo, así como las normas de la conducta y prácticamente todos los demás aspectos del hombre en la sociedad y del hombre en el mundo. En consecuencia, los varios conjuntos de supuestos dan origen a otras tantas imágenes de la humanidad y de su lugar en el orden de las cosas. Inevitablemente, estas imágenes se manifiestan en los paisajes, edificios y estructuras sociales; pero, por paradójico que parezca, no son muy influidas por los ambientes naturales.

De hecho, sociedades de diversa índole, basadas en diferentes imágenes de la humanidad, pueden coexistir en las mismas condiciones naturales. Por ejemplo, en el sudoeste de Norteamérica, los indios del grupo Pueblo desarrollaron hace mucho tiempo una forma de vida comunal muy estructurada, en la cual el orden y la moderación eran las virtudes rectoras, y se esperaba que todas las decisiones sociales importantes se tomaran por unanimidad. La aceptación de tan estricto conjunto de normas dio origen a una sociedad pacífica, pero no dejó espacio para la originalidad en el desarrollo del individuo. En contraste, la sociedad española que colonizó gran parte de la región meridional de América del Norte, América Central y casi toda Sudamérica durante el siglo XVI, apreciaba en alto grado el cultivo del individualismo, pero no permitía una conducta que discrepara de la autoridad de la Iglesia o del Estado. Los inmigrantes llegados posteriormente a la región sudoccidental de Norteamérica, provenientes de todos los países de Europa, organizaron sus sociedades con fundamento en conceptos mucho más individualistas. Entre ellos se esperaba que cada persona se labrara por sí misma su propio puesto en la sociedad, en feroz competencia con otros seres humanos y también con la naturaleza. Cada hombre para sí, fue la fórmula de la autocreación y del éxito material. Así pues, tres muy diferentes imágenes de sociedad se establecieron lado a lado en una pequeña parte del continente americano.

En la circunstancia habitual, el condicionamiento social se logra principalmente durante la crianza de los niños; cómo se los sostiene en brazos y se les canta, cómo se los alimenta y qué cuentos se les narran; si se espera que permanezcan cerca de su hogar o se les permite vagar en busca de aventuras; y lo más importante, qué se les enseña en cuanto al estado de cosas vigente y cuál es el aspecto esperado de las cosas por venir. Los niños constantemente expuestos a una atmósfera de crecientes expectativas y a las imágenes de un maravilloso mundo electrónico no pueden evitar un condicionamiento diferente del de los niños criados en las culturas tradicionales que transmiten normas de conducta por medio de relatos sobre un pasado ideal y de fábulas en que la conducta de los animales simboliza virtudes o vicios. Como mi experiencia en la crianza de niños es limitadísima, me sujetaré a informar de unos cuantos hechos de mi propia niñez e intentaré recordar cómo conformaron mi imagen de la humanidad y mi vida subsiguiente.

Tengo recuerdos muy agradables de mi muy temprana infancia, pero en su mayor parte bastante vagos. Aspecto importante de aquella época de mi vida fue el haber sufrido una dolososa fiebre reumática a los siete años de edad, que me dejó extensa lesión cardíaca que ha persistido y que todavía me impide o limita ciertas formas de actividad física que, a no ser por ello, me atraerían. Esta temprana desventaja física indudablemente ha afectado mi subsiguiente conducta y quizá me ha inducido a obtener la mayor parte de mis satisfacciones de experiencias emocionales y esfuerzos intelectuales. Podría no estar escribiendo este libro si mi corazón me permitiera jugar tenis o practicar algún otro deporte.

Pasé mis primeros años en pequeñas aldeas campesinas, hasta los trece años de edad, y nunca estuve lejos de los caballos o de otros animales que criábamos en nuestro campo antes de llevarlos a sacrificar en un edificio contiguo a la carnicería de mi padre. Para mí, los animales eran evidentemente criaturas vendibles. Cuidar de animales y ayudar a darles de comer era parte de mi vida cotidiana, y esta experiencia podría explicar por qué no nunca acaricié a un oso de juguete, monté a caballo en un palo de escoba o necesité de algún sustituto de los animales verdaderos. Teníamos en casa un perro grande al que llamábamos Capitán, pero aunque jugaba con él nunca sentí esa estrecha vinculación que generalmente se establece entre los niños y el perro doméstico. Todavía me gusta jugar con perros y gatos un corto rato, pero nunca he tenido un animal doméstico de capricho y me entretiene más observar a los animales en su ambiente natural. Uno de mis recuerdos más agradables es el de nuestra huerta casera de verduras y sus siempre olorosas flores. He de contenerme para no escribir aquí los nombres franceses de las flores más comunes en la Isla de Francia, que evocan en mí el recuerdo de las estaciones. Así pues, mis primeros contactos emocionales fueron con personas, y no con juguetes u objetos de fantasía como sustitutos de la realidad.

No recuerdo que se me contaran cuentos de hadas. Mi padre y mi madre estaban tan ocupados con su carnicería que no les quedaba tiempo para contarme historias. Los dos únicos abuelos míos con quienes mantuve frecuente contacto eran personas muy terrenales, no del tipo de los aficionados a las narraciones de hadas. Participar en las faenas de casa y de la huerta, extraer gusanos para cebo de las orillas del río Oise, sentarme en la acera, enfrente de casa y cerrar cuidadosamente las contraventanas por la noche son los recuerdos más vívidos que conservo de los días que pasaba en casa de mis abuelos.

Mi hermana y mi hermano eran más jóvenes que yo y mi relación con ellos era amistosa, pero no han representado un papel importante en mi vida. Me veo a mí mismo sobre una plataforma, cuando tenía unos nueve años, vestido como un marquesito y junto a mí a mi hermana, algo más joven que yo, con un atuendo similar, al lado de otros chicos, en ocasión de una celebración especial en la aldea. El recuerdo de este acontecimiento me ha convencido del gran valor de las actividades comunales de una población; pero yo disfrutaba de ellas mucho más como observador que como participante. Mi mujer y yo pertenecemos siempre al grupo de "otros más" en las celebraciones del día de la Navidad o del Año Nuevo, y cuando es posible, también en las reuniones familiares o de compañeros de trabajo. Comencé a ir a la escuela a los cinco años, y casi todo lo relacionado con mis años escolares lo tengo tan vívidamente grabado que es como si lo estuviera viviendo ahora.

Aprendí a leer y escribir rápidamente y fui especialmente bueno en historia y geografía, salvo por el hecho de no haber sido nunca capaz de dibujar un mapa decente, como se esperaba entonces que hicieran los niños en las escuelas francesas. Tenía que leer cuentos de hadas, pero sin gran interés; probablemente me parecían poco realistas en comparación con la terrenalidad de mi vida cotidiana. Sin embargo, paradójicamente, me cautivaban las historias de caballeros medievales, con sus damas y sus temerarias aventuras. Parece extraño que los cuentos de *Caperucita roja* y *La bella durmiente del bosque* carecieran de atractivo para mí por su carácter irreal y, sin embargo, leyera ávidamente los fantásticos relatos de aventuras cortesanas o marciales de la vida medieval. La heroica y romántica Edad Media me ofrecía el mundo de ensueño en que viví más intensamente hasta que descubrí el Lejano Oeste norteamericano en las entregas semanales de las "Aventuras de Búfalo Bill" en revistas francesas. Algo más tarde, me llegó la excitación de la vida urbana en

Norteamérica por medio de los relatos, también publicados en revistas francesas, sobre las aventuras de los detectives Nick Carter y Nat Pinkerton.

La escuela me introdujo muy tempranamente en otro mundo mental mucho más próximo a la realidad que la Edad Media o Norteamérica. La aldea donde transcurrió parte de mi juventud tenía sólo dos escuelas de una sola pieza, una para niños y otra para niñas —dos mundos separados, aun cuando ambos estuvieran situados en la misma plazuela de la aldea— cada una con cuarenta o cincuenta alumnos. Cuando ascendíamos de un grado al siguiente, se nos cargaba con la responsabilidad de ayudar a la enseñanza de las clases inferiores. Esto resultó ser para mí un excelente sistema educativo, en parte porque me obligaba a repasar constantemente los pocos conocimientos que tenía, pero más aún por haber contribuido a imbuir en mí el sentido de responsabilidad y la capacidad para explicar de manera ordenada.

Otro aspecto importante de mi educación fue que, desde el día en que fui capaz de contar y de que se confiara en mí (hacia los ocho años de edad) comencé a ayudar a mi madre en el manejo de la carnicería en las horas más ocupadas del día. Me sentaba ante la primitiva caja registradora, recibía los pagos y regresaba el vuelto. Desde hace mucho creo que la parte más útil de mi educación, desde el punto de vista humano, ha sido observar cómo mi madre convertía la venta de un trozo de cordero en un agradable suceso social.

En la escuela de aquellos días se enseñaba, claro está, de acuerdo con el rígido programa entonces vigente; pero ofrecía dos aspectos especiales dignos de realzar porque, ahora me doy cuenta, siguen influyendo en mi vida de hoy. Cada mañana, el maestro dictaba un texto clásico, de creciente dificultad conforme avanzábamos en edad. Así, sin salir de mi aldea fui progresivamente descubriendo un mundo de lugares y personas muy diferentes del que yo habitaba. Gracias a estos dictados aprendí de Flaubert cómo vivía una sirvienta en una ciudad provinciana; de Tolstoi cómo se conducían los campesinos rusos cuando cosechaban el trigo; de Chateubriand la experiencia de pasar una noche en una terrorífica selva del Nuevo Mundo.

También cada día habíamos de aprender de memoria y recitar una pieza de literatura clásica. Las fábulas de La Fontaine ocupaban un lugar importante en esta tarea y todavía recuerdo muchas de ellas. Cada una de estas fábulas transmitía un mensaje que trataba de hacernos a nosotros, los niños, más enterados y prudentes acerca de la vida en el mundo. Dudo de que nos interesaran mucho las historias ni sus mensajes, mas sin embargo aquellas fábulas pueden haber influido en nosotros mucho más de lo que pensamos. Hoy, pasados setenta años desde que las aprendí de memoria, todavía recito para mí, en francés, algunas de las fábulas o dichos de La Fontaine que encajan en alguna situación particular en que estoy envuelto. Como lo que digo pudiera parecer una racionalización para romantizar mi juventud, mencionaré aquí tres fábulas que se relacionan directamente con mi vida actual y que recito para mí mismo en francés mientras trabajo.

Durante más de treinta y cinco años, cada primavera he plantado árboles con mis propias manos en una pequeña granja abandonada que poseo en

Hudson Highlands, unos ochenta kilómetros al norte de Nueva York. Mientras planto los árboles me viene a los labios el comienzo de la fábula de La Fontaine *Le vieillard et les trois jeunes hommes* [El anciano y los tres jóvenes]. La fábula habla de tres jóvenes que hacen burla mientras observan a un anciano que está plantando árboles, y le dicen que no debía esforzarse tanto, ya que no vivirá lo suficiente para beneficiarse de su trabajo. A lo cual el anciano replica gentilmente:

> Pensar en los frutos nos da doble felicidad,
> ahora, en la esperanza; después en los días
> que el destino nos guarde,

Con el tiempo, los tres jóvenes mueren, cada uno en un accidente y el viejo los lamenta grabando la historia de sus vidas en las lápidas de sus tumbas. Yo sigo plantando mis árboles, diciendo para mis adentros, como el viejo de La Fontaine, que alguien gozará de su sombra cuando yo ya haya muerto. Seguiré plantando árboles mientras pueda, aunque sin duda, ello parezca a aquellos que me vean el acto de "un viejo chocho", como dijeron los tres jóvenes de la fábula de La Fontaine.

Siempre que oigo decir que el mundo está a punto de quedar escaso en recursos naturales me recito las primeras líneas de la fábula de La Fontaine *Le laboureur et ses enfants* [El labrador y sus hijos]. La fábula cuenta cómo un viejo labrador, dándose cuenta de que está próximo a morir, llama a sus hijos a su lecho de muerte y les dice que sus padres enterraron un tesoro en algún lugar de sus tierras. Aunque él no sabe dónde está enterrado el tesoro, asegura a sus hijos que:

112

Si cada uno de vosotros lo busca con ardor,
de seguro lo hallaréis; daréis con él al fin.

Los hijos siguen el consejo del padre y no encuentran tesoro alguno, pero labran la tierra tan a fondo que produce cosechas cada vez mayores, con lo que se cumplen las últimas palabras del padre:

Si queréis una fortuna, trabajad duramente

Sin embargo, para nuestra época, la parte más importante de la fábula reside en su segunda línea:

Travaillez, prenez de la peine
C'est le fond qui manque le moins

[Trabajad, haced el esfuerzo
es el fondo que menos falta]

lo que a mi parecer significa que hemos de revisar nuestras opiniones sobre los recursos naturales. Incluso la tierra labrantía ha de ser creada, y su fertilidad mantenida por el esfuerzo humano. Como explicaré en el capítulo v, lo que llamamos recursos "naturales" son en realidad las materias primas de la tierra que han de transformarse en productos útiles mediante la imaginación, el conocimiento y el trabajo duro.

Podría hablar de muchas otras fábulas de La Fontaine que frecuentemente me vienen a la memoria en el curso de los afanes diarios de mi existencia, pero me limitaré a una más, a saber: *Pierrette et le pot au lait* [La lechera, en la versión española]. Pierrette, una joven lechera, va camino del mercado llevando un bote de leche sobre la cabeza; mientras anda, imagina lo que podrá hacer con el dinero que obtendrá de la venta de la leche; primero, comprará huevos y después progresivamente, criará pollos, cerdos y vacas. Pero en su excitación cae, derrama la leche y nos deja sólo la lección de no contar nuestros pollos antes de que hayan salido del cascarón. Creo que, a menudo, resulta útil recordar esta lección.

Casi todas las fábulas de La Fontaine que yo recito todavía tratan de seres humanos, pero son muchas las fábulas en que se simbolizan actos o deseos humanos atribuyéndolos a animales. La función de las historias de animales, al igual que los animales de juguete, va más allá de la mera diversión. Crean cuadros mentales que preparan al niño para el mundo real, por incitar su imaginación y ofrecerle modelos y normas morales. La Fontaine ya era consciente de este doble papel, como se induce de las aserciones que constan en el prefacio que puso a sus fábulas. Según La Fontaine, una fábula es "un episodio imaginario usado como ejemplo o ilustración, tanto más penetrante y eficaz cuanto más comprensible y usual. Quienquiera que sólo ofrezca mentes maestras que imitar, lo que hace es facilitarnos una excusa para no comprender; no vale tal excusa cuando son hormigas y abejas quienes efectúan nuestras propias tareas... Tampoco son las fábulas una mera buena influencia; amplían también el conocimiento de los modos de comportamiento de los animales y, en consecuencia, de los nuestros, pues resumen lo bueno y lo malo en criaturas de poco conocimiento... Así, las fábulas nos ofrecen un panorama en el que nos vemos nosotros mismos."

En su estudio clásico sobre La Fontaine y sus fábulas, Hipólito Taine, el filósofo decimonónico francés, como buen positivista intenta explicar las características del fabulista basándose en las de la Isla de Francia, región que circunda París y en la que La Fontaine pasó casi toda su vida. Comparando esta región con el norte de Europa, los bosques y las inhóspitas regiones montañosas de Alemania, Taine halló en la Isla de Francia multitud de sensaciones "que explican lo que significa ser francés". Un viaje que efectuó por el Mar del Norte, Holanda y Alemania lo inspiró para escribir a su retorno al país de La Fontaine: "El paisaje no es majestuoso ni poderoso; la atmósfera no es bravía ni triste; la monotonía y el humor melancólico se esfuman; comienzan la variedad y la alegría; ni la llanura ni la montaña son excesivas; tampoco lo son el sol ni la humedad. Todo [...] aparece en pequeña escala, en las proporciones convenientes, con un aire agradable y delicado. Las montañas se han reducido a colinas; los bosques a monte bajo [...] Entre los árboles corren riachuelos con una graciosa sonrisa [...] He aquí las bellezas de nuestro paisaje; parecerá bastante raso a ojos acostumbrados a la noble arquitectura de las montañas del sur o a la heroica y abundante vegetación del norte; pero su gracia estimula la mente sin exaltarla ni abrumarla."

De ser cierto, como asegura Taine, que el carácter y la poesía de La Fontaine fueron conformados por los rasgos generales de la región de la Isla de Francia, éstos habrían también influido sobre el simbolismo incorporado en las historias que cuentan las fábulas. Como los aspectos fundamentales de la naturaleza humana son los mismos dondequiera, las fábulas de todo el mundo probablemente intentan comunicar lecciones semejantes, pero con diferencias regionales en la índole y forma de sus mensajes. Aunque yo he percibido algunas de estas diferencias al leer fábulas de distintos países, dudo de que seamos realmente capaces de comprender las sutilezas y matices de otras culturas, especialmente el simbolismo del mensaje que se transmite a los niños por medio de las fábulas. Habiendo vivido en Italia en mis primeros veintes, edad en que era muy receptivo y fácilmente adaptable a cualquier nueva situación, encontré no obstante difícil apreciar el pleno significado de ciertas actitudes italianas, aun cuando podía imitarlas satisfactoriamente y a pesar de que la vida francesa y la italiana tienen mucho en común. Todavía ahora sonrío para mis adentros cuando voy a mi barbero italiano a la hora en que éste come un emparedado en su barbería y me da la bienvenida con un cálido *vuol favorire?* [¿usted gusta?], como si de veras quisiera que yo compartiera su comida. Y el tratamiento de *illustrissimo* todavía me turba ahora, aun en las horas de mi mayor arrogancia. De hecho, hay muchos aspectos de la vida norteamericana que me siguen desconcertando algo al cabo de casi sesenta años consecutivos de vivir en Estados Unidos. Todavía me resulta difícil dirigirme a las personas por su nombre de pila, a menos que las haya conocido bien durante largo tiempo o sean mucho más jóvenes que yo; y me sigue turbando el que me llamen René personas jóvenes con quienes he compartido únicamente unas cuantas actividades. Los programas de radio y televisión podrían suplir ahora el papel que otrora representaron las fábulas. Y ha sido mi experiencia que si bien estos programas tienen mucho en común en todo el mundo, exhiben entre ellos diferencias de acento e interpretación en distintas culturas.

Cualesquiera que sean las características del ambiente natural, podemos así hallar en todas las partes del mundo una inmensa diversidad de culturas y sistemas sociales basados en otras tantas imágenes diferentes de la humanidad, nacidas a través del proceso de socialización, especialmente durante la niñez. Los supuestos de que derivan estas imágenes suelen permanecer muy estables durante largo tiempo, pero no son inmodificables.

Por ejemplo, desde el siglo xvi la imagen de la humanidad ha sido afectada por la revolución copernicana, que demostró que la Tierra no es el centro del universo, como se creía generalmente. Más recientemente, la revolución darwiniana reveló que el *Homo sapiens* no es sino una expresión del proceso evolutivo universal que se inició hace miles de millones de años y prosigue todavía. A mi juicio, se ha exagerado el efecto de estas revelaciones científicas sobre la mente del público general. Muchas personas instruidas que vivieron en Grecia o en China hace 2 500 años o en la Europa occidental durante el Renacimiento o la Ilustración, probablemente tenían imágenes de sí mismos y de su relación con el cosmos no muy diferentes de las de un profesor norteamericano o europeo de nuestro tiempo. Por lo que hace al hombre de la calle, dudo que le interesen o preocupen estos problemas mucho más ahora, que al hombre ordinario de cualquier parte del mundo occidental hace cientos de años. En las circunstancias habituales casi todos nosotros seguimos comportándonos y sintiendo como si fuéramos el centro del universo.

Por otro lado, no hay duda de que la moderna tecnología científica ha influido hondamente sobre la imagen de la humanidad. Pocas son las personas en los países del mundo occidental que no tengan por seguro que podemos, si lo intentamos con suficiente esfuerzo, lograr el dominio sobre la mayor parte de las fuerzas naturales y usar máquinas que sustituyan al hombre en casi todos los trabajos que ahora ha de ejecutar, tanto mentales como físicos. Propendemos a considerarnos superiores al resto de los seres de la creación y cualitativamente diferentes de los demás animales. Por añadidura, se ha sugerido que acabaremos por mejorar al *Homo sapiens* si conjuntamos el cuerpo y la mente humanos con las máquinas adecuadas. Se dice que esto es posible por medio de la implantación de computadoras y otros prodigiosos artefactos en el organismo humano, de modo que modifiquen y mejoren a voluntad las aptitudes físicas e intelectuales de éste. Al hipotético complejo máquina-hombre así creado se le ha dado el nombre de "cyborg" (abreviatura de organismo cibernético en inglés *Cybernetic organism* y permitiría la comunicación en doble sentido entre los componentes orgánicos y mecánicos del sistema. El desarrollo y uso extensos del "cyborg" podría considerarse como la mecanización de la humanidad o la humanización de la máquina. En todo caso, su consecuencia inevitable sería un profundo cambio en nuestra imagen de la humanidad; pero a mí no me preocupa mucho esta previsión, por cuanto dudo de que sean muchos los seres humanos que se sintieran felices en la civilización del "cyborg".

Hasta hace unos decenios, casi todo el mundo creía que cuanto más amplia e íntimamente introdujéramos máquinas perfeccionadísimas en nuestras vidas tanto más se contribuiría al progreso. Sin embargo, va extendiéndose la creencia de que no todos los cambios así traídos son para bien. Se acusa a la tecnología occidental de crear condiciones nocivas para la salud, la imaginación y la calidad de la vida social y del ambiente. El desencanto con la civilización tecnológica puede no ser suficientemente profundo para provocar un alejamiento significativo de los modos de vida actuales, pero sí se ha generalizado lo suficiente para hacer que la mayoría de los individuos pertenecientes a la civilización occidental consideren con favor estilos de vida menos orientados hacia la máquina que los de hoy.

Aun si se admite que la imagen del hombre tecnológico y del estilo de vida "cyborgiano" han perdido gran parte de su atractivo y que nuestras sociedades tratarán de recuperar algunos de los valores de la Arcadia, continuarán prevaleciendo, sin embargo, los imperativos tecnológicos. Éstos probablemente conducirán a supersistemas proyectados para ayudar al hombre en la defensa del desarrollo de productos, análisis y decisiones. Estos supersistemas podrían finalmente, si no lo han hecho ya, alcanzar grado tal de complejidad que sus usuarios no pudieran comprenderlos enteramente, pese a encontrarlos indispensables para seguir operando en nuestras sociedades modernas, aun a riesgo de imprevisibles peligros. Así pues, aun cuando los ambientes que ahora estamos en proceso de desarrollar sean importantes para nuestra vida cotidiana, su mayor importancia reside en que ellos constituyen el programa del que emergerá el conjunto de instrucciones que determinarán la fórmula de la vida que transmitiremos a las generaciones que sigan a la nuestra. Nuestra creciente convivencia con las máquinas contribuye a configurar la imagen de la humanidad que creamos y por consecuencia influye profundamente sobre la futura orientación de la sociedad.

OPCIONES Y CREATIVIDAD

La opinión de que el hombre puede dirigir su futuro por medio de decisiones conscientes relativas a su ambiente la expresó de manera pintoresca Winston Churchill en 1943, al discutir la arquitectura más adecuada para la Cámara de los Comunes. El viejo edificio, que fue incómodo y poco práctico, había sido bombardeado hasta quedar casi destruido durante la segunda Guerra Mundial. Se presentaba, pues, la oportunidad de remplazarlo por otro edificio más eficiente, que ofreciera mayor comodidad y equipado con mejores medios de comunicación. Sin embargo, Churchill insistió enérgicamente en que la Cámara nueva se edificara exactamente igual que la derruida. En inspirado discurso argumentó que el estilo de los debates parlamentarios en Inglaterra había estado condicionado por las características físicas de la vieja Casa, y que el cambio de su arquitectura afectaría inevitablemente la manera de los debates y, en consecuencia, la estructura de la democracia inglesa. Churchill resumió el concepto de la relación entre el hombre y el ambiente total en una impresionante oración con validez general para la vida humana: "Nosotros configuramos nuestros edificios y después ellos nos configuran a nosotros." En su discurso, Churchill consideraba claramente que la Cámara de los Comunes era no tanto un objeto físico como la genuina expresión de la sociedad británica. Su aserción de que nuestros edificios nos configuran a nosotros se refería seguramente a ciertas prácticas parlamentarias, pero igualmente bien sería aplicable a todas las características que definen a una nación, a una clase social o a un estilo de vida. El hecho de ser profundamente influidos por el mismo ambiente. que nosotros creamos resulta tremendo, pues parece significar que sólo fuéramos los desamparados peones de fuerzas deterministas. Afortunadamente, como la vida misma de Churchill ha demostrado, y como recalcaré repetidas veces en éste y subsiguientes capítulos, gozamos de gran libertad para elegir y modificar nuestros ambientes e incluso, si lo deseamos, nos es posible trascender sus efectos.

En sus estudios científicos, los biólogos propenden a ignorar que nuestra capacidad para gobernar nuestras vidas individuales influye notablemente sobre el desarrollo humano. Los genetistas investigan los mecanismos en virtud de los cuales los genes que heredamos de nuestros padres dirigen todo lo que somos y lo que llegaremos a ser. Por su parte, los ambientalistas insisten en que son nuestro entorno y los sucesos que vivimos quienes nos conforman. A su vez, los conductistas quisieran hacernos creer que estamos inexorablemente condicionados, aun más allá de la libertad y la dignidad. Todas las actitudes sobre aspectos deterministas de la vida humana pueden apoyarse en un gran conjunto de datos; pero los científicos suelen sobrestimar el valor explicativo del conocimiento científico. Parecen sufrir un pueblerismo común entre los especialistas: que los fenómenos estudiados en su especialidad profesional son los que mejor explican la vida humana; pero la vida humana no es tan sencilla como para reducirla a los conocimientos de que disponemos en el siglo xx. Por ejemplo, tal como decía antes, no nos es posible por ahora demostrar la existencia real del libre albedrío, para no hablar de explicarlo científicamente; pero esta imposibilidad no pesa mucho contra la observación de sentido común según la cual los seres humanos y, muy probablemente los animales, constantemente eligen y toman decisiones.

De ordinario, no permanecemos pasivos cuando nos damos cuenta de que ciertas situaciones pueden causar efectos desfavorables en nuestras vidas. Muchos de nosotros gozamos de cierta libertad de abandonar un lugar que juzgamos inconveniente y buscamos otro que consideramos más deseable. Por otra parte, a menudo podemos responder activamente a nuestra circunstancia de manera original y creativa, y así imponer la dirección de nuestra elección sobre nuestro desenvolvimiento. La libertad de movimiento y de cambio es fundamental para los procesos en virtud de los cuales nos descubrimos y realizamos. En realidad, la capacidad para imaginar futuros posibles y crear nuestra persona basados en las opciones que se nos abren es un atributo humano que se manifiesta muy tempranamente en la vida.

En el momento de nacer es justo considerar al infante como un animal pequeño, pero pronto trasciende lo que en él hay de puramente biológico, gracias a la adquisición de la herencia cultural del grupo en que se cría. Los infantes tienen conciencia de su ambiente, y guardan información sobre él desde los muy primeros días de su vida. Muy pronto exhiben individualidad en sus modos de reacción a lo que experimentan; lejos de ser pasivamente condicionados por los estímulos, desde muy temprano se comportan como indagadores participantes en el proceso del aprendizaje. Así, a la fase de maduración psicológica siguen actividades cada vez más conscientes, en virtud de las cuales la criatura va creando su persona sobre los cimientos de su constitución genética y sus tempranas vivencias. A mediados de la niñez, quizá hacia los cinco años de edad, casi todos los niños han adquirido suficiente información sobre el ambiente y desarrollado modos individuales de reacción para imaginar un mundo suyo en el que pueden actuar como personas.

El desenvolvimiento humano prosigue hasta alcanzar el punto en que la persona aprende a reaccionar creativamente a estímulos cada vez más diversos y a tomar iniciativas de acuerdo con un sistema de valores personal, aun cuando no sea sino una modificación del sistema de valores de la estructura social a que pertenece. Estos valores abarcan previsiones del futuro que tienen sus raíces hundidas en el pasado, pero son también expresión de nuestros gustos. En virtud de estar genéticamente dotados con la aptitud para imaginar, simbolizar, prever el futuro y elegir entre diversas opciones, nos es posible crear los ambientes físicos y conceptuales en que se han de desenvolver nuestras vidas.

Como esbozábamos antes, el proceso de autocreación supone la existencia de un amplio espectro de condiciones, entre las cuales las personas pueden desarrollar su personalidad y obrar a su propia manera en la vida. Sin embargo, la libertad sería una mera palabra si no existiera la oportunidad de elegir entre diferentes opciones. Por ejemplo, los niños nacidos y criados en tugurios urbanos son teóricamente libres, pero la variedad de las opciones entre las cuales elegir y las oportunidades de mudar suelen ser tan escasas que casi seguramente habrán de encontrar difícil (aunque nunca imposible) sobreponerse a las fuerzas del determinismo ambiental. Los niños criados en familias pertenecientes a clases económicamente prósperas también pueden sufrir privación ambiental si su circunstancia es pobre en valores humanos. La pobreza emocional y experimental no es rara en ambientes opulentos y refinados, tales como los de muchos asentamientos suburbanos estereotípicos. Así pues, desde el punto de vista del desarrollo humano, la diversidad del ambiente tiene mayor importancia que su confort, su eficiencia y aun su cualidad estética. La pérdida de la diversidad que ocurre cuando casas construidas y arregladas de acuerdo con gustos individuales se sustituyen por edificios monótonos, suele producir un empobrecimiento afectivo tal que indujo, en cierta ocasión, a William H. White a abogar en favor de "por lo menos una casa fea, para mitigar el buen gusto".

La diversidad ambiental, al proporcionar amplia variedad de opciones, nos ayuda a descubrir lo que queremos, nos gusta y podemos hacer, así como lo que deseamos llegar a ser. Pero el descubrimiento de uno mismo es frustrante si no va acompañado de la conscientización, y ello exige participación física, mental y emocional en alguna causa. Por consiguiente, el desarrollo humano implica que, en adición a la diversidad ambiental, la persona pueda participar activamente en acontecimientos, en vez de meramente presenciarlos en calidad de simple espectador. La capacidad y destreza intelectuales no se desarrollan me-

124

jor viendo un programa de televisión que los músculos presenciando un juego de futbol.

Naturalmente, el desarrollo humano procede a través de un ordenado despliegue de procesos codificados en la constitución genética, por influencia de fuerzas ambientales, pero ello no significa que las reacciones del organismo a los estímulos sean ciegas y pasivas expresiones de mecanismos biológicos. Sin duda, en la mayor parte de los casos sobre el desarrollo influyen las opciones deliberadas y las previsiones del futuro.

Innegablemente, los instintos que actúan fuera de la conciencia y del libre albedrío son causa de muchas reacciones. Los instintos nos capacitan para tratar de manera decisiva y a menudo feliz, situaciones de la vida semejantes a aquellas repetidamente experimentadas por la especie humana en el pasado evolutivo. Pero los instintos son tan precisamente puntuales y automáticos que resultan de escasa o nula actividad para la adaptación a nuevas circunstancias. Y esa adapación es esencialmente necesaria para la continuación del desarrollo.

Mientras que los instintos sirven a la seguridad biológica en un mundo estático, la conciencia, el conocimiento y la motivación son los agentes de la creatividad en la vida humana. En la medida en que podamos elegir, nos resultará factible dar dirección a nuestras reacciones de adaptación y, en consecuencia, influir sobre nuestro desarrollo. Tomamos decisiones relativas a nuestro estilo de vida y nuestro ambiente de modo que favorezcan el desarrollo del cuerpo y de las facultades mentales que juzgamos favorables. El proceso de nuestro pensamiento también afecta nuestro desarrollo, al influir sobre nuestros mecanismos hormonales, para no hablar de las actitudes intelectuales y psíquicas que se reflejan en todos los aspectos de nuestras vidas.

Así como nuestras elecciones y decisiones afectan el desarrollo normal, influye también la reeducación dirigida a corregir incapacidades, tanto las innatas como las resultantes de accidentes o procesos morbosos. El desarrollo implica algo más que el despliegue pasivo de posibilidades genéticas, de la misma manera que la reeducación significa más que un entrenamiento pasivo. En ambos casos, el organismo ha de participar en toda su integridad en actividades seleccionadas para fomentar un verdadero proceso creador de adaptación y crecimiento.

Evidentemente, resulta más fácil seguir nuestro instinto de manera pasiva que gobernar conscientemente nuestra respuesta creativa; de aquí la expresión preocupada de nuestro rostro mientras tomamos alguna decisión. Según el teólogo Paul Tillich: "El hombre sólo es realmente humano en el momento de la decisión." Ser humano implica la voluntad de realizar los esfuerzos requeridos para el crecimiento por medio de adaptaciones creativas.

Como decíamos antes, para el animal la buena vida significa ejecutar las actividades de la clase para la cual está condicionado por su constitución genética y sus experiencias tempranas en su ambiente natural; pero esto no vale para los seres humanos, pues casi todos nosotros vivimos en ambientes para los que no estamos biológicamente adaptados. En el curso de los tiempos históricos, e incluso de la prehistoria, individuos y aun culturas enteras han corrido riesgos sin justificación biológica patente: conquistar tierras o adquirir riqueza; explorar regiones desconocidas o resolver problemas científicos. Poco parece haber en común entre Alejandro el Grande y su decisión de conquistar el mundo y la de los médicos Carroll y Lazear de investigar la causa de la fiebre amarilla experimentando con sus propios cuerpos; entre Mallory y su decisión de llegar a la cumbre del Everest; y en mi caso, entre mi ingenua ansiedad por experimentar Norteamérica, nacida de mis fantasías infantiles sobre Búfalo Bill y el Lejano Oeste. Y sin embargo existe un elemento común en todas estas metas, aparentemente no relacionadas entre sí, a saber: el deseo de aventura física o mental. Este deseo, que parece ser una de las invariantes de la naturaleza humana, puede manifestarse de diferentes maneras y originar creatividad de diferentes clases.

Naturalmente, se dan muchas situaciones en que son necesidades biológicas las que dictan la conducta humana; el hombre, al igual que los animales, necesita alimento, albergue, espacio y comodidades; pero la mayor parte de las actividades humanas, como ya he dicho, carecen de utilidad biológica evidente. Desde este punto de vista, la conducta de los seres humanos se diferenció de la de los animales en época tan remota como la edad paleolítica. En toda la Tierra, y a lo largo de todo el periodo prehistórico e histórico, algunos grupos humanos han dedicado gran parte de sus recursos, energía e imaginación a empresas de escasa importancia para las necesidades biológicas del *Homo sapiens,* considerado como especie animal.

Durante la última Era Glaciar, la población de Francia y España no excedía de unos 50 000 habitantes, y sin embargo éstos crearon una inmensa cantidad de diversos artefactos de gran complejidad y calidad artística que debieron tener enorme significación simbólica en la vida de aquella gente, aun cuando nosotros no comprendamos por completo cuál fuera tal significación. Las estatuillas llamadas Venus paleolíticas, las complicadas y espectaculares pinturas rupestres, los incontables objetos de hueso, piedra y marfil, con detallados y exquisitos diseños y adornos, jugaron todos un importante papel en la vida del hombre de Cro-Magnon, pero, desde luego, no eran indispensables para la supervivencia. Minúsculas poblaciones semejantes fueron las que erigieron las inmensas estructuras megalíticas, por ejemplo, el círculo de Stonehenge, en Inglaterra; los alineamientos de Carnac, en la Bretaña francesa; las gigantescas estatuas de la Isla de Pascua, en el Pacífico del Sur, a unos 300 kilómetros de la costa de Chile. Y así discurrieron las cosas a lo largo de la prehistoria y la historia. Dondequiera, siempre una gran porción de la energía y la imaginación humanas se ha dedicado y dedica todavía a actividades sin relación aparente con las necesidades puramente biológicas de la especie *Homo sapiens*.

Se acepta que muchas de las grandes creaciones de las edades históricas primitivas fueron obra de esclavos, como fue el caso de las pirámides de Egipto, pero otras fueron realizaciones comunitarias que tuvieron intenso significado espiritual y social para quienes en tal labor participaron. La mayor parte de los monasterios y catedrales de la Edad Media europea se erigieron en pueblos o ciudades cuya población no llegaba a los 10 000 habitantes —incluso París no pasaba de los 35 000 habitantes cuando se comenzó la construcción de Nôtre Dame— y lo mismo cabe decir de los palacios e iglesias del Renacimiento en Italia. En nuestra época, el programa espacial de los años sesenta requirió un gran porcentaje del presupuesto nacional de Estados Unidos y del de la Unión Soviética, sacrificio que la población de los respectivos países aceptó de buen grado.

Nosotros, en nuestra época, producimos e inventamos artefactos de escasa o nula necesidad para la vida de la especie humana, y ello porque vivimos *en* la naturaleza, como los demás animales, pero ya no totalmente *de* ella. Rara vez o nunca nos satisface la mera contemplación pasiva de la naturaleza; y sin duda podríamos abstenernos de hacerlo si quisiéramos. Aun cuando no toquemos a la naturaleza, ésta produce sentimientos en nosotros, y nos entregamos a reconstrucciones mentales de ella en las que incorporamos buena parte de nuestra personalidad. Un paisaje nunca es objeto de muda contemplación para nosotros; siempre incorporamos a él algo de nuestro ánimo, y el resultado es un cuadro que simplemente imaginamos o convertimos en una pintura sobre un lienzo. Tampoco podemos limitarnos a oír pasivamente los ruidos o sonidos naturales; los incorporamos en música, sea mentalmente o en el pentagrama. Queremos una habitación que sea algo más que un simple albergue; por primitivo que sea, hacemos de éste un hogar adaptado a algunos deseos personales o sociales que trascienden nuestras necesidades biológicas.

Al ser humano no le basta sólo la sobrevivencia, y no puede evitar intervenir física y metalmente en la naturaleza. La creatividad ha introducido en la vida humana complejidades para las cuales no estamos biológicamente preparados y que han generado en el pasado, lo mismo que en el presente, problemas que pueden conducirnos al desastre; pero la preocupación por las consecuencias suele ser menos poderosa que el impulso a elegir y crear, y puede solamente servir como guía para creaciones mejores y más inocuas.

AUTODESCUBRIMIENTO

Mi madre y el maestro de mi escuela fueron las dos personas que más influyeron en mí durante los doce años de mi vida en la aldea de la Isla de Francia. A partir de entonces, los aspectos más importantes de mi condicionamiento social tuvieron su origen en mis contactos con el pueblo en las calles y parques de Italia, Inglaterra y Estados Unidos, pero en primer lugar, y muy especialmente, en París.

De la aldea donde me crié recuerdo muy especial y distintamente una conversación con mi madre, una tarde, mientras le ayudaba a lavar los platos en la cocina, cuando yo tenía aproximadamente diez años de edad. Como hacía con frecuencia, ella me expresaba su deseo de que yo tuviera una vida más amplia que la que ella había llevado, no sólo más próspera, sino más rica intelectualmente. Mi madre había recibido poca educación formal, pues a los doce años hubo de dejar la escuela y trabajar como costurera; pero aquella fue una época en que la educación primaria era excelente en toda Francia. Como mi madre era en extremo sensible y perceptiva, había aprendido mucho, y ansiaba prepararme para un futuro brillante. Al final de aquella tarde que ya he mencionado, mi madre abrió el *Pequeño Larousse*, el único libro académico en nuestra casa, por la sección especial dedicada a "Las grandes escuelas". Esto nos proporcionó a ambos materia suficiente para soñar respecto a lo que habría de ser mi futuro. No sé si ella tenía una visión clara de lo que eran y significaban "las grandes escuelas"; pero lo cierto es que mi dedicación a la vida académica tuvo su origen en los deseos que su actitud despertó en mí, no sólo aquella tarde sino en el curso del segundo decenio de mi vida, pese a que sufríamos graves dificultades económicas después de la muerte de mi padre, al final de la primera Guerra Mundial. Siempre que he tenido éxito, como profesor o de alguna otra manera, vuelven a mi memoria las páginas rosadas de la parte final del diccionario Larousse en las que por primera vez leí una breve descripción de las "grandes escuelas" y adquirí así una imagen algo más concreta de un mundo de más amplia dimensión y más complejo y refinado que aquel en que hasta entonces había vivido.

Recuerdo también con mucha gratitud a Delaruelle, el dedicado y solícito maestro que regía, él sólo, la escuela de un solo salón para los niños de nuestra pequeña aldea. Éramos unos cincuenta muchachos entre los cinco y los doce años de edad, y el señor Delaruelle nos enseñaba con el mismo entusiasmo todos los aspectos del conocimiento, de la aritmética a la gramática, de la historia a la música. Además de la enseñanza ordinaria, se esforzaba lo mejor que podía en hablarnos de los acontecimientos que ocurrían en el mundo y hacernos conscientes de su importancia. Cierto día —debió ser alrededor de 1911— nos informó muy excitado que la *Monna Lisa,* de Leonardo da Vinci, había sido robada del museo del Louvre, y aprovechó esta noticia para hablarnos sobre arte.

Vivir en una aldea o un pueblo pequeño ofrecía

ciertas ventajas para la educación en la época del último entresiglo. Los niños gozaban de la oportunidad de observar de cerca diversas actividades de comercio y oficio y no sólo participar en ellas, sino asumir responsabilidades. Esta observación y participación directas daban un conocimiento más concreto de la realidad que el obtenible en las grandes ciudades, aun las favorecidas con los más modernos museos. Así sucedía especialmente en el pasado, pues los pueblos pequeños eran en lo esencial autosuficientes.

Criarse en poblaciones pequeñas contribuía además a que los niños mejoraran la confianza en sí mismos, al ofrecerles un mayor sentido de su propia importancia en relación con el resto del mundo, lo que les daba alguna ventaja sobre los criados en grandes aglomeraciones urbanas. Hasta la edad de trece años yo sólo había vivido en dos aldeas, ambas con menos de quinientos habitantes, y en un pueblo, Beaumont-sur-Oise, cuya población, probablemente, no pasaba de los tres mil habitantes. De esta manera, nunca fui menos de 1/500 o 1/3000 del mundo humano en que me desenvolvía. Además, me era posible conocer a los seres humanos con quienes convivía de un modo diferente que los niños de las grandes ciudades en nuestros días. Veía a gente de todas las edades, no sólo en casa, sino también cuando exhibían las flaquezas humanas que se manifiestan durante cualquier vida normal.

En mi juventud, la atmósfera humana de la aldea o el pueblo pequeño ofrecían todavía las dimensiones demográficas, psicológicas y emocionales de las estructuras tribales en que vivió la humanidad hasta la revolución agrícola, hace unos 10 000 años, y las de las aldeas en que la inmensa mayoría de la población humana ha vivido, en todos los continentes, hasta nuestra época. El problema más grave de la planificación urbana podría muy bien ser el de volver a crear, en nuestras grandes ciudades, el equivalente de la unidad diversificada de unos cuantos centenares de individuos en que se produjo la evolución social de la humanidad y a la cual seguimos aún adaptados.

De modo natural, mi condicionamiento ambiental cambió de carácter cuando me mudé a París, donde se hizo algo menos hondo y personal, pero más variado. Los parisienses andaban mucho más aprisa que la gente de mi aldea, y con diferente ritmo. Mucho más tarde experimenté la diferencia en el ritmo del ambular no sólo entre el campo francés y París, sino entre París, Londres, Roma y Nueva York. Cada gran ciudad posee su propio ritmo de movilización, que seguramente corresponde a diferencias en la actitud general frente a la vida. Más importante todavía que el estímulo físico causado por el cambio de la rapidez fue el estímulo mental que causa el hecho de que las calles de París difieren unas de otras; que, además, cada *arrondissement* (distrito, barrio) presenta muchas y diferentes fachadas y modos humanos, con otras tantas distintas invitaciones a la aventura. Yo me había enterado de la inmensa diversidad de la gente gracias a las fábulas, los cuentos, la historia y mis limitadas experiencias personales. Sin embargo, sólo al enfrentarme a la extrema diversidad de los diferentes sectores de París empecé a conocer la envidia. Me di cuenta de que muchos aspectos de la vida pública me estaban vedados, simplemente por razones económicas. Mi primera y dolorosa conciencia de esta limitación se me despertó

133

al caminar cerca de un teatro en la noche en que se estrenaba una nueva obra. Las fábulas que yo había leído hablaban de la elegancia de tales ocasiones; pero su mensaje se perdió al darme cuenta de que yo tenía muy escasa probabilidad de ser alguna vez capaz económicamente de participar en esa vida elegante.

Las plazas y parques públicos de París fueron los lugares donde completé mi condicionamiento como joven. La tienda de mi padre estaba situada en una calle cercana a pequeñas factorías. Como era costumbre en aquellos días, hombres y mujeres cantaban las nuevas tonadas populares en las esquinas de las calles y en las plazas públicas, y vendían ejemplares de ellas por unos cuantos céntimos, mientras el público repetía la letra y la música. Yo estaba tan inmerso en la escena que todavía puedo tararear de memoria muchas de aquellas canciones. A comienzos de mi estancia en París también asistía a las ferias públicas, pero pronto perdí la afición a esta clase de diversiones. En cambio, me aficioné cada vez más a los varios parques de París, cada uno con sus características distintivas.

Había los pequeños parques y paseos a lo largo del Sena, en los que los niños, sus padres y sus abuelos jugaban durante las horas del día, y donde los adolescentes, así como adultos de casi todas las edades, se entregaban a juegos amorosos a casi cualquier hora del día o de la noche. Estaba el austero *Jardin des Plantes* [Jardín Botánico], con sus viejos árboles, plantas exóticas, estatuas de naturalistas famosos y el sentimiento de que sus edificios alojaban una rica historia y fomentaban misteriosos conocimientos científicos. Estaba, en particular, el Parque Monceau, no lejos del Liceo Chaptal, donde estudié desde los trece a los dieciocho años de edad, y los Jardines de Luxemburgo (más a menudo llamados Parque de Luxemburgo), próximos al Instituto Agronómico Nacional, donde pasé dos años, entre 1918 y 1920. Estos dos parques eran de especial interés para mí, pues permanecí muchas horas en sus bancos leyendo por estudio o placer y quizá más útilmente entregado a mis ensueños mientras observaba a las distintas clases de personas.

El Parque Monceau y el Parque de Luxemburgo eran entonces, y siguen siéndolo ahora, enormemente diferentes en aspecto físico y atmósfera humana. El Parque Monceau fue proyectado a fines del siglo xix bajo la influencia del estilo inglés llamado "paisaje natural"; estaba situado en uno de los distritos más elegantes de París, y el público que a él concurría lo formaban personas ricas o que, al menos, pretendían parecerlo. Observarlas me sugería un modo de vida opulento, muy diferente del mío, y que yo imaginaba refinadísimo y deleitable. Por el contrario, el Parque de Luxemburgo es de estilo clásico, revelador de su origen en el siglo xvii. Situado en el barrio latino, cerca de la Sorbona y otras grandes escuelas, estaba siempre lleno de jóvenes que leían o, más frecuentemente, discutían seria e intensamente mientras paseaban de un lado a otro a lo largo de sus rectas avenidas. La Fuente de Médicis, pequeño estanque artificial con una caída de agua, sombreada por viejos árboles, parecía por completo independiente de las más brillantes y ocupadas secciones del parque, y estaba siempre rodeada de almas románticas en busca de silencio poético para sus meditaciones.

Conforme pasaba el tiempo, el Parque Monceau

y los estilos de vida que simbolizaba iban perdiendo mucho de su atractivo para mí. Por el contrario, el Parque de Luxemburgo me ofrecía un clima espiritual que encontraba cada vez más excitante, aun cuando por entonces yo sólo tenía muy vaga idea respecto al mundo docente con el que estaba relacionado. La elección entre dos atmósferas tan opuestas fue la primera y probablemente la más importante de mi vida, pero no fue exclusivamente mía. Tenía sus raíces en las esperanzas de mi madre de una vida académica para mí y en la devoción por la enseñanza de Delaruelle.

Aun cuando ya la temprana influencia de mi madre y de mi maestro me habían preparado emocionalmente para creer que un futuro satisfactorio dependería de mi voluntad para estudiar, fue mi directa observación de la vida en los parques y calles de París lo que me capacitó para hacerme consciente de mis gustos personales. Pronto perdí mi deseo de ciertos estilos de vida opulenta que al principio me parecieron deseabilísimos; seguí sintiendo envidia de la gente que podía permitirse vivir de tal guisa, pero no de lo que hicieran con su dinero. Por otro lado, me di cuenta de que me atraían, aunque todavía de un modo vago, actividades y atmósferas sociales más modestas que la vida social elegante y, sin embargo, más compensadoras. Al principio me había configurado el ambiente pacífico de las aldeas de la Isla de Francia; nací a una nueva vida de aventura intelectual en el Parque de Luxemburgo.

Mi experiencia concuerda con la enseñanza de la historia de acuerdo con la cual uno de los más valiosos aspectos de la vida urbana consiste en ayudar a la gente a descubrir lo que más le gustaría hacer y llegar a ser. Admitiendo que las condiciones adecuadas para este proceso de autodescubrimiento guardan estrecha relación con el plano de las aglomeraciones urbanas, la ciudad de Nueva York es por lo menos tan rica como París, Londres, Roma u otras metrópolis del mundo en ambientes diversos y estimulantes; pero creo que su diseño es menos favorable para el autodescubrimiento que el de las grandes ciudades europeas. Los niños criados en Harlem o en Bedford-Stuyvesant hallan mucho más difícil que lo fue para mí experimentar las varias atmósferas socioculturales de la ciudad y descubrir por sí mismos el estilo de vida que preferirían; y la misma dificultad encuentran muchos niños de sectores más prósperos, como Queens, Bronx o Staten Island.

Viene a mi memoria cierta ocasión, hace algunos años, cuando la Universidad Rockefeller acogió como huéspedes a varios miembros de la Academia Nacional de Ciencias que formaban un comité constituido para investigar las condiciones prevalecientes en Harlem. A su regreso de la indagación, uno de los académicos me dijo que él ya estaba desde antes preparado para todo lo que había visto —la pobreza de los habitantes, el deterioro de los edificios, la suciedad de las calles— pero no para ver caras de niños contra las ventanas sin nada a que mirar, salvo escombros y mugre. Los niños de Harlem y de Bedford-Stuyvesant gozan de plena libertad para ir donde quieran y actuar como se les antoje; pero la libertad de elección es palabra vacua si no existe variedad de opciones entre las cuales elegir.

Como la sed de aventuras, más que una actitud antisocial básica, suele ser la causa de la conducta antisocial, una creciente diversidad ambiental podría ayudar a decrecer el mal comportamiento social. La selección de la clase de aventura adecuada a la personalidad de un individuo es factor esencial de desarrollo por medio del autodescubrimiento. Bajo esta luz, la diversidad ambiental, con varias opciones asequibles al individuo y especialmente al niño, es aspecto esencial de auténtico funcionalismo. A este respecto, casi todas las ciudades norteamericanas son disfuncionales.

Indiscutiblemente, estamos configurados en gran medida no sólo por nuestra constitución genética, sino también por los ambientes en que nos desenvolvemos y por nuestro estilo de vida. Por esta razón, es importantísimo que gocemos de tanta libertad de elección y de tantas opciones como sea prácticamente posible para la selección o creación de las condiciones ambientales que nos configuran. En último análisis, determinan el desarrollo humano no tanto las fuerzas a que estamos pasivamente expuestos como las elecciones que hacemos concernientes a nuestras vidas personales y a la organización de nuestras sociedades.

III. PENSAR GLOBALMENTE, PERO ACTUAR LOCALMENTE

SOLUCIONES LOCALES A LOS PROBLEMAS GLOBALES

EN LOS colegios norteamericanos y canadienses donde he enseñado recientemente, a muchos estudiantes les interesaban gravemente los problemas ambientales y sociales, pero en particular sus aspectos en gran escala y, de preferencia, los de amplitud nacional y global. Los profesores, lo mismo que los alumnos, se sorprendieron y enojaron algo cuando yo sugerí que, en lugar de preocuparse exclusivamente por la nación o el mundo en su totalidad, deberían examinar primero más situaciones locales, por ejemplo, el desorden o suciedad de los ámbitos públicos en su *campus* y el desorden en sus relaciones sociales. Mi mensaje era que el pensar globalmente es una actividad intelectual excitante, pero no sustituta del trabajo necesario para resolver los problemas prácticos locales. Si en verdad deseamos contribuir al bienestar de la humanidad y de nuestro planeta, el mejor lugar para empezar es nuestra propia comunidad y sus campos, ríos, marismas, costas, carreteras y calles, así como nuestros problemas sociales.

He tenido muchas ocasiones para meditar sobre los aspectos locales de los problemas globales mientras participaba directa o indirectamente en las gigantescas conferencias internacionales, organizadas durante los años setenta bajo los auspicios de las Naciones Unidas, para discutir los problemas contemporáneos de la humanidad. Todas estas mega-

139

conferencias tenían un patrón común. Todas comenzaban con altisonantes declaraciones de preocupación global y con llamadas de clarín al pensamiento y la acción práctica. Sin embargo, conforme iban avanzando las reuniones, las discusiones sobre asuntos concretos pronto se diluían sin esperanza en un torrente de verbalismo ideológico sin relación con la acción práctica. Al final de la conferencia, los esfuerzos para formular una declaración de consenso se traducían en resoluciones tan amplias como vagas en significado, tanto que pocas pudieron convertirse en programas para la acción. Como resultado de estas observaciones había llegado a la conclusión de que tales conferencias internacionales son una pérdida de tiempo; pero ahora he cambiado de opinión, y por dos diferentes razones.

Por un lado, las megaconferencias de los años setenta generaron un conocimiento global de ciertos peligros que ahora amenazan a todas las naciones, a las ricas como a las pobres. No es éste un logro insignificante, pues pensar globalmente no resulta fácil a los seres humanos. Como especie, el *Homo sapiens* ha evolucionado en pequeños grupos sociales y en ambientes físicos limitados, de modo que nuestros procesos intelectuales y emocionales no están biológicamente adaptados a las perspectivas globales o de largo alcance de cualquier situación. Sólo cuando gente de todas las partes del mundo tiene la oportunidad de intercambiar pareceres sobre los problemas que afectan a unos y otros, se dan cuenta, y aun con dificultad y lentamente, de cuán hacinados nos hallamos en este pequeño planeta, cuán limitados son sus recursos y cuán diversos los peligros a que estamos cada vez más expuestos.

Las megaconferencias de los setenta tuvieron el mérito adicional de sacar a la luz la diversidad de las condiciones físicas y sociales de nuestro planeta y dramatizar las consecuencias de esta diversidad. Aun cuando hubo mucha pose durante las conferencias, sin embargo los delegados se enteraron por los representantes de otros países de que los problemas globales aparecen bajo diferentes luces según sean las condiciones locales. Los puristas ambientales del mundo occidental descubrieron, por ejemplo, que la pobreza abyecta es la más grave forma de contaminación, y que muchos de los países pobres tienen legítimas razones para estar más interesados en el desarrollo económico que en el evangelio ecológico. En la conferencia de las Naciones Unidas sobre el hábitat, celebrada en 1976 en Vancouver, como es natural, las naciones pobres se quejaron de ser explotadas por las naciones ricas industrializadas; pero también comprobaron que ellas tenían mucho que aprender de la civilización occidental sobre las tecnologías aplicables a la solución de problemas tales como el abastecimiento de agua potable, la construcción de viviendas a bajo costo o el desarrollo sostenido de la agricultura, para no hablar del desarrollo industrial.

El logro más valioso de las conferencias internacionales fue probablemente revelar que la mejor y casi siempre la única forma de enfrentarse a los problemas globales no es por medio de un enfoque global, sino investigando las técnicas que mejor se ajustan a las condiciones naturales, sociales y económicas peculiares de cada localidad. Desde todos los puntos de vista, nuestro planeta es tan diverso que la única manera de atacar sus problemas con eficacia es enfrentarse a ellos al nivel regional, en su contexto único físico, climático y cultural. Bastarán tres ejemplos para ilustrar la necesidad del enfoque local a los problemas globales.

• Las recomendaciones de la conferencia de Vancouver sobre el hábitat fueron explícitas con respecto al hecho de que todas las personas necesitan agua potable y viviendas decentes. Sin embargo, las técnicas requeridas para satisfacer estas evidentes necesidades vitales deben elegirse de modo que se ajusten a condiciones locales tales como la densidad de los asentamientos humanos, las condiciones topográficas, geográficas y climáticas y, claro está, los recursos económicos. Complican ulteriormente el problema de la vivienda los hábitos, gustos y preferencias locales. Las recomendaciones relativas a materias culturales o a la calidad de la vida hubieron de ser aún menos concretas, pues estos valores tienen intensas características locales e históricas que trascienden el determinismo y las definiciones científicos.

• La palabra "desertificación" no se refiere a los desiertos naturales, sino a las regiones convertidas en desérticas por la actividad humana, especialmente por el sobrepastoreo y por el uso de la madera como combustible. Como la desertificación es problema de creciente gravedad en muchas partes del mundo, el Programa Ambiental de las Naciones Unidas (PANU), se dirigió en primer lugar a controlar su extensión con proyectos transnacionales, en el sentido de que abarcaban vastas regiones contiguas extendidas a través de varios países. Sin embargo, este enfoque transnacional hubo de abandonarse en vista de que las actividades agrícolas y sociales que conducen a la desertificación difieren de un país a otro. La unidad de desiertos de la PANU ha decidido hace poco que, antes de recibir ayuda internacional, cada país ha de formular sus propios proyectos, adaptados a sus prácticas agrícolas y sociales particulares.

• Hasta 1973, el bajo precio del petróleo y del gas natural, y la facilidad con que estos combustibles podían transportarse y usarse en cualquier lugar del mundo originaron la ilusión de que podían formularse políticas tecnológicas muy uniformes para todo el planeta. Sin embargo, el petróleo y el gas han encarecido mucho y no tardarán en escasear. Por esta razón, se están ideando planes para remplazar dichos combustibles por el carbón, por recursos energéticos renovables de diferentes clases, como la fisión nuclear (y tal vez la fusión), la radiación solar, el viento, las mareas, las olas y diferentes clases de materias orgánicas conocidas en grupo con el nombre de biomasa. Cada una de estas fuentes de energía tiene ventajas e inconvenientes que le son peculiares y, a diferencia del petróleo y el gas, cada una de ellas se adapta mucho mejor a determinada situación social o natural. Por ejemplo, no se dispone de carbón en todas partes, su transporte a grandes distancias resulta caro y sus propiedades varían mucho según el lugar de procedencia, lo que conduce a formas de degradación ambiental que difieren de una región a otra. La radiación solar ofrece mejor oportunidad de desarrollo en gran escala en regiones de larga e intensa insolación; los vientos soplan de manera bastante confiable; la biomasa sólo es utilizable en regiones densamente arboladas; la fisión nuclear es aplicable principalmente en países industrializados deficientes en otros recursos energéticos y en los que, por ello, sus habitantes se prestan más

143

fácilmente a correr el riesgo de graves e impredecibles accidentes.

Así como el cambio de la energía hidroeléctrica al carbón y después al petróleo y el gas permitió que ciertas industrias pesadas de Nueva Inglaterra se trasladaran a la región de los Apalaches y después a Texas, podemos prever que los futuros desarrollos industriales diferirán de un lugar a otro, de acuerdo con la solución local que se haya encontrado al problema global del abasto energético.

En mi opinión, es afortunado que las necesidades prácticas obliguen a aplicar diferentes soluciones locales a problemas globales. La globalización implica mayor estandarización y, por consiguiente, una disminución de la diversidad, lo que a su vez disminuiría la rapidez de las innovaciones sociales. Otro peligro de la globalización es la excesiva interdependencia de los sistemas, que aumenta la probabilidad de desastres colectivos, en el caso de que alguno de los subsistemas dejara de funcionar adecuadamente, a consecuencia de accidentes o sabotaje. Por último, pronto llegaremos a un punto —si es que no hemos llegado ya— en que los sistemas tecnológicos, económicos y sociales alcancen tal complejidad y tan gigantesca magnitud que ya no sea fácil adaptarlos a nuevas condiciones y, en consecuencia, dejen de ser realmente creativos. La mente humana no puede comprender, y no digamos administrar, sistemas que sean demasiado grandes o en exceso complejos, aun cuando sean de origen humano. Por el contrario, resultan mucho más probables la adaptabilidad, creatividad, seguridad y administración de sistemas múltiples de relativa pequeñez, mutuamente tolerantes, pero celosos de su autonomía.

El escepticismo concerniente al valor de la globalización no implica aislacionismo. Para nuestro planeta, lo ideal no sería un gobierno mundial sino un orden mundial, en el que las unidades sociales mantuvieran su identidad sin dejar por ello de interactuar unas con otras por medio de una rica red de comunicaciones. Esto ya ha empezado a suceder, gracias a las agencias especializadas de las Naciones Unidas (en la actualidad son por lo menos dieciséis), tales como la Organización Mundial de la Salud, la Organización Mundial del Trabajo, la Organización para la Alimentación y la Agricultura, la Organización Meteorológica Mundial y el Programa Ambiental ya mencionado antes. Su existencia y éxito justifican la esperanza de que podamos crear un nuevo género de unidad global a partir de la siempre creciente diversificación de las estructuras sociales.

Vemos, pues, que enfocar un problema local es algo muy diferente de retirarnos en el aislacionismo. De hecho, requiere ineludiblemente la operación de varias clases de redes sociales que abarquen científicos, industriales, políticos y ciudadanos particulares. El control de la contaminación del agua de los Grandes Lagos ya está haciendo algún progreso, gracias a la puesta en práctica de múltiples y complejos acuerdos, en el plano industrial y el político, entre Estados Unidos y Canadá. Se han logrado asimismo progresos semejantes en el caso del Rin, al punto de que las cuatro naciones involucradas —Suiza, Francia, Alemania y Holanda— han formulado y realmente puesto en marcha un sistema de multas que habrán de pagar aquellas empresas o industrias que contaminen el agua del río. El destino del Mediterráneo parecía desesperado hace unos años; pero ahora, después de varias décadas de negociaciones increíblemente complejas entre todos los países ribereños, hay cierta esperanza de que este localísimo problema sea progresivamente resuelto por medio de acuerdos relativos al control de la descarga de contaminantes domésticos e industriales.

LA ALDEA GLÓBAL

Desde la edad paleolítica, casi toda la vida humana ha transcurrido en pequeñas comunidades muy estables consistentes en bandas errantes de nómadas o pequeñas aldeas fijas, organizadas para satisfacer las invariantes de la humanidad aprovechando los recursos locales disponibles. Seguramente habrán ocurrido incontables revoluciones políticas y sublevaciones de otra índole en el curso de la historia, pero el resultado final ha sido siempre la refundación de comunidades de unos cientos a unos cuantos millares de habitantes, en las que cada individuo sabía cuál era su lugar en el orden social y aceptaba, de grado o por fuerza, las reglas locales del juego. Por sorprendente que parezca, esta forma de estructura social todavía prevalece en gran medida en buena parte del mundo actual. La palabra "comunidad" o su equivalente en otros idiomas ha tenido siempre un hondo contenido sentimental. Y la comuna es la unidad social fundamental de la República Popular China.

En *The Colossus of Maroussi*, Henry Miller expresa su creencia de que, en la época en que Cnosos era el centro político de la antigua Creta, la isla fue una comunidad alegre, sana y pacífica. Según Miller, esta situación feliz se mantuvo bajo casi cualquier forma de gobierno, en ocasiones bajo el dominio del Egipto imperial, más tarde bajo la tolerante autonomía etrusca y, aún más adelante, guiada por un espíritu de organización comunitaria similar a la del Imperio incaico. Miller creía que "había algo terrenal en Cnosos" —la influencia de la religión estaba benévolamente limitada y la mujer jugaba un importante papel en los asuntos públicos; los seres humanos eran "religiosos sólo en la forma que mejor les convenía [...] y de cada minuto de la vida extraían lo más que podían. Cnosos era mundano, en el mejor sentido de la palabra". En contraste, todavía según Miller, la debilidad fundamental de nuestra civilización es la falta de algo aproximado a la existencia comunitaria. Y sin embargo, a juzgar por sus escritos sobre otras regiones de Europa y por mi experiencia personal, parece que varias formas de existencia comunal siguen siendo hoy la base de buena parte de la vida humana en casi todo el mundo.

No obstante, debemos aceptar que muchas de las regiones donde existe hacinamiento o aglomeración humana dan la impresión de que la estructura de la comunidad se está resquebrajando o, cuando menos, decreciendo en importancia, tanto en los países pobres como en las naciones industrializadas. Por ejemplo, los problemas de la India nos hacen pensar inmediatamente no en comunidades, sino en aglomeraciones, como Calcuta, Bombay o Delhi, inmensamente numerosas y hacinadas en trágicos tugurios. Esta imagen también vale para casi todos los países en vías de desarrollo, cada uno con su propio género de barriadas de chozas, *favelas,* "ciudades perdidas", etcétera. Sin embargo, el hecho es que la mayor parte de estos tugurios posee una estructura social, consistente por lo regular en subcomunidades pequeñas bien definidas. Por lo demás, tomar como ejemplo las inmensas ciudades nos lleva a formarnos un cuadro muy inexacto de la vida humana en la Tierra. La inmensa mayoría de los habitantes de los países pobres no vive en grandes ciudades, sino en millones de pequeñas aldeas, cada una de ellas con una población no mayor de unos cuantos centenares en promedio. Así sucede incluso en la India, donde más de 600 000 de tales aldeas contribuyen con el mayor porcentaje al total de la población.

A primera vista, el cuadro demográfico y social de los países pobres parece no guardar relación con el estado de cosas en los países de la civilización occidental, casi todos ellos densamente urbanizados y en proceso de aumentar aún más la población urbana. Muchas regiones del mundo industrializado han sobrepasado ya la fase de las metrópolis para llegar a las megalópolis y la conurbación. Por ejemplo, en Estados Unidos existen fajas de conurbación ininterrumpida a lo largo de gran parte de la costa atlántica, la del Pacífico y la de los Grandes Lagos. Conurbaciones semejantes existen en Europa y Japón. El planificador griego C. A. Doxiadis creía indudable que las megalópolis evolucionarían progresivamente hasta llegar a la ecumenópolis —una sola ciudad mundial ininterrumpida.

Desde fines del siglo XIX ha habido siempre variedad de planes para desarrollar sistemas urbanos artificiales con poco en común con la ciudad tradicional. Quien primero propuso un nuevo modelo de desarrollo urbano parece haber sido el ingeniero español Soria Inata, quien alrededor del año 1880 presentó su plan de una ciudad lineal continua que se formaría extendiendo asentamientos urbanos ya existentes a lo largo de las vías mayores de comunicación. Esta idea, revivida en 1910 por el ingeniero norteamericano Edgard Chambless, en su libro *Roadtown*, tuvo una horrenda expresión práctica en los años treinta en algunos asentamientos humanos de Rusia. La *Roadtown* se ha desarrollado espontáneamente a lo largo de muchas de las supercarreteras norteamericanas, destruyendo en casi todas partes la coherencia de las aldeas y pueblos situados en su camino. Se han formulado muchos otros proyectos para desarrollar "ciudades instantáneas" o ciudades de "quita y pon" y otras aglomeraciones urbanas puramente tecnológicas —que todas tienen en común la meta última de remplazar las ciudades tradicionales por asentamientos urbanos "desechables", que a su vez se sustituirían, a intervalos adecuados, por otros mejor adaptados a las posibilidades o necesidades tecnológicas y económicas de la época.

Por otra parte, es mucha la gente que ha llegado a la convicción de que las ciudades lineales, las de "quita y pon" y otras variedades de ciudades "para el instante" no son para personas cuerdas; quienes así opinan, arguyen que no es posible llevar una buena vida humana en asentamientos proyectados como si en realidad fueran contenedores desechables para gente prescindible. Durante los últimos decenios ha ido en crecimiento la aceptación de la idea de acuerdo con la cual los asentamientos humanos de la civilización occidental deberían restructurarse en escala humana, de modo que facilitaran y enriquecieran el encuentro y la relación interindividuales. Ten-

149

gan o no éxito completo, los primeros intentos conscientes en dicha dirección fueron las nuevas ciudades británicas, y desde entonces se han construido muchas nuevas ciudades en varios países de Europa y, en menor extensión, también en Estados Unidos.

Existen no menos de veinticuatro nuevas ciudades en Gran Bretaña y ocho en Francia. Su población varía entre 30 mil y 200 mil habitantes; pero en todos los casos se han planeado de tal manera que puedan subdividirse, mediante diversos artificios, en subunidades mucho menores, correspondientes a vecindarios poseedores de un notable grado de autosuficiencia social, con sus propias escuelas, tabernas, parques de recreo y cierto grado de autonomía administrativa. Aun en Amsterdam, donde los planificadores están encargados de ampliar el tamaño de la ciudad hasta hacer posible el alojamiento de un millón de habitantes, los planes de desarrollo son en lo esencial semejantes a los de hace una generación, a saber: vecindario por vecindario, cada uno equipado para funcionar como una unidad social prácticamente completa. Desde el comienzo se planificó a Venecia como una ciudad de vecindarios compuestos de parroquias adscritas a una iglesia y una plaza determinadas, y desde entonces ha conservado en gran parte esta misma escala humana.

Se dice que Londres, a pesar de su enorme tamaño (ha sido la primera ciudad que pasó del millón de habitantes, ya en el siglo xix), sigue siendo, en muchos aspectos, un conjunto de aldeas. En cuanto a París, sé por experiencia personal y por muchos decenios de relación con familiares y amigos, que a pesar de tener una administración en extremo centralizada, no ha disminuido la importancia de sus vecindarios,

150

cada uno de ellos con sus propias características sociales y, a menudo, con rasgos arquitectónicos identificables. El vecindario de la ciudad de París no es simplemente un distrito postal o político, sino la expresión de poderosas fuerzas históricas y sociales. El sentido de pertenencia a determinado *quartier* (barrio) o incluso a un *arrondissement* (distrito) es tan intenso en el habitante de un departamento, el tendero o el cliente de una taberna, como el sentimiento de ser parisiense. También puedo escribir, por personal experiencia, sobre la ciudad de Nueva York. Aunque la forma en parrilla de Manhattan podría parecer un obstáculo a la emergencia de vecindarios, de todos modos, Yorkville, Chelsea, Greenwich Village y Soho existen como entidades distintivas, no porque cada una tenga una arquitectura peculiar y característica, sino porque las identifican ciertas formas de vida y, por tanto, atraen a cierta clase de gente. Y lo mismo vale para las otras cuatro villas o barriadas de Nueva York. En su libro *New York*, el célebre escritor y trotamundos francés Paul Morand se refería en 1930 a *le Bronx amorphe et anonyme* [el Bronx, amorfo y anónimo]. Poco se dio cuenta él de la extensión de las diferencias físicas y sociales entre Riverdale, Grand Concourse, South Bronx y Pelham Bay, partes todas del barrio de Bronx.

Así pues, el vecindario es un hecho social, incluso en los asentamientos mayores y aparentemente más anónimos, en los países ricos lo mismo que en los pobres. El vecindario existe en forma incipiente aun cuando no aparezca mencionado en el plano oficial o carezca de instituciones que lo hagan identificable como comunidad administrativa. El vecindario nace no sólo porque las personas que comparten el mismo lugar no pueden evitar el desarrollo de intereses comunes, sino aún más, porque las características mismas de la zona, sean físicas o sociales, atraen a personas que poseen por lo menos algunos gustos e intereses en común, y en consecuencia, propenden a unirse en empresas públicas comunes.

El aumento general de la movilidad y el amplio uso de la tecnología por métodos cada vez más estandarizados contribuyen ciertamente a la homogeneización de la vida humana, y producen la impresión de que los partidarios de un solo mundo hablan para el futuro. A mediados de los años setenta, al estudiar las reservaciones indias y las comunidades esquimales, el psicólogo norteamericano Robert Coles tuvo ocasión de observar que la penetración del estilo de vida norteamericano no se limitaba a artefactos como la Coca-Cola, la *pizza*, los equipos de alta fidelidad y los automóviles para la nieve, sino que había llegado a la manipulación psicológica de la gente. El libro del doctor Benjamin Spock *Baby and Child Care* [El cuidado del infante y el niño] era común en ciertos asentamientos esquimales. El doctor Coles encontró el siguiente mensaje en una hoja mimeografiada de anuncio, en la reservación de los indios hopi: "¿Algo en su mente? No calle usted... Venga, hable y siéntase muchísimo mejor después." Cerca de Río Grande, en un tablero indio para boletines apareció una hoja impresa con preguntas y consejos: "¿No puede usted dormir? ¿Excedido en peso? ¿Tiene problemas matrimoniales? Venga y hable de sus dificultades. ¡Se sentirá mejor!" Estas exhortaciones son de lo más sorprendente, pues ni los indios ni los esquimales se muestran propicios a comunicar sus sentimientos a los extraños. Aunque los asentamientos esquimales e indios son así expuestos a las normas de conducta social .comunes en la vida norteamericana, no tenemos aún pruebas convincentes de que la publicación de los mencionados consejos haya afectado de manera importante su vida cotidiana.

En todo caso, puede darse por seguro que, sea tecnológica o psicológica, la homogeneización afectará principalmente aspectos limitados de la existencia y del ambiente —por ejemplo, medios de transporte, facilidades para los viajeros, sanidad del aire, agua y alimentos, y servicios comunes a grandes grupos de personas. Cualquiera que sea su grupo étnico, el viajero se desplazará cada vez más a lo largo de repetitivas redes de autovías preferentes y líneas aéreas para llegar a similares laberintos de vestíbulos, ascensores, dormitorios, bares de bocadillos, restaurantes —y tal vez, curanderos y quirománticos— en el punto de destino. Sin duda esta uniformidad ha de ser aburrida, pero ayudará a los viajeros a orientarse en nuevos lugares y actuar en ellos confortablemente o, por lo menos, con cierta comodidad, ahorrando así energía para descubrir y gozar lo que sea nuevo e interesante para ellos, dondequiera que hubieren de parar.

Así pues, se impone una poderosa tendencia hacia la uniformidad, evidentemente presente en todo el mundo con respecto a aquellos aspectos de la vida comunes a todos los seres humanos; sin embargo, se da simultáneamente la tendencia opuesta, hacia el regionalismo. El *mundo único* del futuro estará constituido por muchos mundos locales diferentes, pues la calidad de nuestras vidas depende en gran parte de satisfacciones emocionales, estéticas y espirituales resultantes de los contactos que cada uno de nosotros establece con nuestro entorno físico y social. La tendencia misma a la uniformidad y la sensación de aburrimiento que la acompaña hace que muchos de nosotros nos interesemos en las características exclusivas del lugar donde vivimos, en sus estilos tradicionales y en las posibilidades aún inexploradas que ofrece. A mi juicio, el cultivo del sentido del lugar irá aumentando en importancia a medida que se globalice un número cada vez mayor de nuestras verdaderas experiencias y actividades públicas.

El deseo de ser diferente podría muy bien desempeñar cierto papel en la tendencia mundial hacia el regionalismo. Grupos étnicos, persuasiones sociales y "cultos" de muy diversa índole aprovechan todos las muchas plataformas disponibles para publicitar su identidad. Un número reciente de la revista *Daedalus* se titula "El fin del consenso", para simbolizar el hecho de que prácticamente todos los sistemas de creencias y gustos que hasta ahora habían cimentado las sociedades occidentales se hallan ya en el proceso de su desintegración, generando en consecuencia cierta forma de anarquía global. El folclore, las sociedades históricas y los museos locales están de moda, testigos del hecho de que la lealtad a la región es más natural a la humanidad —lo mismo biológica que socialmente— que el cosmopolitismo sin raíces o la pertenencia a un Estado-nación. Todos los grupos étnicos envidian a los negros de Norteamérica por haber surgido de entre ellos el autor de *Raíces,* obra ampliamente difundida y apreciada no sólo en Estados Unidos, sino internacionalmente. Sigue hablándose mucho de la aldea global y del crisol de razas; pero el argumento de *Raíces* tiene un significado emocional más hondo. En el curso de la historia han ocurrido vastos desplazamientos humanos, pero los emigrantes acaban por asentarse y se transforman en los campesinos, obreros, burgueses y aristócratas locales. Los sajones y normandos que vagaron a través de toda Europa durante la Edad Media e invadieron Inglaterra partiendo de la Bretaña francesa, bajo el mando de Guillermo el Conquistador, al cabo de pocos siglos se habían transformado en el pueblo llamado anglosajón, al que ahora, en su nueva residencia en Norteamérica, suele designarse WASP [siglas de *White, Anglo-Saxon People* — Gente blanca anglosajona]. Siguen produciéndose migraciones humanas masivas, pero no suelen durar mucho. Aun en Estados Unidos, la muy pregonada movilidad acaba en una cultura local regionalista. No tardan mucho los escandinavos en convertirse en conservadores habitantes de la región mesoccidental de Estados Unidos, los italianos y mexicanos en hacerse leales californianos y los puertorriqueños en transformarse en entusiastas neoyorquinos. Los poetas escriben sobre la vida libre, pero poca gente elige la vida del vagabundo. En toda la extensión de Estados Unidos se ve gran número de casas móviles, pero casi todas ellas permanecen ancladas en parques de remolques, y no recorriendo las carreteras.

El regionalismo de Estados Unidos ofrece el especial interés de que sus determinantes históricos son de origen reciente. En una región determinada, el porcentaje de habitantes autóctonos suele ser muy pequeño, pero la entrega al espíritu del lugar es probable que sea más sentida entre los recién llegados. Los habitantes más ansiosos por conservar la campiña de Vermont u Oregón suelen haberse mudado a estos estados desde Nueva York, Nueva Jersey, California o cualquier otra región donde a su juicio la campiña había sido destrozada. El regionalismo solía ser la expresión de fuerzas naturales y accidentes históricos, pero ahora estos factores ya no obran con tanta fuerza como antaño. En muchos casos, la elección, más que el lugar de nacimiento, es la base del patriotismo local. La mayor movilidad geográfica y económica ha aumentado la posibilidad de elegir el lugar de residencia, y cabe esperar que la elección consciente aumente el deseo de la gente, sin duda su anhelo, de una mayor administración local para sus comunidades y su ambiente.

El regionalismo estuvo muy desarrollado en el continente americano entre las poblaciones indias aborígenes y durante las primeras épocas de la colonización europea. Sin embargo, el sentido de la región fue mucho más débil, y aun inexistente, entre el inmenso número de individuos que inmigraron durante los siglos XIX y XX. Muchos de estos inmigrantes habían adquirido su identidad cultural en Europa, en virtud de su larguísima permanencia en una determinada región; pero de ellos, los que se convirtieron en los nuevos americanos, derivaron sus rasgos culturales dominantes de la decisión que habían tomado de abandonar su pasado y adoptar ciertos estilos de vida e instituciones sociales que esperaban encontrar en Norteamérica. Provinieran de una aislada granja sueca o del hacinamiento de un *ghetto* polaco, los nuevos inmigrantes ansiaban un modo democrático de vida en la tierra de las ilimitadas oportunidades. Habían decidido *a priori* hacerse norteamericanos, y esto tuvo más importancia en cuanto a determinar sus gustos y conducta que las características de su región de procedencia o de aquella en que se asentaron, a menudo por casualidad y temporalmente. Como Talleyrand escribía en una de sus cartas durante los varios meses de su estancia en Estados Unidos: *Tout homme que choisit ici sa patrie n'est-il pas d'avance un americain?* [Todo hombre que eligió aquí su patria ¿no es por adelantado un americano?]. Talleyrand advirtió que casi todos los europeos que habían decidido permanecer en Estados Unidos adoptaban inmediatamente actitudes y estilos de vida que parecían más bien los de una situación de frontera que los propios de la civilización europea.

En su famoso ensayo *The significance of the frontier in American history* [La importancia de la frontera en la historia de Estados Unidos] publicado en 1893, el historiador estadunidense Frederick Jackson Turner formulaba la teoría de que los rasgos culturales del pueblo de los Estados Unidos y las características de sus instituciones habían sido en gran parte configurados por las experiencias de los colonos al trasladarse de la costa del Atlántico a la del Pacífico. Turner usaba la palabra "frontera" no con el significado habitual de un límite de demarcación entre entidades geográficas distintas, sino para designar una región mal definida y en constante cambio a causa del desplazamiento de los colonos, y en la cual las prácticas económicas, las estructuras administrativas y los modos de vida no eran fijos y evolucionaban rápidamente. Los historiadores dudan ahora de que la experiencia de la frontera, tal como la definía Turner, haya jugado el papel formativo en la psique norteamericana que éste suponía; pero lo cierto es que la imaginación norteamericana ha sido hondamente influida por el *mito* de la frontera, y que la movilidad geográfica y social, asi como el espíritu pionero se aceptan generalmente como partes del *ethos* y el temperamento norteamericanos.

Ahora que Estados Unidos está completamente colonizado, el regionalismo parece ganar terreno una vez más. El mismo Turner ya había previsto este cambio al terminar la experiencia de la frontera. En su ensayo *The Significance of Sections in American History* [La importancia de las regiones en la historia de Estados Unidos], publicado en 1932, afirmaba que "La acción nacional se verá forzada a adaptarse por sí misma a los intereses regionales conflictivos." En este ensayo trataba principalmente de las diferencias económicas y políticas entre las varias regiones (para designar las cuales Turner usaba la palabra "secciones"); pero no hay duda de que las diferencias regionales afectan muchos otros aspectos de la vida, desde la mayor parte de los gustos personales y de las actitudes culturales hasta las prácticas más tecnológicas.

Es probable que el desarrollo del regionalismo cultural en Estados Unidos sea acelerado por el hecho de que es cada vez mayor el número de las personas que pueden ahora permitirse elegir la región donde quieren habitar. Además, muchos individuos no son únicamente buscadores de lugares, sino constructores de éstos, interesados en las potencialidades socioeconómicas y culturales del lugar elegido para residir. Algunas personas ansían descansar en una playa de Florida; otras buscan experimentar la excitante atmósfera del Lejano Oeste y unas terceras prefieren ver arder la leña en New Hampshire. Por lo demás, hay cierta probabilidad de que la movilidad de la población decrezca en el futuro, no por dificultades económicas, sino a causa de cambios en los modos

158

de conducta. El anhelo de movilidad podría reducirse si se consolidara la creencia de que la civilización no depende del movimiento constante y que, por el contrario, seguramente florecería mejor si las poblaciones anclaran en la Tierra.

Es fácil comprender por qué las características físicas conforman estilos de vida en Florida y California diferentes de los habituales en el Medio Oeste y Nueva Inglaterra. Pero otras causas de índole menos evidente es probable que aumenten las diferencias regionales en el futuro próximo. La escasez y alto precio de ciertos combustibles fósiles podría obligarnos a utilizar otras fuentes de energía que fueran renovables y no contaminantes, tales como la radiación solar, los vientos, la biomasa, las mareas y las olas. Por múltiples razones, todas estas potenciales fuentes renovables de energía suelen estar localizadas, hecho que probablemente produciría cambios en la distribución geográfica de diversas industrias. Por ejemplo, el aprovechamiento de la energía solar por medio de reflectores obligaría a la fundación de nuevos centros industriales en el sudoeste de Estados Unidos, mientras que el uso en gran escala de la biomasa como fuente de energía favorecería la industrialización del sudeste y el noroeste.

Otro factor que favoreció la uniformidad en el pasado fue la concentración de diversas formas de agricultura y de crianza de ganado y animales domésticos en regiones especializadas del mundo. Sin embargo, esta tendencia puede no continuar. La dependencia total de fuentes externas de energía está cargada de peligros, incluso en Estados Unidos. Por ejemplo, sería posible que California, Texas y otros estados productores de alimentos lleguen a estar tan pobla-

159

dos que sus habitantes consuman la mayor parte de lo que en ellos se produzca y, por consiguiente sería poco lo que pudieran exportar a los estados del nordeste. Por añadidura, el transporte de ciertas clases de alimentos a largas distancias podría llegar a ser inconfiable, a causa de conflictos laborales, y económicamente prohibitivo, a causa del precio de los energéticos. Todas estas previsiones apuntan a la posibilidad de que se haga deseable una vez más, en algún tiempo futuro, producir ciertos cultivos y clases de ganado adaptados a regiones en que la agricultura se haya abandonado. Cierto grado de independencia parcial con respecto a la producción alimentaria ya se está considerando como asunto de seguridad nacional en muchas partes del mundo.

Así, los seres humanos podrían satisfacer sus necesidades esenciales de muy diferentes maneras, según los recursos de que se disponga en los lugares donde viven y las circunstancias del tiempo. Mientras que los animales y los vegetales reaccionan a los desafíos de su ambiente casi exclusivamente mediante cambios adaptativos de su naturaleza biológica, los seres humanos suelen responder a tales desafíos cambiando sus hábitos sociales y también su ambiente, de modo que éste se adapte mejor no sólo a sus necesidades vitales, sino también a sus fantasías.

Cada forma de civilización se caracteriza por sus propios estilos de vida y de conformar su ambiente natural. Por ejemplo, en el pasado, se desarrollaron empírica y espontáneamente en todo el mundo ciertas formas regionales de viviendas determinadas por las condiciones climáticas, los recursos locales y los hábitos sociales. Esta "arquitectura sin arquitectos" era pintoresca y contribuía mucho al genio del lu-

gar; durante el siglo xx ha sido en gran parte remplazada por una arquitectura internacional más uniforme, cuando el bajo precio del petróleo y del gas
natural hizo económicamente factible la calefacción
y el aire acondicionado. El precio cada vez más elevado de los combustibles fósiles y de otras fuentes
de energía está una vez más llevándonos a nuevas
formas de arquitectura y a una planificación mejor
adaptada a las condiciones naturales locales y la manera moderna de vivir.

La extensión de estos cambios sociales adaptativos
es tanta que ningún libro, por grande que sea, puede
dar una enumeración completa de ellos. Por consiguiente, me limitaré a ilustrarlos con dos ejemplos
contrastantes de asentamientos humanos contemporáneos, en que la enorme densidad de la población
y la escasez de espacio proponen especiales y difíciles problemas al manejo del ambiente. Uno de estos
ejemplos es el de Holanda, nación donde el problema
de acomodar a una población muy numerosa se ha
resuelto mediante la creación de una campiña hori-
zontal tecnológicamente desarrollada. El otro ejemplo es el de Manhattan, originalmente llamada Nueva
Amsterdam, donde el mismo problema se ha resuelto
mediante la erección de la ciudad más vertical del
mundo.

Los Países Bajos, campo horizontal construido por el hombre

Los planificadores de la Roma imperial seguramente
no tomaron en consideración la pequeña región de
la Europa noroccidental, ahora ocupada por el reino

161

de Holanda, como lugar promisorio para el desarrollo de la civilización. Pocas partes del mundo han sido tan pobremente dotadas por la naturaleza en lo que concierne al clima, la fertilidad del suelo y otros recursos. Julio César se interesó por los Países Bajos y las legiones romanas los ocuparon en gran parte, en los comienzos de la era cristiana, pero sólo por razones militares. Los Países Bajos* ocupaban una posición estratégica para la defensa de las provincias occidentales del Imperio Romano, pues se hallaban a horcajadas sobre la ruta que habían de seguir los bárbaros de las selvas germánicas para penetrar en las ricas tierras agrícolas de la Galia, y el sur de Europa.

A los ojos mediterráneos de aquel tiempo los Países Bajos debieron parecer muy indeseables, una desolada región de cálidos y fétidos pantanos y húmedos bosques, inadecuada para la agricultura, y sin recursos minerales. El clima del Mar del Norte, en general malo, suele llegar en esta región a su grado extremo, brumoso, nebuloso y con vientos casi constantes, a veces en extremo violentos. Sin embargo, el país se ha desarrollado extensa e intensivamente desde los comienzos del periodo histórico, en grado tal que, aun antes de la ocupación española, ya estaba protegido en buena parte por un sistema

* La denominación "Países Bajos" abarca no sólo el reino de Holanda (que en holandés recibe literalmente el nombre de "paises bajos" o "tierras bajas" = Neederlands), sino también una parte de Bélgica. El nombre Holanda se refiere de manera específica a una provincia en la parte sudoccidental del territorio. Debido a la hegemonía de dicha provincia sobre las demás, después de la guerra de independencia de los holandeses contra los españoles, el nombre de Holanda terminó por aplicarse, en castellano, a la totalidad de dicho reino.

162

complejo de diques, desniveles y bombas contra la inundación de las aguas del Mar del Norte y de los caudalosos ríos que en las costas del país desembocan (Rin, Mosa y Escalda). Los pantanos turbosos abundan en Holanda y parte considerable del país se encuentra bajo el nivel del mar. La mayor parte del resto la forman bajas llanuras arenosas con alguna que otra colina que casi nunca se elevan más de 45 metros. En la mayor parte del país el suelo sólo es utilizable para la agricultura después de aplicar complicadas técnicas de desecación y fertilización. Aun cuando Holanda era ya uno de los países más ricos del mundo en la época de la ocupación española, en los siglos XVI y XVII, con una agricultura sumamente productiva, no estaba por completo desacertado el comentario atribuido al duque de Alba, que había tratado de dominar la rebelión de los holandeses contra España: "Holanda está tan cerca del infierno como es posible." Sin embargo, hay mucho de verdad en otro comentario atribuido a un francés: "Dios creó el mundo, pero a Holanda la han hecho los holandeses." La palabra "hecho" es apropiada, pues Holanda ofrece el más espectacular ejemplo de la capacidad humana para transformar la superficie de la tierra y crear con ella un ambiente artificial en el que pueden prosperar animales y vegetales y desarrollarse la civilización —proceso al que yo he llamado en otro lugar "el matrimonio de la tierra" con la humanidad, o la simbiosis cretaiva entre la tierra y el hombre.

Mi propósito en este capítulo es ofrecer una breve relación de las etapas que los holandeses hubieron de recorrer hasta lograr la creación de extraordinarios escenarios y de una prodigiosa civilización sobre lo que algunos sociólogos han llamado "un mal lote" de bienes raíces. Unos cuantos detalles de la historia antigua, e incluso la prehistoria, demostrarán que los rasgos únicos de los asentamientos urbanos en Holanda fueron surgiendo progresivamente de técnicas muy primitivas del manejo de la tierra.

Por indeseables que hubieran podido parecer las condiciones naturales para la vida humana en los Países Bajos, de todos modos, el *Homo sapiens* se estableció a lo largo de su costa hace más de 10 mil años. En la edad neolítica ya se practicaban la agricultura y la ganadería, y los primeros habitantes quemaban los matorrales para estimular así el crecimiento de pastos nuevos y más tiernos para sus manadas de animales. Esta práctica y el pastoreo excesivo fueron progresivamente destruyendo mucha vegetación, dejando al descubierto vastas extensiones del suelo arenoso subyacente. Por influencia de los vientos, buena porción de la arena fue empujada al interior del país, donde formó dunas en muchas partes.

Mucho antes de la era romana, pueblos originarios de Alemania y otros países de la Europa oriental habían formado extensos asentamientos en los pantanos salitrosos, situados apenas a un tercio de metro sobre el nivel del mar, especialmente en las regiones septentrionales correspondientes a las que ahora son las provincias de Groninga y Frisia del Norte. Como estos asentamientos estaban expuestos a las innundaciones, fueron repetidamente elevados mediante el depósito de capas de turba y arcilla. Tales elevaciones de refugio, comúnmente llamados *terpen* fueron cada vez más numerosas. Al principio, su espacio era apenas el suficiente para proteger al ganado durante las inundaciones. A medida que las cabañas fueron aumentando en extensión y altura, proporcionaron el modelo para el futuro desarrollo de muchos poblados holandeses. La población debió haber crecido considerablemente aun antes de la era cristiana, como lo indica el hecho de que la tribu germánica de los batavios, que se había establecido en la región norte de Holanda, pudiera proporcionar 10 mil hombres como auxiliares a las legiones romanas de Julio César.

La dominación romana se desvaneció completamente hacia el año 350 d. c., dejando pocas huellas, apenas las de unos cuantos asentamientos y alguna débil prueba de roturación en el campo. Durante los turbulentos siglos que siguieron a la retirada de los romanos, pueblos de la Europa oriental —frisios, sajones y francos— se establecieron en los Países Bajos, y de ellos la actual población holandesa parece descender en gran parte. Como el resto de Europa, durante la Edad Media, Holanda sufrió la invasión de los vikingos y otros pueblos nórdicos.

Paz y orden relativos comenzaron a prevalecer después de acabar las invasiones nórdicas, lo que permitió un rápido desarrollo agrícola y económico. Como gran parte de la tierra está protegida contra el Mar del Norte única e ineficazmente por dunas de arena, el estricto control del agua del mar y de los ríos resulta esencial en casi todo el país. El proceso comenzó cuando los primeros pobladores aprendieron a construir *terpen* para que sirvieran de refugio contra las mareas tormentosas y los desbordamientos de los ríos. Esta técnica estaba ya suficientemente desarrollada en los siglos VIII y IX para que pudieran fundarse ciudades como Leyden y Middleburg a lo largo

165

de la costa occidental, sobre elevaciones de unos 100 metros de diámetro y unos 15 de altura —verdaderos cerros, en este país tan llano.

En la mayor parte del país el terreno es tan húmedo que la única manera de levantar nuevos edificios consiste en preparar un lugar adecuado para ellos. Aunque onerosa, esta necesidad ha tenido la ventaja de evitar el crecimiento al azar y la extensión de las ciudades. En contraste con el desordenado crecimiento urbano de Estados Unidos y gran parte de Europa, Holanda ofrece un límite neto entre la ciudad y el campo, lo que hace posible transitar fácilmente del aturdimiento urbano a las bucólicas escenas campestres. Un viaje de diez minutos desde cualquiera de las poblaciones conduce a un lugar junto a un río o canal donde uno puede sentarse en el césped, admirar las flores silvestres y ver pájaros de muchas especies distintas, más de las que vuelan en los alrededores de cualquier ciudad del Occidente industrializado.

La protección contra el agua depende en gran parte de los diques. Los primeros diques de cierta importancia se construyeron en los siglos VIII o IX. De esta manera, la mayor parte del cinturón costero había quedado protegida contra el mar y los ríos hacia fines del siglo XIII. Sin embargo, una y otra vez eran devastadas muchas aldeas y arruinadas grandes extensiones de tierras labrantías como consecuencia del desbordamiento de los ríos o del resquebrajamiento de algún dique. En la noche del 18 al 19 de noviembre de 1421, por ejemplo, una gran marejada, empujada por un feroz viento de occidente, atacó y hendió los diques en Brock y destruyó mucha tierra al norte y al sur. Las primeras relaciones hablan de 72 aldeas destruidas y 100 000 personas ahogadas. Estudios modernos sugieren que estas cifras podrían ser exageradas; pero, no obstante, la destrucción fue tan grande que muchas personas, incluso de la nobleza, hubieron de mendigar y sus incursiones de pillaje hicieron a la región insegura durante varios años. Éste es sólo un ejemplo de los innumerables desastres causados por los vientos y el agua en el curso de la historia de Holanda. Las desastrosas inundaciones de enero de 1916 y febrero de 1963, de las cuales volveré a hablar más adelante, demuestran que el peligro sigue siempre latente, y es particularmente violento en las regiones de las provincias de Holanda y Zeeland. A lo largo de los tiempos, constantemente se han construido nuevos diques y se han remplazado rápidamente los que habían sido destruidos, empresa que se ha constituido en obligación nacional. La divisa del escudo de armas de la provincia de Zeeland, *Luctor et emergo* (me esfuerzo y me levanto), simboliza el espíritu de la nación holandesa entera.

Como dije antes, los primeros pobladores hallaron poco suelo fértil. La tierra agrícola hubo de formarse al principio en pantanos turbosos, especialmente hasta el siglo XIX, cuando la turba empezó a ser el principal combustible usado en Holanda. Una hazaña espectacular de tal restauración de la tierra se produjo en un extenso pantano turboso en la región nororiental del país. A comienzos del siglo pasado, se excavó el pantano y el subsuelo arenoso estéril fue progresivamente transformándose en rica tierra labrantía mediante el relleno con estiércol y fertilizantes artificiales.

Sin embargo, el tipo más característico y pintoresco

de tierra agrícola artificial se encuentra en los *pol-deren*, regiones anteriormente sumergidas en agua salada o dulce. De estas lagunas se extrajo el agua por bombeo, después de haberlas rodeado con un dique y un ancho canal. Primero se excavó el canal, y la tierra de él extraída se utilizó para construir el dique (*dam*) en torno a la región que había de convertirse en *polder*. Después, el agua se bombeó al canal que la conduce a un río o directamente al mar. Los *polderen* suelen estar cruzados por pequeñas acequias, que los mantienen bien avenados. Las praderas o cultivos cruzados por las acequias hacen pensar en una pintura de Mondrian o, más prosaicamente, en el emparrillado que forman las calles de una ciudad por las que no hay circulación. El observador colocado en el fondo del *polder* ve una imagen extraordinaria, en el fuerte sentido etimológico de la palabra; la de las embarcaciones que corren por los canales circundantes, cuya silueta se recorta sobre el cielo, a nivel más alto que el del *polder*.

La mayor parte de la tremenda labor dedicada a la construcción, conservación y reparación de los diques y de los rebordes de tierra a lo largo de los canales para encauzar y distribuir las aguas que por ellos corren, así como la formación de un suelo fértil en el fondo de lo que fueran lagunas o marismas, ahora convertidas en *polderen,* se ejecutaron al principio con herramientas y equipo muy sencillos. Azadas, zapapicos y palas bastaron para la mayor parte del trabajo de construcción. Para levantar los diques y parteaguas se usaban pesados vehículos arrastrados por equipos de treinta o cuarenta hombres. Grandes cestos de mimbre, narrias y carretas tiradas por bueyes servían para el transporte de materiales tales como arcilla, para los diques; barreras de maderos y empalletados de tiras de sauce se aplicaban a reforzar las defensas contra las aguas. La carretilla no se empleó sino hasta mucho más tarde.

Naturalmente, el bombeo del agua era la parte esencial de la desecación, y para ello solían usarse millares de molinos de viento, cuyos techos cónicos y movientes aspas constituían un rasgo en extremo pintoresco del paisaje holandés. Sin embargo, el uso de los molinos de viento es más reciente de lo que suele creerse. Durante siglos, el único procedimiento para extraer el agua de lo que habían de ser los *polderen* era el avenamiento por gravedad, los cubos oscilantes con contrapeso o la noria movida por caballos o personas. Los dos primeros registros del empleo de molinos de viento datan de 1408 y 1414. Estos primeros molinos eran pequeños e ineficientes. Otros más eficientes que funcionaban basados en la aplicación de la roca de Arquímedes, capaces de elevar el agua a dos y hasta cuatro metros, no se hicieron comunes sino hasta comienzos del siglo XVII. Son éstos los molinos que han hecho familiares los pintores holandeses, con las pinturas de paisajes de su país.

Huelga decir que el control del agua y la formación de tierra fértil exigía tremendos esfuerzos que excedían en mucho la capacidad de una sola familia o de un pequeño grupo de familias. La edificación de casas en regiones artificialmente protegidas contra el agua exigía mucho transporte de arena y de pilotes, y demandaba no sólo la participación comunal, sino también un alto grado de organización y disciplina. En la Edad Media se promulgaron leyes severas para ayudar a vencer la batalla contra las aguas. "No se consentían contiendas cuando los diques necesitaban reparaciones", escribe el doctor J. van Deen, el historiador de la recuperación del suelo de su país. "En algunas partes, cualquier hombre que rehusase su cooperación podía ser enterrado vivo en la brecha, su cuerpo atravesado por un palo. La gente que vivía tierra adentro había de ir a trabajar en el dique. 'Dique o muerte' decía el viejo proverbio. Y el hombre que fuese incapaz de reparar la brecha de su propio sector del dique había de poner su azada en ella y dejarla allí. Éste era el signo por el que daba su tierra a cualquier persona que sacara la azada del dique y se sintiera con capacidad suficiente para cerrar la brecha. Era ésta la *ley de la azada.*" Finalmente se promulgaron normas administrativas que derivaban su autoridad de los servicios al bien común. La disciplina personal y social que era condición esencial para el control del agua explica en gran parte los espíritus complementarios de independencia y de tradición democrática que tanto han contribuido al estilo de vida holandés y a la grandeza de Holanda.

A pesar de la incesante lucha contra los elementos y de las increíblemente complejas dificultades políticas en el país y en el extranjero, la mayor parte de las regiones semindependientes de los Países Bajos habían ya alcanzado gran prosperidad en la época en que entraron a formar parte del Imperio español. Una medida de su fuerza es el hecho de haber logrado finalmente independizarse de España, que era entonces la potencia militar más grande y rica de Europa. Los holandeses incluso fundaron seis nuevas universidades en diferentes partes de su país durante la guerra con España e inmediatamente después de ella. Los fenomenales logros de Holanda son tanto más notables si se tiene en cuenta que durante la guerra con España, la población era únicamente del orden de los tres millones de habitantes, agrupados en municipalidades más o menos independientes distribuidas entre siete provincias. Éstas se convirtieron en las "Provincias Unidas" con el propósito de liberarse del dominio español, pero por lo demás permanecían en constante conflicto unas con otras, por motivos religiosos, económicos o por casi cualquiera otra causa. Los aspectos religiosos de estas rivalidades eran especialmente curiosos, por cuanto involucraban no sólo a católicos contra protestantes y calvinistas contra luteranos, sino divergencias doctrinales aún más amargas entre los diferentes grupos de calvinistas.

Así pues, los Países Bajos tenían una forma de gobierno que era en parte oligárquica, en parte republicana, única en su diversidad y, por esta razón, aparentemente menos eficaz que las monarquías europeas circundantes, tanto desde el punto de vista político como el administrativo. El éxito de los Países Bajos, enfrentados a tantas dificultades internas y externas, es prueba de que el manejo local de los asuntos suele ser más eficiente que el manejo nacional o global.

A los siglos XVI y XVII se los ha llamado la Edad de Oro de los Países Bajos. La parte occidental del país, es decir, la Holanda propiamente dicha, y Amsterdam en particular, eran entonces la envidia de Europa occidental. Los tres millones de habitantes de las siete Provincias Unidas, tan pobremente dotadas por la naturaleza, no sólo habían triunfado contra España, sino que dominaban el comercio marítimo del mundo y manejaban gran parte de sus finanzas. Su marina mercante era diez veces mayor que la de Francia, tres veces mayor que la de Inglaterra y mayor que las de Francia, Inglaterra y España combinadas. Las empresas comerciales llevaron a los holandeses de Recife a Nagasaki y de Arcángel al Cabo de Buena Esperanza.

Los Países Bajos ocuparon también una posición avanzada en todos los campos de la cultura. Rembrandt, el pintor; Spinoza, el filósofo, y el doctor Nicholas Tulp vivieron los tres en Amsterdam al mismo tiempo. El doctor Nicholas Tulp tiene para mí especial interés por dos razones diferentes, pero relacionadas. Enseñaba la entonces heterodoxa doctrina de que la función esencial del médico no consiste en administrar medicamentos, sino en ayudar al enfermo a movilizar los mecanismos naturales de defensa esenciales para el control de la enfermedad. Rembrandt lo retrató varias veces, y también hizo de él un grabado al que yo considero como el retrato más perceptivo del médico ideal. En la cercana ciudad de Delft vivía también en la misma época Anton van Leeuwenhoek (1632-1723), el primer hombre de ciencia que construyó un microscopio, instrumento óptico que lo capacitó para ver y seguir las actividades de las bacterias y otros organismos microscópicos [entre ellos los espermatozoides, en el semen humano]. Durante la Edad de Oro holandesa también vivieron en el país algunos extranjeros ilustres. El zar Pedro el Grande residió en Holanda para estudiar la construcción de barcos. El filósofo francés René Descartes halló que la ciudad de Amsterdam era el mejor lugar para pensar libremente en medio de una gran comodidad. Como escribió en una de sus cartas: "¿Qué otro país podría uno elegir donde todas las comodidades de la vida y todas las cosas exóticas que uno pudiera desear se encuentran con tanta facilidad? ¿En qué otra parte podría uno gozar de libertad tan completa?" En aquella época Amsterdam era sin duda la ciudad de Europa.

La productividad agrícola, así como la expansión de la industria, el comercio y el tráfico con el extranjero se habían logrado a pesar de la extrema pobreza en recursos naturales y de los graves obstáculos puestos por la naturaleza y las condiciones políticas. Estos logros fueron el resultado de los esfuerzos humanos, la inteligencia y la osadía, y están simbolizados en dos pinturas de Franz Hals, que captan dos aspectos contrastantes del carácter holandés, aspectos ambos que contribuyeron al éxito de Holanda en aquella época. Una de ellas expone la sobriedad puritana de los gobernadores del Hogar de Ancianos en Haarlem y compendia la laboriosidad que prevalecía en los pueblos holandeses. La otra muestra a los bravucones caballeros de San Jorisdoelem, presuntuosos y audaces aventureros que llevaron la bandera de su país por todo el mundo. La capacidad de trabajo asiduo y la osadía del espíritu se reconocen ambos en la arquitectura urbana de aquel tiempo, la grave simplicidad de casi todas las iglesias y templos, en contraste con el esplendor de los palacios municipales y las lonjas de mercaderes.

Albert Camus, en su novela *La Chule* [La caída], evoca las cualidades de la vida holandesa: "Sois como todo el mundo, tomáis a estas buenas gentes por una tribu de síndicos y mercaderes, que contrastan su dinero contra sus probabilidades de alcanzar la vida eterna, y cuyo único lirismo consiste en tomar a veces, cubiertos con grandes sombreros, lecciones de anatomía. Os engañáis [...] Holanda es un sueño de oro y de humo, más humoso de día y más dorado de noche [...] Viajaron millares de kilómetros, hasta Java, la isla lejana [...] Holanda no es sólo la Europa de los mercaderes, sino también la del mar, el mar que lleva a Cipango y a esas islas donde los hombres mueren locos y dichosos [...] Amo a este pueblo, que hormiguea en las aceras, aprisionado en el pequeño espacio entre casas y canales, rodeado de brumas, tierras frías y mar humeante como una lejía. Lo amo porque es doble. *Está aquí y en otro lugar* [Bastardillas del autor.] Está "aquí" porque desde el comienzo de los tiempos los holandeses han vivido en un ambiente que ellos mismos han creado casi por completo, partiendo de la naturaleza: por consiguiente ellos son parte integral de su ambiente. Pero también están en otro lugar, por dos diferentes razones: Por un lado, fueron parte temprana del mundo entero, no sólo porque sus barcos hicieron de ellos los más grandes transportadores internacionales de mercaderías, sino también porque su eficiencia técnica en muchos campos les ha dado la oportunidad de trabajar en los lugares menos esperados —avenando los marjales ingleses o las marismas rusas, popularizando y vendiendo en casi todo el mundo los tulipanes y otros bulbos originalmente provenientes de Oriente, convirtiendo la planta industrial Philips, en Eindhoven, en un centro de investigación electrónica con ramas en muchas partes del mundo. Por otro lado, los holandeses han vivido en ambientes de tal hacinamiento que sólo pueden permanecer cuerdos —como lo están

174

casi todo el tiempo— si dedican gran parte de
su vida a sus propios pensamientos, conscientes del
mundo externo, por supuesto, pero interesados por
lo menos tanto en su propio mundo privado, interno.

Los molinos de viento extractores de agua que hicieron posibles los grandes proyectos de desecación
y ganancia de tierra en el siglo XVII, tan típicos del
paisaje holandés durante la Edad de Oro, comenzaron a sustituirse por bombas de vapor a fines del
siglo XVIII. Pero fue la introducción de la bomba
eléctrica, a comienzos de este siglo, lo que hizo posible la desecación del Zuider Zee, una de las empresas tecnológicas mayores de los tiempos modernos.
El Zuider Zee era un cuerpo de agua muy somero
densamente enturbiado por los ricos aluviones arrastrados por los grandes ríos que desembocan en el
Mar del Norte. Ya en el siglo XVII se habían formulado planes para desecarlo y convertir su suelo en tierra
labrantía, pero tales proyectos, en aquella época, estaban lejos de las posibilidades de la tecnología coe-
tánea. En el siglo XIX propusieron proyectos más
precisos, y de ellos, el elaborado por el doctor ingeniero Cornelis Lely fue en principio aprobado por
el Parlamento holandés en 1901. Una gran marejada
ocurrida en 1916 y la escasez de alimentos causada
por la primera Guerra Mundial condujeron finalmente a la aprobación de una ley que prescribía
cerrar el Zuider Zee, en 1918. El plan consistía en
levantar un dique que cerrara por completo la comunicación entre el Zuider Zee y el mar abierto, de
manera que quedara totalmente separado, para después proceder gradualmente a las operaciones de
desecación. El plan perseguía tres propósitos: ganar

unas 555 000 hectáreas de tierra seca (es decir, aproximadamente, un décimo del total del área agrícola de Holanda) dividida en varios grandes *polderen*; reducir la línea litoral en 300 kilómetros; y formar un depósito de agua dulce que cubriera unas 296 000 hectáreas. Uno de los *polderen* (el de Wieringermeer) quedó terminado en 1930, dos años antes de completar el dique.

El trabajo en el proyecto comenzó en 1923, y la última brecha del dique se cerró el 28 de mayo de 1932. En un monumento levantado en este lugar hay un rótulo que dice: *Een Volk dat leeft bouwt aan zijn toekomst* (Una nación viva edifica para su futuro). Cubierta con bloques entrelazados de basalto de las tierras del Rin, la corona se alza 7.5 metros sobre el nivel medio del mar; el dique mide treinta y dos kilómetros de longitud, y sobre él corre una autopista que une Frisia con Holanda del Norte. Tiene compuertas que permiten el paso de barcos en uno y otro sentido. Hay en él esclusas y una gran estación de bombeo que regula el nivel del agua dentro del *polder*. Lo que una vez fuera el Zuider Zee consiste ahora en cuatro *polderen* y un lago de agua dulce, el IJselmeer. Este lago abastece de agua potable a los asentamientos humanos de los *polderen* y da también agua para riego en periodos de sequía.

Se tenía por seguro en los años treinta que toda la tierra ganada al mar se dedicaría a la agricultura; desde luego, dos de los *polderen* del Zuider Zee son de tierra agrícola; pero en Holanda, como en muchos otros países, la prosperidad económica quita gente a la agricultura, cambia sus hábitos y aumenta sus expectativas. Es cada vez menor el número de las personas que se resignan a vivir en las pequeñas cabañas típicas de los antiguos *polderen*. El automóvil y la motocicleta hacen posible a esta gente vivir en pueblos o ciudades mayores, que les ofrecen mejores servicios y atracciones. Por otra parte, formando ahora parte del Mercado Común Europeo, Holanda puede obtener ciertos productos agrícolas en Francia e Italia más baratos que los producidos en el propio país. Cada vez es menor el número de holandeses dedicados a la agricultura, y también crece progresivamente la parte de la tierra recuperada que se dedica a construir nuevas poblaciones o a establecer industrias o diversas instalaciones recreativas.

Como quiera que fuere, la tierra ganada al Zuider Zee sigue siendo un ejemplo casi milagroso de la transformación de la superficie de la Tierra por el ingenio y el esfuerzo humanos. Visité la región en el otoño de 1969, en un día bastante tormentoso. Mientras oía el aullido del viento violento y el batir de las olas contra el dique, me era difícil imaginar que sólo dos décadas antes no había sino agua salada en lo que ahora es el *polder*; sobre el agua se veían lanchas de pescadores y se oía el graznido de las gaviotas; y sin embargo, ahora veía granjas de buen tamaño y hermosas aldeas, con edificios religiosos en torno a su plaza. (Si mal no recuerdo, en cada aldea habían de estar representadas las religiones protestante, católica y judía.) Una taza de rico chocolate caliente, en una de las pequeñas tabernas, hizo mi experiencia aún más parecida a un sueño.

Durante muchos decenios, como un 2% del ingreso nacional de Holanda se ha destinado al avenamiento, limpieza y conservación de las áreas desecadas y a ganar más tierra seca. De esta manera se ha conseguido mucho terreno para la agricultura y otras actividades humanas, incluso el disfrute de la "naturaleza". Pero al ambiente holandés se le llama "naturaleza" a falta de palabra más precisa, pues gran parte de la superficie del país ha sido profundamente transformada por la mano del hombre. Bastarán dos cifras para ilustrar la magnitud de esta transformación. En 1840, el litoral salado de Holanda medía 1 979 kilómetros, y quedará reducido a 676 kilómetros una vez terminado el sistema de diques, esclusas, barreras contra tormentas y diques reforzados que se completará en el curso de los años ochenta, a lo largo de la vulnerable línea de la desembocadura común de los ríos Rin, Mosa y Escalda, que forman un amplísimo delta. Verdaderamente, "los holandeses han hecho a Holanda", al transformar la naturaleza mediante el uso masivo de la tecnología, y lo que es aún más notable: el proceso de transformación de los cuerpos de agua y de la tierra continúa a paso acelerado en muchas partes del país.

Las recientes hazañas en la labor de conseguir nueva tierra son milagros tecnológicos del siglo xx; pero su misma complejidad hace a ciertos asentamientos humanos más vulnerables que en el pasado a las violentas tormentas y también a accidentes de origen humano. Por esta razón, se mantiene a los diques bajo vigilancia constante, y en invierno se anuncian dos veces al día los pronósticos meteorológicos.

El 31 de enero de 1953, el viento se hizo cada vez más violento durante el día y, a las 11 de la noche la radio anunció que al día siguiente se preveían: "severos vendavales del noroeste... tiempo incierto, chubascos, granizo y nieve". El día primero de febrero, el vendaval del noroeste hizo crecer la marea, en todo caso, siempre más alta en tal época del año, y empujó enormes masas de agua a través del Mar del Norte. El nivel del mar llegó a una altura de la que no se tenía memoria, alcanzó la de los diques en algunas áreas protegidas y se desbordó sobre ellos en algunos lugares. Cerca de 1 280 kilómetros de diques quedaron destruidos. Varios kilómetros de vía férrea tendida sobre un dique, a 10.4 metros sobre el nivel del mar, fueron arrastrados. El agua del mar llegó a cubrir cerca de 200 000 hectáreas de tierra labrantía; casi 2 000 personas perdieron la vida; se ahogaron decenas de miles de animales; un número parecido de edificios fueron destruidos o dañados; el suelo quedó envenenado por el agua del mar. Los diques se repararon en un año, al costo estupendo de 6% del presupuesto nacional; pero hubieron de pasar siete años antes de que la producción agrícola holandesa se recuperara por completo del desastre de 1953.

Después de la catástrofe de 1953 se organizó una comisión del Delta para explorar las posibilidades de cerrar los estuarios del Rin y el Escalda y de acortar la línea litoral. El proyecto Delta se aprobó en 1957 y, una vez ejecutado, en el curso de los años ochenta, aumentará mucho la seguridad de la región sudoccidental de Holanda. Su objetivo principal no es, como fuera en el caso del Zuider Zee, ganar nueva tierra, sino aumentar los recursos de agua dulce del país, controlar la penetración de sal en la tierra agrícola existente y hacer más accesibles las islas del delta. Estas islas podrían entonces usarse para la instalación de industrias, promover una agricultura más intensiva o aprovecharlas como áreas residenciales o de recreo, muy necesarias en la Holanda meridional. El proyecto Delta fue modificado por una ley del Parlamento en 1976, bajo la presión de los ambientalistas, que señalaban que el plan inicial alteraría irreversiblemente el carácter ecológico del estuario. Las controversias sobre los méritos del nuevo y mucho más costoso plan continúan, lo que deja en claro que el proceso de hacer a Holanda prosigue todavía, y se espera que la región oriental del Escalda quede cerrada a los ataques del Mar del Norte en el año 1985.

Otro proyecto espectacular, aún en proceso de desarrollo, es el concerniente a los treinta y cinco kilómetros de litoral que separan a Rotterdam del Mar del Norte. Aun cuando Rotterdam fue prácticamente destruida por una incursión aérea alemana en mayo de 1940, su bahía fue rápidamente reconstruida después de la guerra y lo que es más importante, se ha modernizado y agrandado en tal medida que es ahora el mayor, más frecuentado y moderno puerto del mundo, gracias sobre todo a su situación cerca de las regiones densamente pobladas y altamente industrializadas de la Europa Occidental, donde residen unos 250 millones de habitantes en un radio de quinientos kilómetros. Todo parece ser lo más grande y moderno en el área de Rotterdam: las mayores instalaciones del mundo para la carga y descarga de contenedores; una de las terminales para granos de mayor capacidad; y profundidad suficiente para la entrada de los buques-tanques de mayor calado.

El río Nuevo Mosa, que cruza Rotterdam de un extremo al otro, ahora llega al mar por un canal artificial llamado Nieuwe Waterweg (Canal Nuevo), que comenzó a excavarse entre 1866 y 1872. Esta gigantesca obra de dragado ha ido profundizándose progresivamente hasta unos 23 metros, sobre una longitud de 11 kilómetros, y el proceso de extensión continúa. Los muelles están equipados para entendérselas rápidamente con los más grandes barcos, incluso los más monstruosos buques-tanques petroleros.

A la nueva sección de la bahía se la llama adecuadamente Europort, ya que es el centro europeo para el manejo y distribución de granos y petróleo, así como para la producción y distribución de incontables productos químicos. Tanques para el almacenamiento de petróleo, refinerías y plantas químicas se extienden por muchos kilómetros desde Rotterdam. Pero lo que más impresiona es ver hasta qué punto la ciudad, así como la bahía y las instalaciones industriales de Europort son nuevas, artificiales —creación puramente humana que ha transformado completamente el ambiente natural.

La fenomenal densidad de la población y la intensidad del crecimiento industrial en la Holanda occidental habrían ocasionado una degradación ambiental masiva, a no ser por las peculiaridades del desarrollo urbano. El occidente de Holanda es la región más densamente poblada del globo. Sus seis millones de habitantes se distribuyen a razón de mil por kilómetro cuadrado. Si Estados Unidos estuviese tan densamente poblado como Holanda, su población sería tan grande como la de todo el mundo actual, más de cuatro mil millones de habitantes. Por si fuera poco, en Holanda, seis de cada diez habitantes viven en tierras que se hallan más abajo del nivel del mar. En el presente, 37% de los holandeses habitan en el 5% del territorio del país, y nada más cierto que la población seguirá aumentando; además, la mayor parte de ésta vive en una franja en forma de herradura formada por pueblos, ciudades

181

y suburbios a la que se llama la *Randstad* (o anillo urbano), situada en la provincia de Holanda. La base de esta herradura se halla en las dunas del Mar del Norte y se abre y encara hacia el sudeste. Su dimensión transversal es de unos 48 kilómetros, y, sería de 177 kilómetros de longitud si se enderezara; corre desde Dordrecht, a través de Rotterdam, Delft, La Haya, Leyden y Haarlem hasta Utrecht. La densidad de su población es cuatro veces mayor que la media del país en su conjunto. A pesar del altísimo nivel de industrialización, urbanización y hacinamiento, casi todos los holandeses gozan de excelente salud, con una larga expectativa de vida y escasa criminalidad. Quedan todavía estrechas franjas de espacio abierto entre las ciudades y pueblos de la Randstad, pero la característica más notable y única de Holanda es que su núcleo sigue conservando un aspecto rural.

La franja en herradura entre los pueblos y el Mar del Norte —o más bien, entre las elevaciones sobre las cuales están edificadas las ciudades, y los diques y dunas que las separan del Mar del Norte— es rica tierra agrícola con granjas bien atendidas. Vacas, patos, garzas, avefrías y, por supuesto, el agua de canales y ríos, se ven desde cualquier lugar. Como decía antes, esta feliz situación se debe al hecho de que los asentamientos humanos han tenido que edificarse en elevaciones del terreno y, por consiguiente, no han podido extenderse tanto como en el caso de las regiones industrializadas de otros países. En consecuencia, ciudades, pueblos e incluso aldeas han de quedar netamente separadas del campo, en el que el viento hace ondular la yerba y las flores.

El mismo viento contribuye a la diversidad de paisajes terrestres y acuáticos. Sopla casi constantemente, cepillando las dunas y atravesando pueblos y praderas y, en todas las estaciones, arrastra sobre el país nubes bajas y lluvias, provenientes del Atlántico. De vez en cuando transporta el calor estival y el gélido frío invernal de la Europa Central; dobla los árboles, pero también mueve los pocos molinos sobrevivientes. Vista desde un aeroplano volando a baja altura, esta minúscula región tan apretada y tensa, tan atareada y ruidosa en los asentamientos humanos de la Randstad, parece, sin embargo, más confortable que otros países mejor favorecidos por la naturaleza. Su núcleo agrícola de praderas, campos cultivados y corrientes de agua podría servir de modelo para la organización social y la administración de la tierra a países industriales ricos y urbanizados.

Trabajos recientes en la ciudad de Amsterdam ilustran hasta qué punto se ha moldeado el paisaje terrestre y acuático de la Randstad. El parque forestal de Amsterdam, al que los holandeses llaman familiarmente *de bos* (el bosque) fue creado en 1934 al sudoeste de la ciudad, para lo cual hubieron de sacrificarse tres *polderen* situados cuatro metros abajo del nivel del mar. Hubo que colocar una extensa red de caños de avenamiento para mantener el agua a un nivel compatible con el desarrollo de las raíces de los árboles. Los estanques y lagos formados por las aguas del drenaje se usan para la natación y el canotaje. La forma de los abruptos diques de los *polderen* se suavizó en declives menos escarpados, transformándolos en colinas artificiales. *De bos* está formado por árboles de todas las clases comunes en la Europa noroccidental, y ocupa unas cuatrocientas cincuenta hectáreas de la superficie total del parque, que llega a poco más de mil hectáreas. *De bos*, a punto de cumplir casi cincuenta años, consta de largos paseos arbolados, en suave declive, lagos y canales, donde la gente pasea a pie o en bicicleta, pesca o rema. Pueden verse *ponis* de Islandia caminando entre los árboles; pero este cuadro bucólico adquiere un aspecto menos idílico cuando en el parque se reúnen más de 100 mil personas los fines de semana del verano.

Paradójicamente, los aspectos más perturbadores del futuro de Holanda pueden originarse no por escasez de recursos o dificultades económicas, sino por el mismo éxito del pueblo holandés en conformar su país y las consecuencias de ello para la seguridad y calidad de la vida del hombre.

Por ejemplo, el crecimiento de Amsterdam ha exigido la construcción de gigantescas ciudades dormitorio. En el lado oeste, la erección de Slotervaart, Slotermeer, Osdorp y Geuzenveld obligó a elevar el nivel del subsuelo no menos de 1.8 metros. Para hacer esto posible, hubo que sacrificar y excavar el inmenso *polder* de Sloterplas, en una extensión aproximada de 1.6 kilómetros de longitud por 0.4 kilómetros de anchura, a una profundidad de 27.4 metros. La rica tierra superficial del *polder* se aprovechó para construir parques, prados y zonas de recreo. Los 19.9 millones de metros cúbicos de arena excavada se utilizaron en la preparación del terreno para las edificaciones. El hueco dejado por la excavación se convirtió en un lago.

Todas estas nuevas construcciones para vivienda difieren de los tradicionales pueblos y ciudades de Holanda, particularmente, de los de Amsterdam, por ofrecer grandes extensiones abiertas de tierra o agua. Sin embargo, mucha gente considera este cambio indeseable, por considerar las ciudades dormitorio demasiado ordenadas, en exceso inflexibles, sin placenteras sorpresas. La falta de la peculiar comodidad holandesa sugiere que, si bien los edificios y parques puedan ser de la más alta calidad técnica, son en realidad asentamientos de esa clase que la municipalidad proyecta para "otra gente", pero que los holandeses genuinos rara vez elegirían para vivir.

La ciudad de Rotterdam también simboliza el triunfo de la tecnología y las amenazas de ésta contra la calidad de la vida. Rotterdam puede legítimamente enorgullecerse de poseer las mayores y más modernas instalaciones portuarias de toda Europa y quizá del mundo, pero su triunfo tecnológico y económico se ha logrado al precio de muchos otros valores. Cuanto más hondo se drague el Canal Nuevo, mayor será la cantidad de sal y sustancias tóxicas que penetrarán desde el mar y contaminarán no sólo el agua potable, sino también el suelo agrícola de Westland. Esta tendencia continuará aun cuando, según se dice, el plan del Delta aumente el volumen de agua del Rin que correrá a lo largo de la Nieuwe Waterweg.

La contaminación de la atmósfera por las refinerías petroleras y las industrias químicas va en constante aumento. El derrame de petróleo de los grandes tanqueros contamina casi todas las playas del Mar del Norte. La contaminación de alquitrán es tan común que la gente suele tener una botella con gasolina y un trapo a la entrada de sus casas para que quienes vayan a entrar se limpien la suela de los zapatos. Son muchos los holandeses que comienzan a dudar de si hay una verdadera justificación econó-

mica o de otra clase en tener otro tanque más para
petróleo, una nueva refinería u otra fábrica de plásticos. Se preguntan a sí mismos si de verdad quieren
y les conviene más crecimiento o si hay que seguir
edificando, no porque de ello haya real necesidad,
sino por el simple hecho de que saben construir muy
bien.

Sin embargo, quizá más importante a la larga sea
la amenaza a la comodidad del ambiente y particularmente a la íntima relación entre las personas y
aquellas cosas que fueran otrora uno de los aspectos
más atrayentes de la vida en Holanda. ¿Tendrán alguna vez los excitantes entornos creados por la moderna tecnología el atractivo que tenían las atmósferas que transparecen en las pinturas de Rembrandt,
Jan Vermeer, Pieter de Hooch y otros grandes maestros de antaño, atmósferas que hicieron al resto del
mundo tan celoso de la vida de Holanda durante su
Edad de Oro?

MANHATTAN, LA CIUDAD VERTICAL

Justo como en el caso de los Países Bajos a comienzos de la era cristiana, la isla de Manhattan y sus
aguas circundantes no parecían muy prometedoras a
los navegantes y exploradores del siglo XVI y comienzos del XVII. Los primeros europeos que vieron la isla
de Manhattan fueron un grupo de marineros france-
ces e italianos bajo el mando de Giovanni Da Verrazano, navegante italiano al servicio de Francisco I,
rey de Francia, que buscaba encontrar un paso para
llegar a la India por occidente. En 1524, Verrazano
navegaba en su nave *La Dauphine* a lo largo de la

186

costa oriental de Norteamérica y descubrió lo que denominó "una agradable situación localizada entre dos pequeñas colinas prominentes [Los Estrechos] en medio de las cuales corre un gran río, muy hondo en su boca". Verrazano navegó en un bote pequeño hasta la Bahía Superior del Hudson, que describió como "un bellísimo lago", pero se levantó un vendaval que lo forzó a regresar a *La Dauphine*, para levar anclas y seguir viajando más al este. Un año más tarde, en mayo de 1525, Estevan Gomes, piloto portugués al servicio del rey de España, Carlos I [el emperador Carlos V], parece que también entró en la bahía de Nueva York. En 1570, Jehan Cossin, navegante francés de Dieppe, trazó algunos mapas de los cuales se deduce que exploró las bahías externa e interna de Nueva York. Parece que ninguno de estos navegantes regresó a estas regiones, como si no las hubieran considerado de gran importancia.

En 1609, Henry Hudson, aventurero inglés empleado por la Compañía Holandesa de las Indias Orientales, intentó también hallar la ruta a la India por el occidente. También recorrió los Estrechos, pero a diferencia de Verrazano, llevó su nave, la *Half Moon* [La Media Luna] hasta tan lejos como Albany, en el río que ahora lleva su nombre. A su regreso a Amsterdam, Hudson informó a sus patronos holandeses que los indígenas que había visto poseían hermosas pieles de animales. Ello motivó a otros mercaderes de Amsterdam a enviar otro navío al río Hudson, en 1610. Finalmente, otros barcos holandeses llegaron a la isla de Manhattan y establecieron en ella un puesto comercial. Esto condujo a la fundación de la Compañía Holandesa de las Indias Occidentales y en 1624 el navío *Nieu Nederlandt* zarpó de Amsterdam llevando treinta familias y llegó a principios de mayo a la boca del río Hudson. Sin embargo, la mayoría de los colonos siguió viaje en barco por el Hudson y se estableció cerca del lugar que ahora ocupa la ciudad de Albany. El primer asentamiento estable en la isla de Manhattan no comenzó sino hasta mayo de 1626. Unos meses más tarde, Peter Minuit, que era entonces el director de la colonia holandesa, compró la isla a los indios por chucherías valoradas en sesenta florines —suma, se ha dicho, equivalente a unos veinticuatro dólares. A la colonia holandesa se dio el nombre de Nueva Amsterdam y sólo comenzó a prosperar bajo la dirección del director general Peter Stuyvesant, quien había llegado en mayo de 1647 y la gobernó hasta que hubo de rendirse a los ingleses en 1664. Hacia fines de 1664, se cambió el nombre de Nueva Amsterdam por el de Nueva York, aunque la mayoría de la población era todavía holandesa.

A comienzos de la guerra de independencia, Nueva York era una pequeña población provinciana con unos 12 000 habitantes, casi todos holandeses o ingleses; la lengua holandesa seguía usándose por gran parte de la población. El comercio con los indios y con Europa, principalmente de pieles, seguía siendo la fuente más importante de prosperidad. Nueva York permaneció ocupada por los ingleses durante la mayor parte de la guerra de independencia, pero, como es bien sabido, fue en Fraunces Tavern, en Manhattan, donde Jorge Washington se despidió de sus oficiales en 1783.

Nueva York se convirtió en el centro del gobierno federal en 1785, y cuatro años más tarde, el 30 de abril de 1789, Jorge Washington tomó posesión como presidente de los Estados Unidos, prestando juramento en el Edificio Federal, en Wall Street. Por difícil de creer que parezca, el primer censo federal, verificado en 1790, reveló una población de sólo 33 131 habitantes. Nueva York fue la capital de Estados Unidos hasta 1790, quedando entonces como capital del estado de Nueva York, hasta 1797, cuando la capital se trasladó a Albany.

Manhattan, que por largo tiempo debió la pequeña prosperidad de que gozaba a la agricultura y al comercio de pieles con Europa, adquirió nueva importancia el 4 de noviembre de 1825, cuando el gobernador De Witt Clinton inauguró formalmente el canal de Erie, vía acuática entre el río Hudson y los Grandes Lagos. De entonces en adelante, la producción agrícola e industrial del Medio Oeste tuvo fácil acceso a Nueva York, y ello acreció la importancia del puerto. En 1838, dos barcos, los vapores *Sirius* y *Great Western* cruzaron el Atlántico movidos exclusivamente por la fuerza del vapor, con lo que se estableció comunicación rápida entre Europa y el continente norteamericano y se decidió la supremacía comercial de Manhattan.

Ahora, la ciudad de Nueva York cubre unas 85 000 hectáreas, de las cuales el 11% es tierra de relleno. Fieles a su genio original, los colonos holandeses comenzaron en seguida a rellenar pantanos y marismas en el extremo sur de Manhattan. Sin embargo, hacia fines del decenio de 1880, la expansión de la ciudad y de su comercio causó rápidamente escasez de espacio en el bajo Manhattan y se elevó tanto el precio de la tierra que sólo edificios muy altos resultaron rentables. La arquitectura de los rascacielos, que apenas había comenzado a desarrollarse en Chicago, encontró inmediata y extensa aplicación en el bajo Manhattan.

En principio, la arquitectura del rascacielos se basa en la construcción con "esqueleto de acero", gracias al cual, todo el peso de pisos y paredes carga sobre los cimientos mediante una trama de columnas y vigas metálicas. Es probable que el duro lecho rocoso que subyace al suelo del bajo Manhattan facilitase la erección de edificios muy altos mediante esta técnica. En todo caso, la rapidez fenomenal con que el bajo Manhattan se pobló de rascacielos es un símbolo de su éxito como centro comercial y, especialmente, financiero.

El proceso comenzó con el edificio de diez pisos levantado en el número 50 de la calle Broadway, cuya construcción se terminó en 1889. Un año más tarde, el edificio World o Pulitzer llegaba a treinta y seis pisos, en Park Row. En 1908, el edificio Singer alcanzaba cuarenta y siete pisos y una altura de 186.5 metros, en el número 149 de Broadway. En 1913, el edificio Woolworth, en Broadway y Park Place, no sólo fue el más alto del mundo, con sus sesenta pisos y 237.4 metros de altura, sino que inició un nuevo estilo, gracias a la incorporación de formas góticas a la estructura para dar la impresión, como dije antes, de que era la catedral del comercio. El edificio Woolworth retuvo la marca de altura hasta 1929, cuando se levantó el edificio Chrysler, con setenta y siete pisos y 318.8 metros de altura, en la calle 42 y la avenida Lexington. Pero esta marca fue pronto superada por varios otros rascacielos, en particular el edificio Empire State, con 102 pisos y 380.4 metros de altura, situado en la esquina de la calle

34 con la Quinta Avenida, habiendo sido edificado en 1930. Las torres gemelas del World Trade Center, recientemente terminadas, dominan ahora la línea de rascacielos en el bajo Manhattan, con sus 107 pisos.

Vi por primera vez Manhattan en octubre de 1924, al llegar de Francia a bordo del vapor *Rochambeau*. Muchos viajes de ida y vuelta a Europa por mar hasta fines de los años cuarenta, y numerosas travesías en uno y otro sentido en transbordador a Staten Island, me han dado la oportunidad de recapturar repetidas veces y con plena fuerza la impresión de poesía visual que experimenté al contemplar por vez primera el conjunto de rascacielos del bajo Manhattan.

Al acercarse a Manhattan en un transatlántico o en transbordador, el viajero percibe primero la isla como un cuerpo etéreo que emerge del agua y asciende hacia el cielo. La ilusión crea diferentes imágenes, según la condición de la atmósfera y la hora del día. A veces, Manhattan parece flotar sobre niebla o nubes, como si fuera escarpada montaña en un antiguo pergamino chino. Con frecuencia reverbera en delicados azules o rosas, como una de las visiones de William Blake materializada en las costas de Nueva York. En el atardecer o de noche, brilla como un cuerpo luminiscente, como una antorcha flameante. Visto de lejos, Manhattan parece una ciudad celestial que nunca me evoca la riqueza material o la fuerza bruta.

Y sin embargo, las torres de Manhattan que tan engañosamente transmiten, vistas a distancia, el esplendor etéreo de un mundo de sueño, son en realidad una sobrecogedora masa de acero y piedra sobre un lecho

191

de rocas. Son el producto de la riqueza y la arrogancia. Por añadidura, han sido levantadas no como una contribución a una empresa unificada y compartida, sino como una exhibición de la fuerza y el poder individuales. ¿Cómo pueden tales ambiciones incoordinadas engendrar tan etérea silueta contra el cielo? ¿En virtud de qué misteriosa alquimia pudieron las interacciones aleatorias de grandes esfuerzos individuales traer a la existencia en menos de medio siglo la más inesperada y grandiosa de las sinfonías arquitectónicas del mundo? La cualidad de la desconcertante masa de rascacielos de Manhattan es asombrosa expresión de la capacidad de los seres humanos de convertir brutos apetitos en los esplendores de la civilización y de transmutar la codicia en espiritualidad. Repetidas veces en el curso de los tiempos históricos, el hombre ha creado cosas mejores que las por él planeadas o incluso imaginadas. Obras de valor universal perdurable han sido a menudo resultado de esfuerzos dirigidos a satisfacer crudas necesidades materiales.

La entrada a Manhattan por el puente de Brooklyn también evoca una reacción ambivalente ante las creaciones del hombre. En ambos lados del puente se aglomeran tensos seres humanos, con frecuencia agresivamente propensos a explotarse entre sí por amor al dinero y obsesionados por la persecución de placeres sensuales. A juzgar por su comportamiento, muchos de ellos parecen inconscientes del cielo y de los rasgos únicos relacionados con los ambientes natural y humanizado vinculados por el puente. Parecen despreocupados de la brutalidad del ruido, de la dureza de la iluminación artificial, de la grosería y la anonimidad del encuentro humano. Automóviles y camiones generan una vibración ensordecedora del suelo del puente, creando un infierno metálico en el que los seres humanos parecen condenados a moverse mecánica e interminablemente. Sin embargo, el puente en sí parece una diáfana y gigante telaraña tendida a través del cielo, como una lira en cuyas cuerdas la luz pulsa a todas horas del día y de la noche cantando la poesía de la civilización industrial.

Los masivos pilares del puente de Brooklyn traen a la memoria aquellos templos de la antigüedad en que otrora se representaron profundos misterios. La ilusión es aún más intensa por la noche, cuando Manhattan chisporrotea y vibra a través de millones de ventanas iluminadas, cada una de ellas un símbolo de la apasionada lucha por el poder y la creación.

También viene a la memoria J. A. Roebling, el arquitecto del puente, quien murió de una herida causada durante las primeras tapas de la construcción, y de su hijo, Washington Roebling, que continuó la tarea.

La salud de Washington Roebling se quebró bajo la aplastante carga de sus responsabilidades, pero aun paralizado siguió vigilando la obra desde la ventana de su dormitorio. Las vidas de los Roebling, dedicadas a la construcción de esta poética obra maestra de acero y piedra, simbolizan a la humanidad en toda su excelsitud, más interesada en creaciones meritorias que en la salud y el confort.

Aunque Manhattan fue la capital nacional por no más de unos cuantos años, y después la capital del estado de Nueva York por muy poco tiempo, se convirtió en la capital del mundo durante el siglo xx, primero en la mente de incontables seres humanos, después oficialmente, como residencia de la Organización de Naciones Unidas. Alcanzó su importancia no sólo por medio de la riqueza, el poder político y la diversidad de sus dones culturales —incluida la diversidad de estilos arquitectónicos— sino por ser el símbolo de la esperanza y la excitación asociadas con la vida moderna.

Cada ciudad famosa posee su propio y exclusivo conjunto de atributos que determinan su imagen pública. Manhattan ha sido la tierra de ensueño para incontables millones de seres humanos de todo el mundo durante más de un siglo. Esta gente no la consideraba como lugar de paz y comodidad, sino como un sitio en que probar su suerte —una región de libertad y de ilimitadas posibilidades donde había una oportunidad para convertir ambiciones en notables logros. Si bien los rascacielos son resultado de intentos egoístas de lograr el poder y la riqueza material, la ciudad no evoca únicamente la fuerza bruta, probablemente porque sus líneas verticales y elevadas expresan la intención de escapar de la cruda materia y ascender a los cielos.

En lugar de ser el resultado de consciente planificación, la sutil complejidad de la ciudad de Nueva York ha emergido en virtud del efecto de una inmensa variedad de personas que progresivamente han ido añadiendo a Manhattan los muchos asentamientos naturales de los cinco barrios. La experiencia de Nueva York, aunque simplemente local, ha significado una lección para el mundo entero. Aun cuando una gran diversidad aumenta en cualquier situación el número y complejidad de los problemas, por otra parte da lugar a soluciones originales y enriquecedo-

194

ras para los problemas mismos que ha ido creando. Todas las grandes ciudades están integradas por grupos humanos diferentes, pero por lo regular sólo llegan a hacerse famosas después de haber homogeneizado las varias subsociedades étnicas. Éste no ha sido el caso de Nueva York, no sólo porque la estructura étnica de la ciudad es complejísima y además está en constante cambio, sino porque Manhattan alcanzó el liderazgo mundial en una época en que un gran porcentaje de su población retenía todavía la identidad étnica y cultural de sus lugares de origen.

La persona que inventó la expresión *melting pot* (crisol) nunca había puesto pie en este país. Si hubiera vivido en él, habría descubierto que lo que mantiene unida a la población de Nueva York no es la homogeneización en un crisol, sino, paradójicamente, ciertas normas de conducta que permiten vivir *separados* unos de otros a grupos o individuos, dondequiera que lo deseen. Más que haber perdido su identidad en un crisol, los neoyorquinos son componentes de un mosaico humano; pueden adaptarse unos a otros cuando la necesidad obliga, como ocurrió en 1965, durante el gran apagón, pero casi siempre prefieren comportarse como unidades independientes. No consienten que la excitación de la participación interfiera con su deseo de individualidad e intimidad.

Naturalmente, la diversidad humana acarrea muchos inconvenientes, pero también tiene consecuencias benéficas. Crea tensiones que conducen a la busca de actitudes y leyes dirigidas a otorgar derechos iguales a todos los ciudadanos, cualesquiera que sean su raza, religión, edad o sexo. La diversidad humana hace de la tolerancia algo más que una virtud; hace de ella un requisito necesario para la sobrevivencia del hombre.

Por otra parte, la coexistencia de diferentes grupos culturales conduce a la emergencia de unidades autocontenidas, competitivas, que exaltan el poder de la comunidad como un todo. La cultura WASP [*White Anglo Saxon People* = gente blanca anglo-sajona] es la mejor para que sea completada por la cultura negra; el ingenio irlandés por el humor judío; las religiones protestantes por la veneración de la Virgen y los santos de la religión católica romana. La evolución social avanza más rápidamente cuando diferentes culturas se ponen en estrecho contacto, pues así pueden intercambiar información y bienes, conservando cada una su originalidad. La existencia en Nueva York de numerosos grupos humanos también facilita y enriquece grandemente los contactos esenciales para el crecimiento económico y cultural.

A Nueva York llega gente de todas partes del mundo con el deseo de compartir la exuberancia de su vida urbana; pero los ambientes naturales de la ciudad son tan diversos como diversos son sus ambientes humanizados. Nueva York tiene 930 kilómetros de línea costera marítima y fluvial —los ríos Hudson, Harlem y Este. Ninguna otra ciudad puede comparársele por la diversidad de sus paisajes acuáticos. La variación de sus cimientos geológicos es también fenomenal, como lo ilustra la diversidad de las tierras arboladas y húmedas que existen en cada una de las cinco entidades urbanas que integran la gran ciudad. Según la estación, Nueva York vive un clima ecuatorial o ártico, y entre estos extremos, toda la gama de variaciones climáticas —y eso sin contar los innumerables microambientes que forman los varios tipos de edificios y la contaminación.

A semejanza de la diversidad humana, la diversidad ambiental hace la vida en Nueva York desconcertante y traumática; pero provee una amplia gama de experiencias, de las cuales toda persona puede elegir las que crea convenientes para formar y cultivar el grupo de personas por ella elegidas. La diversidad ambiental no contribuye a la comodidad, pero ayuda a los seres humanos a descubrir lo que ellos son, lo que hacen y lo que quieren llegar a ser. El neoyorquino puede participar en un interminable flujo de sucesos públicos si quiere escapar de sí mismo; pero también puede hallar albergue en la anonimidad, si cree en la soledad esencial para la creación.

El mundo va aproximándose al momento en que las dificultades del transporte harán imperativo que el hombre encuentre sus placeres cerca de su hogar. Nueva York ha sido tan generosamente dotada por la naturaleza, con diversos paisajes terrestres y acuáticos que, en este aspecto, cabe considerarla líder del mundo. Dentro de los límites de la ciudad existe una inmensa diversidad de ambientes cuasi naturales adecuados para cualquier clase de actividad o de humor, y en consecuencia, dentro de ella se hallan escenarios en que desenvolver el peculiar estilo de vida de cada individuo.

Aunque he ensalzado las ventajas de la diversidad, no se me ocultan las dificultades a que da origen. La diversidad es la raíz de muchos conflictos y propende a hacer el mundo de las cosas y el mundo del hombre ineficientes e inconvenientes. Pero creo que, a la larga, la diversidad es preferible a la eficiencia y a la conveniencia e incluso a la serenidad de la paz absoluta. Sin diversidad, la libertad no es más que una palabra vacua; las personas y la sociedad ya no podrían progresar o evolucionar. Los seres humanos no pueden ser en realidad libres y plenamente creativos si no tienen muchas opciones entre las cuales elegir.

La diversidad humana y ambiental ocasiona dolorosos problemas de cambio y desarrollo; problemas que, de hecho, se presentan en todas las partes del mundo moderno, pero casi siempre más tarde y con intensidad menor que en la ciudad de Nueva York. En su intento de hallar solución a los problemas de la diversidad, Nueva York se comporta como una ciudad experimental para el resto del mundo. La experimentación no proporciona comodidad, sino más bien la esperanza y excitación del descubrimiento. Esta esperanza y esta excitación han hecho de Nueva York un lugar en que encarnan el desafío y los ensueños de aventura del hombre.

Sea en Holanda, en Manhattan o dondequiera que el hombre haya transformado profundamente la superficie de la Tierra, habrá también creado nuevos y valiosos ambientes culturales, pero al mismo tiempo habrá destruido o estropeado valores ambientales naturales. En el curso del crecimiento y de la evolución de una generación a la siguiente se habrán desarrollado estructuras tecnológicas y sociales tan grandes y complejas que la mente humana será incapaz de aprenderlas y comprenderlas plenamente, sin hablar de manejarlas adecuadamente. Ya he mencionado anteriormente algunos de los peligros que en Holanda han derivado del exceso de industrialización y urbanización. Nueva York presenta características aún más desagradables relacionadas con la civilización moderna, pero me limitaré a unas cuantas, de las cuales tengo experiencia directa.

Yo vivo en Manhattan, en un enorme edificio de departamentos. Dirigiendo la mirada a la ciudad y sus cercanías en todas direcciones, desde el piso vigésimonono, veo por todas partes el enloquecedor tránsito de automóviles y la trivialidad deshumanizante de la arquitectura de muchos de los rascacielos recientes. Con frecuencia sueño qué maravilloso hábitat humano podría haber sido si se hubiera desarrollado más "humanamente". Por ejemplo, en 1947, el escritor Paul Goodman y su hermano, el arquitecto Percival Goodman, publicaron un libro sobre la planificación urbana titulado *Communitas,* cuyo texto iba ilustrado con dibujos que demostraban cómo podría haberse construido Manhattan de modo que cada calle ofreciera una vista abierta a una de las costas y, así, caminar por casi cualquier parte de la ciudad constituiría una experiencia placentera.

Los ecólogos están justificadamente preocupados por las armas nucleares, las radiaciones de las plantas nucleares, la contaminación del aire y el agua, la escasez de recursos naturales, la desforestación de las selvas húmedas tropicales, la desertificación y otras formas de pérdida de tierra agrícola; pero el mayor peligro para nuestra civilización urbana y tecnológica podría muy bien ser su misma complejidad mecánica y social. La confusión del tránsito de fuera a dentro y de dentro a fuera de la ciudad de Nueva York, el perturbador flujo de información y de regulaciones que entra y sale de enormes y anónimos edificios de oficinas, la inmensa variedad de mercancías y artefactos que las convenciones sociales nos

199

impelen a utilizar, por lo regular sin rima ni razón, sólo son símbolos de estilos de vida que no enriquecen la vida humana y que ni filosofía o computadora alguna pueden hacer inteligibles a la mente humana.

La complejidad y el tamaño inmenso suelen ejercer efecto paralizante sobre muchos aspectos de nuestras actividades, incluso la creatividad de las instituciones. La mayor parte de las tecnologías realmente nuevas y originales de las últimas décadas no salió de las megacorporaciones, sino de empresas pequeñas o de pequeños grupos de investigadores. Por otra parte, el gran tamaño y la complejidad hacen que, en muchos casos, resulte difícil a las instituciones enfrentarse a problemas más bien simples de la vida cotidiana, que serían de fácil solución en un contexto más reducido; prueba de ello son las dificultades administrativas a que en la actualidad ha de hacer frente la renovación de las aguas costeras de Manhattan.

Habiendo tenido repetidos contactos durante muchos años con las instituciones oficiales de la ciudad y con organizaciones de ciudadanos participantes en este particular problema de las costas, sé que el no haber actuado o haberlo hecho con gran retardo no tuvieron por causa la ignorancia, la indiferencia o la negligencia, sino las dificultades administrativas y económicas inherentes en la complejidad y enorme tamaño de las estructuras urbanas. En contraste, dos casos importantes de mejora ambiental de zonas costeras públicas fueron rápidamente resueltos por la iniciativa privada.

La Bahía de Jamaica, gran bahía atlántica contigua al aeropuerto John F. Kennedy, pero perteneciente a la ciudad de Nueva York, solía estar tan contaminada que era la región más degradada del ambiente urbano. Sin embargo, ha sido restaurada hasta un grado tan excelente de sanidad ecológica que se ha convertido ahora en el refugio para aves más rico de la costa atlántica. Uno de los aspectos más interesantes de este proceso de renovación ha sido el que fuera comenzado por un funcionario civil menor, el señor Herbert Johnson, hijo de un jardinero, que, por propia iniciativa, sin instrucciones oficiales, plantó hierbas, arbustos y árboles adecuados en las islas de basura que había en la bahía. El crecimiento de estas plantas atrajo a las aves, y ello, por fin, animó a las autoridades urbanas a poner en práctica planes más elaborados para salvar la bahía.

Actualmente, uno de los proyectos más excitantes de renovación ambiental en Nueva York es el remozamiento del río Bronx y sus riberas. El río Bronx se encuentra en buen estado mientras corre a lo largo del condado de Westchester y a su entrada en Nueva York a través de una garganta, para pasar a una magnífica arboleda de pinabetes situada en los terrenos del Jardín Botánico de Nueva York. De ahí en adelante, sin embargo, el río y sus riberas, ya dentro de la ciudad, ofrecen uno de los peores ejemplos de degradación ambiental. Afortunadamente, una organización privada, llamada Bronx River Planning and Action Group, ha tomado a su cargo la revitalización del río y de sus orillas, al sur de la línea de demarcación entre el sur del condado de Westchester y la ciudad de Nueva York. De tener éxito, el programa enriquecerá la vida de unas 500 000 personas que viven en esa parte del Bronx. Por añadidura, crearía algunas de las más espectaculares vistas urbanas en zonas ahora gravemente degradadas, especialmente en Hunts Point, donde el Bronx desemboca en el río Este. Probablemente tenga más importancia el hecho de que el proyecto de renovación es producto de iniciativas locales, y ha logrado la participación en la empresa de las comunidades negra y puertorriqueña que habitan en la vecindad del Bronx. El municipio proporciona ahora ayuda económica, lo mismo que algunas instituciones particulares, pero no hay duda de que la iniciativa individual fue decisiva para la iniciación del proyecto y su primer desarrollo.

EL TROTAMUNDOS EN CASA

He pasado incontables horas en aeropuertos internacionales de Norte y Sudamérica, Europa, Asia, Australia e incluso África. Casi todo el mundo piensa que los viajes aéreos internacionales inevitablemente aumentarán la homogeneidad del mundo y, por supuesto, tienen razón, pero sólo en sentido limitado. Nueva York, Londres, París, Francfort, Estocolmo, Roma, Atenas, Sydney, Moscú, Tokio, etcétera, están ligadas por naves aéreas de las mismas clases, que funcionan de acuerdo con las mismas reglas internacionales para el despegue, la navegación y el aterrizaje. Pero incluso una persona ciega puede advertir diferencias entre los aeropuertos de las varias ciudades, por cuanto sus respectivas atmósferas humanas reflejan el condicionamiento nacional de la era anterior a la aviación. Estas diferencias resultan aún más notables si se comparan los aeropuertos internacionales de las islas del Pacífico. Tahití, Fiji y Hawai tienen mucho en común por lo que respecta a clima, topografía, recursos e historia colonial; por lo demás, estas islas están ahora pobladas por gente de similar diversidad: polinesios, malasios, orientales, blancos y otros grupos étnicos. Pero a pesar de la semejanza geográfica y étnica y de la uniformidad tecnológica de los viajes aéreos internacionales, ¿quién puede dejar de advertir la influencia francesa en Haití, la inglesa en Fiji y la norteamericana en Hawai?

Apresurados trotamundos y viajeros universitarios tienen buenas razones para sentirse impresionados por la estandarización de las tecnologías y las formas de vida en todo el mundo; pero yerran al suponer que sus propios intereses y experiencias son los que tienen mayor importancia en la vida cotidiana de los residentes locales. Son pocos los individuos que desean vivir de acuerdo con los hábitos, gustos y preferencias del *"jet set"* internacional. El individuo común suele ansiar el uso de algunas de las técnicas y productos de la tecnología internacional, pero a su propia manera, en el ámbito de sus costumbres locales. Los receptores de televisión son casi los mismos en todo el mundo en un año determinado, pero las canciones de amor que presentan y la expresión facial de los cantantes difieren intensamente al pasar de Sydney a Atenas y después a Londres o París; las diferencias son aún mayores entre la ciudad de Jersey y la capital de Guatemala. El mundo se está transformando en una aldea global en la medida en que varios de sus megasistemas están ligados por la electrónica; pero la vida real de la gente transcurre en pequeños vecindarios en que las noticias transmitidas por los medios globales de comunicación son muchísimo menos importantes que las transmitidas por el chismorreo local en la barbería o la peluquería.

Los científicos —especializados en ciencias duras o

blandas— tienden a interesarse principalmente por los problemas mundiales, por creer que éstos proporcionan información pertinente en cuanto al descubrimiento de leyes generales válidas para toda la humanidad. Las tendencias hacia la uniformidad son lo suficientemente reales para dar la impresión de que las particularidades de cada lugar o de cada grupo social tienen menos interés científico que las generalidades concernientes a estos grupos. Sin embargo, en muchos casos, las manifestaciones de la diversidad son más importantes en la vida cotidiana que las generalizaciones derivadas de la uniformidad, pues proporcionan los materiales de los cuales las personas crean lo que cada una de ellas valora más: la unicidad de su individualidad y de su hogar.

Es mucha la gente que por largo tiempo encuentra útil aprovechar la estandarización tecnológica. El trotamundos, sea motivado por la inquietud, la curiosidad o la búsqueda de conocimientos, puede viajar por extensas partes del mundo sin cambiar sus hábitos. En muchos de los centros internacionales puede comenzar el día con un desayuno de tocino y huevos, o con una o varias clases de pan dulce, si esa es su afición; puede dictar cartas a una secretaria en una oficina con aire acondicionado; puede obtener al momento las cotizaciones internacionales del mercado de valores e inmediatamente telegrafiar instrucciones a su agente; puede recibir información sobre los acontecimientos actuales en el mundo de la política o la tecnología; puede comprar objetos de recuerdo hechos en Hong Kong o Taiwan; para cenar, podrá tener *roast beef* con vino francés o *sushi* con té y *saki;* terminar el día con *whiski* escocés, *cognac, brandy* o *vodka*, mientras discute las elecciones de

Estados Unidos, cualquiera de los movimientos de liberación o las nuevas tendencias de la literatura y la pintura, con personas que, lo mismo que él, han obtenido información esquemática por medio de alguna de las revistas internacionales.

Desde casi cualquier punto de la Tierra, el trotamundos puede comenzar la siguiente etapa de su viaje con la seguridad de que encontrará dentro de un radio de 150 kilómetros aeroplanos de reacción con profesionales políglotas que le servirán manjares internacionales, bebidas, cigarrillos y *souvenirs*, todos ellos presentados con sonrisas internacionales. La única diferencia significativa entre distintas líneas aéreas podría ser que la azafata japonesa pasee unas cuantas veces por el aeroplano vestida con un colorido quimono; la azafata francesa ofrezca alimentos y bebidas con acento de la Comedia Francesa; la azafata norteamericana lleve un llamativo uniforme cuyo estilo probablemente cambiará cada año. Sin duda, nuestro mundo va haciéndose cada vez más estandarizado, cuando lo observamos mientras volamos de un continente a otro en busca de contactos con grupos internacionales.

La Tierra pierde buena parte de su carácter de aldea global cuando uno sigue a los viajeros en su camino de regreso a casa. En el aeropuerto J. F. Kennedy, hombres de negocios o universitarios, japoneses o franceses visten los mismos trajes y llevan intercambiables carteras de *attaché*. Los hombres de negocios japoneses visten sus trajes occidentales mientras informan a su oficina en Tokio, pero se despojarán de ellos, vestirán un kimono, y comerán manjares japoneses por medio de palillos cuando lleguen a su casa. El hombre de negocios francés probablemente desayune huevos fritos con tocino y beba cocteles antes de las comidas, mientras esté en Estados Unidos, pero cambiará a panecillos y medias lunas o *croissants* junto con café bien negro por la mañana y beberá vino con las demás comidas cuando pare en Francia. El pensamiento y la conducta globales son esenciales para los viajeros que recorren el mundo para tratar de problemas globales; pero los aspectos más personales y placenteros de la vida individual probablemente estarán relacionados con las actividades cotidianas peculiares del lugar de su residencia permanente.

Si bien los seres humanos son en lo esencial semejantes desde el punto de vista biológico, las características nacionales y regionales son resultado de accidentes históricos que han condicionado a grupos humanos habitantes de determinadas regiones durante muy largo tiempo, por la influencia de cierto conjunto de fuerzas ambientales y sociales. Al final de las guerras mundiales, los nacionalismos se desacreditaron y casi fueron rechazados por considerarlos fuerzas irracionales destructivas a las que la tecnología internacional había dejado obsoletas. Mas si bien es cierto que el concepto abstracto de nacionalismo se bate en retirada, las naciones sobreviven y sin duda siguen representando un papel esencial por servir a una fundamental necesidad de parentesco otrora satisfecha por el sistema tribal.

En su ensayo *The English People,* George Orwell pregunta retóricamente: "Existen realmente cosas tales como las culturas nacionales?" A lo que contesta, como hiciera Samuel Johnson cuando se le preguntó sobre la existencia del libre albedrío, que ésta es una de las cuestiones ante las cuales el pensamiento científico es de un parecer y el conocimiento instintivo de otro. No es necesario adoptar la doctrina hitleriana según la cual las naciones se basan en diferencias raciales y en una *Verbundenheit mi dem Boden* [el arraigo en la tierra] para aceptar como hecho empírico la existencia de diferentes culturas nacionales, regionales y étnicas. El sentimiento nacional es primero y fundamentalmente cultural, un estado mental basado en una comunidad de pasadas experiencias, de intereses y gustos actuales y, casi siempre, de aspiraciones mal definidas y sin embargo, influyentes. Los norteamericanos son tan hostiles a comer carne de caballo como los franceses a comer pan de maíz. Los pintores y arquitectos chinos y japoneses se sienten orgullosos de imitar a los grandes maestros de su pasado, así como las creaciones de éstos, los occidentales prefieren la originalidad en todas las formas del arte. Los ingleses aspiran a una forma de libertad democrática que no parece atraer mucho a las masas soviéticas.

En la práctica, casi todos los miembros de una determinada sociedad deben comportarse tal como se espera que lo hagan. En parte, esto se justifica porque facilita la vida, pero en parte mayor porque la gente ha sido condicionada a que le guste lo que en su sociedad se considera deseable y, por tanto, hallar modos de conducta personalmente remuneradores. Así, aunque no hay razón para creer que todos los miembros de una nación comparten cualidades derivadas del parentesco por la sangre o de características naturales de la tierra donde habitan, la simple observación revela que un conjunto distintivo de actitudes intelectuales y conductuales están vinculadas con los adjetivos norteamericano, inglés, francés, alemán, griego, italiano, ruso y español. De modo análogo, las palabras chino y japonés denotan gustos y actitudes de conducta que han subsistido diferentes durante siglos, independientemente del régimen político. El crítico social norteamericano Max Lerner no bromeaba del todo cuando dijo que en Inglaterra está permitido todo aquello que no está prohibido; en Alemania está prohibido todo a menos que esté permitido; en Francia todo está permitido aunque esté prohibido y en la Unión Soviética todo está prohibido aun cuando esté permitido. Admitiendo que estas declaraciones son simplificaciones excesivas, sí son, no obstante, bastante ciertas para ilustrar qué grupos de personas a quienes los accidentes de la historia han forzado a vivir juntas durante varias generaciones tienden a compartir un cuerpo de ideas, valores y gustos que gobiernan sus vidas.

Las características nacionales rara vez se desarrollan como resultado de presiones exógenas. Evolucionan espontáneamente como una estructura de relaciones generada por el interjuego constante de las fuerzas que obran sobre determinado país. Son expresiones no de la raza y el clima, sino decisiones humanas basadas en la aceptación colectiva, sea voluntaria o por la presión social de ciertas convenciones y mitos. En su ensayo *The English People,* Orwell afirmaba que: "Aquellos mitos en que se cree tienden a convertirse en verdades, porque fijan un tipo de persona a la que la persona común hará lo posible por parecerse." Según Orwell, la valiente conducta del pueblo inglés durante la segunda Guerra Mundial "se debió parcialmente a la existencia de la 'persona nacional', es decir, a la idea preconcebida que de él mismo tenía" [el inglés]. Las naciones necesitan héroes como símbolos concretos de lo que ellas mismas se imaginan ser.

Pese a sus declaraciones de internacionalismo, el régimen bolchevique fue intensamente nacional desde su mismo comienzo. Tan pronto que a mediados de la década de los veinte, ya había desarrollado una profunda afección por los primeros maestros de la literatura rusa y seguido el precepto de Lenin según el cual los valores culturales del pasado aportarían los cimientos para los valores culturales del futuro. Esta actitud nacional tiene hondas raíces en la literatura rusa. Por ejemplo, Turgueniev solía hablar del "insondable cisma" entre la concepción rusa de los problemas sociales y las opiniones que sobre el mismo sujeto sostienen los franceses, ingleses, alemanes y demás europeos. Incluso el aristócrata anarquista, el príncipe Peter Kropotkin, que había afirmado desde mucho antes que las diferencias relativas a la justicia y el orden social existían únicamente entre las clases medias de las varias naciones, también llegó a darse cuenta de que los obreros veían las cosas muy diferentemente, según cual fuera su nacionalidad. La preocupación por la cualidad de la "rusiedad" que inspira a casi todos los escritores rusos ha sido vívidamente expresada por Soljenitsyn, ganador del premio Nobel, aun cuando ha sido desacreditado por el Kremlin a causa de sus opiniones políticas. En el primer capítulo de su novela *Agosto de 1914*, Soljenitsyn presenta el nacionalismo ruso no como una idea, sino como una reacción emocional hondamente arraigada en el inconsciente. La "rusiedad" tiene algo que ver con la tierra, y todo con el pueblo, sus creencias y su lengua. No guarda relación con las ideologías políticas y es tan natural como un árbol profundamente enraizado en el subsuelo de una cultura que asciende hacia el cielo en un deseo de trascender la situación inmediata. Para Soljenitsyn, *Rusia no es un lugar en el mapa, sino una imagen configurada por los rusos* (bastardillas del autor), de la misma manera que Inglaterra era para George Orwell el ambiente cultural para una actitud formulada por el pueblo inglés.

De hecho, el territorio ocupado por determinado pueblo puede perderse sin que por ello se desintegre la identidad nacional. Tal persistencia de la identidad es bien conocida en el caso del pueblo judío; pero también se ha observado en otros muchos pueblos, por ejemplo, los indios yaquis, los navajos y los cheroquis han sobrevivido como pueblos a pesar de haber sido desalojados del todo o en parte de su primitivo territorio tribal. El individualismo nacional también suele sobrevivir a la dominación política. El pueblo de la República de Irlanda siente y expresa su continuidad con los irlandeses de hace más de mil años. Fueron parte del Reino Unido durante un larguísimo periodo, pero testarudamente han rechazado siempre aun la sombra de una identificación con los ingleses. Por lo demás, hay pruebas de que las experiencias trágicas suelen reforzar la identidad de los grupos sociales y de las naciones, y sin duda ayudan al pueblo a mantener el concepto que tiene de sí mismo y de su identidad colectiva en un amplio conjunto de ambientes socioculturales. Excepto en un sentido biológico limitado, no es el pasado real el que conforma la opinión que tenemos de nosotros mismos y genera las normas de nuestra conducta; lo que realmente influye es la imagen que del pasado nos hemos formado.

Alejandro Blok, que fue uno de los más conocidos simbolistas rusos de comienzos del siglo xx, trataba en su ensayo "El colapso del humanismo" de diferenciar entre civilización y cultura. Para él, la civilización resalta las posesiones materiales, el tiempo del calendario y el crecimiento de las especialidades. En contraste, la cultura sería la realidad "musical" que une al espíritu con la carne, a la humanidad con la naturaleza; sería una fuerza auténticamente elemental. "Grande es nuestra memoria elemental... los sonidos musicales de nuestra cruel naturaleza han resonado en los oídos de Gogol, Tolstoi y Dostoyevski." Vaga como es la distinción entre civilización y cultura, ayuda a elucidar por qué la tecnología internacional no ha destruido todavía el individualismo nacional. Explica también algunas de las fuerzas que han hecho del espíritu nacional una poderosa fuerza creadora.

En todo el mundo, los hombres han dado forma a la tierra donde viven. Han remplazado gran parte del suelo natural por campos agrícolas, pastizales, jardines y parques, que se nos han hecho tan familiares que no es raro creer que tienen origen natural. Dondequiera que esta influencia se ha aplicado con inteligencia, la humanidad y la naturaleza han entrado en una relación simbiótica que ha modificado a una y otra, creando así las características de cada región y de cada nación, y dando forma a cada civilización particular. La Tierra, o cualquier lugar particular en ella pueden considerarse sólo como un sistema físico para soportar la vida, mientras que las palabras "patria" o "nación" denotan un ambiente emocionalmente transformado por el sentimiento.

Por supuesto, existen muchas expresiones de la naturaleza que no han sido así humanizadas. Cuando la corriente de los acontecimientos naturales no es perturbada produce un tipo de agresticidad que excede generalmente y con mucho, la fuerza emocional de los paisajes creados por el hombre. Sin embargo, en nuestra vida cotidiana, rara vez nos desenvolvemos en el ámbito natural, y casi nunca permanecemos pasivos frente al mundo natural. Nosotros lo cercamos, lo manipulamos y, más tarde, lo utilizamos para fundar ambientes adecuados a nuestras necesidades, pero también, y aún más, a nuestras tradiciones y aspiraciones. Pero al insertar nuestros sueños y nuestro sentido de orden en el determinismo ambiental transformamos la materia prima de la naturaleza en lugares que integran los materiales provistos por la agresticidad con los de nuestra naturaleza humana, en un proceso creativo verdaderamente simbiótico.

Como gran parte de los paisajes actuales reflejan cierto género de intervención humana, podrían ser diferentes de lo que son; pero ello no significa que pudieran ser casi cualquier cosa. Para ser viables, los ambientes humanizados deben ser compatibles con las restricciones ambientales. Sin embargo, es cierto que un determinado ambiente en una sociedad estabilizada suele ser el producto de un largo proceso de adaptación, con el resultado último de que la sociedad hace del ambiente una dimensión de sí misma. Si vive gente en un lugar durante tiempo suficiente, la cualidad del lugar se incorpora a la sustancia de su vida.

La relación entre el paisaje y la humanidad puede considerarse una *simbiosis* verdadera, pues comprende fuerzas biológicas que comportan cambios creadores en ambos componentes del sistema. Pero existe también un gran elemento de elección consciente en la mayor parte de las intervenciones de la humanidad

212

en sistemas naturales. Los grupos sociales, al igual que los individuos, nunca *reaccionan* pasivamente a las situaciones ambientales; en lugar de ello, *responden* a ellas de manera intencional. Como decía antes, se sabe desde hace tiempo que los ambientes variables y retadores favorecen el crecimiento de la civilización, provenga el desafío de estímulos topográficos, climáticos o sociales. Sin embargo, las civilizaciones no emergen de reacciones pasivas de los grupos sociales a dichos estímulos; son reacciones intencionales que intentan crear formas de vida elegidas.

He dicho repetidas veces, en partes anteriores de este libro, cuán profunda e irreversiblemente he sido condicionado por mis experiencias en Francia durante mi niñez y mi juventud. Podría haberme extendido sobre la tendencia francesa a resaltar los aspectos locales de la vida, citando a Voltaire cuando se burlaba de las generalizaciones del profesor Pangloss acerca de los problemas del mundo y exponía por voz de Cándido su opinión según la cual lo primero que tenemos que hacer es cuidar nuestro jardín. Pero en lugar de ello, presentaré imágenes y aserciones de otro escritor francés, Antoine de Saint-Exupery, pionero de la aviación francesa cuya vida y escritos ilustran cómo uno puede interesarse en lo universal y, sin embargo, dar a este interés una expresión francesa característica.

Poco antes de su muerte, ocurrida mientras realizaba una misión aérea a fines de la segunda Guerra Mundial, Saint-Exupery escribió a uno de sus amigos de Francia que él siempre había querido viajar, pero nunca emigrar. *J'ai appris tant de choses chez moi que ailleurs seront inutiles* [He aprendido en casa tantas cosas que en otro lugar serán inútiles].

Y proseguía: *Si je diffère de toi, loin de te léser, je t'augmente* [Si difiero de ti, lejos de dañarte te enriquezco], *Tu m'interroges comme on interroge le voyageur* [Tú me interrogas como uno pregunta al viajero]. Éstas fueron algunas de las muchas declaraciones mediante las cuales Saint-Exupery comunicaba su convicción de que la mejor manera de que cada persona en cada lugar contribuya al mundo es afirmar su propia identidad.

Los mensajes de Saint-Exupery en su libro *Le petit prince* tienen tal significación universal que el libro se ha traducido a muchos idiomas y todavía sigue leyéndose. Y sin embargo, ¿qué puede ser más francés que la afirmación de Saint-Exupery de que una rosa, un cierto zorro y una paisaje particular poseen valores que no dependen de sus cualidades intrínsecas, sino del hecho de que el principito ha cuidado de ellos y los ha hecho parte de su propio ser?

Los norteamericanos exaltan las virtudes de la naturaleza salvaje. Por el contrario, muchos franceses propenden a encontrar un significado más rico en aquellos aspectos de la naturaleza que ellos han humanizado o, más exactamente, para utilizar las palabras de Saint-Exupery, han "domesticado". Los diccionarios traducen el verbo *apprivoiser* por la palabra "domesticar", "amansar", pero hay mucho más en *apprivoiser* que en el verbo inglés *to tame* ["amansar"]. En *Le petit prince,* Saint-Exupery hace que el zorro diga al niño: *On ne connaît que les choses que l'on apprivoise, dit le renard. Les hommes... achètent des choses toutes faites chez les marchands. Mais comme il n'existe pas de marchands d'amis, les hommes n'ont pas d'amis. Si tu veux un ami, apprivoise moi.* En español diría así: "Uno sólo conoce las cosas que domestica, dijo el zorro. Los hombres [...] compran las cosas ya hechas en los comercios. Pero como no hay comercios que vendan amigos, los hombres no tienen amigos. Si quieres un amigo, amánsame." Tal como Saint-Exupery usa la palabra *apprivoiser* no significa simplemente domesticar, amansar. Implica experiencia emocional compartida, comprensión y aprecio mutuos. En realidad, el zorro da al principito instrucciones detalladas relativas a los ritos mediante los cuales el simple conocimiento se torna en amistad verdadera —una clase de relación que es intensamente "local", pues comprende sólo dos participantes que desarrollan normas de comportamiento para expresar su exclusiva relación.

Cada país y grupo étnico tiene su propio sistema tradicional de relaciones y ritos íntimos no sólo entre personas, sino también entre éstas y la Tierra. Es este sistema tradicional el que hace a los trotamundos sentir y conducirse diferentemente cuando regresan a su hogar y les hace entonces exclamar al llegar a su destino: "Ésta es mi casa." "No hay lugar como el propio hogar", pues los aspectos más exclusivos e importantes de la propia individualidad son precisamente los que han sido configurados por los ambientes en que uno se ha desarrollado y ha actuado.

IV. LA TENDENCIA NO ES EL DESTINO

El síndrome de Beauvais

Las historias de Manhattan y de Holanda ilustran de qué manera varios grupos humanos han evolucionado social y tecnológicamente a lo largo de diferentes canales para resolver problemas originados por sus actividades y aspiraciones o por condiciones naturales. Manhattan y Holanda también ilustran que las civilizaciones suelen desarrollar hasta el absurdo algunas de las actitudes prácticas y técnicas a que debieron su éxito inicial. La arquitectura del rascacielos es una forma conveniente para compensar la escasez de espacio, y causa excitación visual en las ciudades modernas; pero a menudo también produce trauma psíquico y cansancio estético. El uso del automóvil fue al principio una manera placentera de aumentar la libertad de movimiento, pero se ha convertido en una peligrosa adicción social. Felizmente, tendencias que parecen suicidas pueden interrumpirse antes de que hayan causado daño irreparable. Aun cuando todas las civilizaciones acaban por morir, algunas de ellas, como el ave Fénix, son capaces de renacer de sus cenizas.

La arquitectura gótica ofrece excelente ejemplo, bien documentado, de una técnica admirable que se llevó demasiado lejos, hasta el punto de hacerse peligrosa. Los primeros grandes logros de la arquitectura cristiana se consiguieron en el estilo románico. Todavía hoy sobreviven maravillosos monasterios e iglesias de aquel primitivo periodo, y es probable que la arquitectura románica hubiera evolucionado muy adelante, siguiendo sus propias líneas, de no haber sido por la influencia de un hombre extraordinario al que la historia conoce con el nombre de abate Suger.

Suger nació en 1080 o 1081 cerca de Saint-Denís, a cinco kilómetros de mi aldea natal, Saint-Brice. Se educó en la iglesia, ingresó en la orden monástica de los benedictinos y, a temprana edad, llegó a consejero de confianza de los reyes franceses, primero de Luis VI, después Luis VII. Se le eligió prior de la gran abadía benedictina de Saint-Denís en 1122 y actuó como regente de Francia mientras el rey Luis VII estuvo fuera, en la segunda cruzada. Suger, además de ser de baja estatura, se dice que era físicamente débil, pero fue hombre de inmensa energía y dotado de genio administrativo, que aplicó a sus responsabilidades religiosas y al gobierno de Francia.

La abadía de Saint-Denís se había fundado en el siglo VII y después se reedificó y dedicó a Carlomagno en 775. Hacia 1135, Suger emprendió la obra de remplazarla por un edificio mucho mayor y de un estilo arquitectónico diferente. Esta nueva abadía, que todavía existe, marca la primera transición en gran escala del estilo románico al gótico. Inmediatamente constituyó un hito religioso y se usó como lugar de inhumación para los reyes y sus familias, hasta la Revolución francesa.

A unos 32 kilómetros al norte de Saint-Denís y aproximadamente a 16 de la aldea de Hénonville, donde me crié, la pequeña ciudad de Senlis comenzó en 1155 la construcción de una catedral que fue durante cierto tiempo, junto con la abadía de Saint-Denís, la más hermosa expresión de la arquitectura gótica primitiva. De entonces en adelante se edificaron en toda Europa numerosas catedrales e iglesias de estiló gótico, especialmente en Francia. Si bien todos estos edificios derivaban su inspiración arquitectónica de Saint-Denís y Senlis, cada ciudad trató de sobrepasar a las demás en el tamaño y altura de sus catedrales y en la temeridad de su arquitectura. La bóveda de la nave de Nôtre Dame de París, terminada en 1163 tuvo la marca de altura, con sus 30.5 metros. En 1194 la sobrepasó la catedral de Chartres, con 34.75 metros y en 1212 la de Reims, con 38.1 metros, en seguida desbancada por la de Amiens, en 1221, con 42.7 metros. La competencia entre las ciudades fue una fuerza motivadora del diseño arquitectónico por lo menos tan poderosa como la glorificación de Dios. La bóveda de la catedral de Amiens era tan alta que daba sensación de inseguridad, pero su esplendor y atrevimiento despertaron los celos de los ciudadanos de Beauvais, pequeña población al sur de Amiens, situada a 16 kilómetros de la aldea de Hénonville. En 1247, Beauvais comenzó la construcción de su catedral, con la intención de elevar la altura de su bóveda 4 metros por encima de la de Amiens. Además, Eudes de Montreuil, arquitecto de la nueva catedral, osó aumentar la sensación de amplitud y de luminosidad mediante la reducción del número y grosor de columnas y arbotantes. De esta manera, la luz inundaba el interior a través de los ventanales, notables por su estrechez y sus 18.3 metros de altura. El coro se terminó en veinticinco años, pero la bóveda se quebró en 1284, doce años después de terminada. Durante los siguientes cuarenta años, se fue reforzando el coro, pero a costa de algo de su cualidad etérea. La construcción se interrumpió durante la guerra de los Cien Años contra Inglaterra, pero se reanudó en 1500. Se comenzaron los gigantescos cruceros y se edificó una torre linterna en 1552, sobre la unión de los cruceros, hasta una altura de 152 metros. La catedral de Beauvais era entonces la más alta y atrevida estructura arquitectónica de todo el mundo; pero se hundió en 1573, el día de la Ascensión (uno de los tres Jueves Santos de la liturgia católica), afortunadamente unos minutos después de que la multitud de los fieles saliera de la catedral para recorrer la ciudad en procesión. Los arquitectos medievales habían adquirido una injustificada confianza en su habilidad y habían llevado la arquitectura gótica más allá del punto de seguridad. El desastre significó el fin de este estilo arquitectónico, y el del Renacimiento lo remplazó en toda clase de edificios, incluso catedrales e iglesias más pequeñas.

Muchas otras civilizaciones cayeron en parecido exceso de confianza en la eficiencia social y tecnológica que explicaron su éxito inicial. En la antigua China, la disciplinada y refinada sabiduría de los funcionarios contribuyó durante largo tiempo a la calidad de la gobernación, pero acabó conduciendo a la parálisis del mandarinato. En Francia, la centralización de la autoridad durante los reyes por derecho divino contribuyó a constituir una gran fuerza en la política nacional e internacional; pero en último término condujo a la revolución. En nuestro tiempo, el escandaloso consumo de energía y recursos, la insensata multiplicación de los automóviles y la siempre creciente complejidad de las aglomeraciones urbanas son los equivalentes del síndrome de Beauvais. Inevitablemente nos conducirán al desastre si la civilización occidental sigue admitiendo el crecimiento material como valor dominante. La historia demuestra que la eficiencia tecnológica, la prosperidad económica y la organización política nunca han bastado para asegurar que una sociedad logre el éxito y persista en él. Las instituciones humanas han de mantenerse unidas por fuerzas cohesivas de índole espiritual. El poder de tales fuerzas espirituales explica la supervivencia de muchos grupos étnicos a pesar de siglos de subyugación política, como es el caso de los judíos, los irlandeses, los amerindios, los vascos, etcétera. Las fuerzas espirituales son también factor dominante en el ascenso y caída de instituciones sociales y religiosas, y sin duda de las naciones-estado y los imperios.

El poder material y las fuerzas espirituales

En la época del nacimiento de Jesús, Roma era el centro administrativo y económico de un inmenso imperio. A Augusto se le había otorgado el título de cónsul, el de príncipe y el poder del tribuno. Viajaba incesantemente por el imperio para obtener familiaridad directa con sus problemas. Restauró el orden social en la tierra, reorganizó el ejército, reforzó las fronteras, reformó los impuestos y la administración de la ley; patrocinó las artes y la literatura y ayudó a definir las formas arquitectónicas romanas. Bajo su mandato florecieron Livio, Ovidio, Horacio y Virgilio. Por lo menos tan importante como las reformas en el dominio material fue el nuevo prestigio que dio a la vieja religión pagana, asociada con valores patrióticos. Esta política consiguió reducir los conflictos en Italia e incrementó la importancia de lo espiritual en la vida. Testimonio de la sanidad de las estructuras sociales y administrativas establecidas y animadas por Augusto es el hecho de que perduraron y frecuentemente funcionaron bien durante los tres siglos posteriores a su muerte.

Durante la época de Augusto, y en gran parte gracias a él, el imperio fue aproximándose a su fase más próspera y estable. Escribiendo sobre la era de los Antoninos, Edward Gibbon afirmaba que la raza humana jamás había sido tan feliz como durante ese periodo, unos cien años después de la muerte de Augusto. Pero el cuadro ofrece también otra faz —los males de la esclavitud, la pauperización del pueblo urbano, la concentración de privilegios en las clases superiores —símbolos todos de una deficiencia de los valores espirituales que probablemente jugó importante papel en la aceptación final del cristianismo por muchas clases sociales diferentes, inclusive las beneficiarias del estado de cosas prevaleciente.

Los funcionarios públicos del Imperio romano eran muy hábiles en ingeniería y organización; llevaron alimentos, agua, materias primas y bienes manufacturados procedentes de todas las partes del mundo entonces conocido. Construyeron inmensas edificaciones, calzadas y acueductos, muchos de los cuales siguen aún en uso. En realidad, desarrollaron una civilización técnica que llegó casi a los límites de lo factible antes de la invención de la máquina de vapor. Pero la civilización romana fue casi exclusivamente materialista y no satisfacía los anhelos espirituales.

Conforme fue creciendo el imperio, también lo hicieron las amenazas contra él, tanto las interiores como las exteriores. Había insatisfacción en Italia entre las provincias y clases sociales menos favorecidas. La grave dependencia de las importaciones de alimentos y de materias primas creaba problemas financieros, especialmente al hacerse menos productivos los graneros de Italia y de África del Norte, a causa del mal manejo de la tierra. Fuera de Italia, los bárbaros del norte y del oriente de Europa nunca fueron absolutamente controlados. Los problemas de Roma se habían hecho tan formidables en la época de la muerte de Marco Aurelio, ocurrida en el año 180 d.c. que, en palabras del senador e historiador Dio Casio, la edad de oro se había convertido en la edad del hierro. Probablemente, tuvo más importancia la pérdida progresiva de los valores espirituales que habían hecho la grandeza de Roma. Los bárbaros destruyeron el imperio desde el exterior, pero lo lograron principalmente porque lo había debilitado en el interior la pérdida del sentimiento de orgullo y obligación que había hecho a Roma capaz de dominar el mundo mediterráneo y parte de la Europa occidental.

Jesús nació aproximadamente ocho años antes de la muerte de Augusto, en una época en que el imperio parecía indestructible. En aquel tiempo, también la sinagoga gobernaba suprema sobre la vida de los judíos en Palestina, tanto sobre las creencias religiosas como sobre la conducta social; los valores en ella atesorados parecían tan permanentes como los que la ley romana guardaba. Los partidarios y seguidores de Jesús no tenían organización social, excepto por la práctica de su fe y el consenso acerca de los valores; pero su espiritualidad les daba un poder que los hacía capaces de sobrevivir a la hostilidad y las persecuciones, agrandar sus comunidades y finalmente sustituir el orden social existente. ¿Quién podría imaginar durante el periodo de la Pax Romana que el imperio romano se hundiría bajo los golpes de los bárbaros y que los bárbaros mismos aceptarían rápidamente las enseñanzas de la Cruz?

Nada sabemos de la vida de Jesús, salvo los pocos hechos registrados en el Nuevo Testamento. Probablemente, lo más importante fue su decisión de sacrificarse por el bien de los valores espirituales. Podría haber elegido no regresar a Jerusalén y, en consecuencia, evitar el juicio que lo condujo a la crucifixión; pero se expuso deliberadamente, simbolizando así que la entrega a una causa es a menudo más poderosa que el obvio determinismo en cuanto a figurar el curso de los sucesos.

La historia del Islam demuestra también que los valores espirituales pueden ser más poderosos que las fuerzas materiales por lo que respecta a configurar la historia. Mahoma nació en La Meca hacia el año 570 de la era cristiana y pasó sus primeros años en la pobreza, como pastor. Aunque acabó siendo mercader, en edad temprana de su vida se formó el hábito de retirarse periódicamente a la montaña a meditar y orar. En 610, a la edad de cuarenta años, tuvo una visión durante la cual el arcángel Gabriel le reveló las palabras de Dios y le ordenó memorizarlas y enseñarlas a otros seres humanos. Mahoma no comenzó a predicar sino hasta 613, cuando, al típico estilo beduino, informó sobre su experiencia espiritual por medio de recitaciones adornadas de vívidas comparaciones y exhortaciones. Proclamó la existencia de un Dios único y todopoderoso, creador del universo, un Dios de gracia tanto como de justicia.

Hizo algunos conversos en La Meca, el primero su propia esposa, pero la comunidad local lo rechazó. Por consecuencia, huyó al oasis de Medina, donde consiguió conversos que lo hicieron capaz de lograr el control de La Meca, en enero de 630. Cuando murió, en 632, prácticamente toda la península arábiga se había convertido a su doctrina del monoteísmo y a las reglas de conducta que le habían sido dictadas durante sus visiones. Los biógrafos de Mahoma coinciden en que su influencia no se debió a la enseñanza doctrinaria, sino que la ejerció gracias a su ascendencia moral y agudeza política. Enseñó en forma de recitaciones en prosa oracular rimada. Estas recitaciones (*āyāt*), reunidas en 117 capítulos o suras forman el *al-quar'-ān* [en español Alcorán o Corán]. En sus recitaciones se refiere frecuentemente al "islam", que significa "obediencia a la voluntad de Dios" (Alá). La palabra islam vino a ser desde entonces el nombre de la religión que predicó y fundó.

Los partidarios de Mahoma continuaron extendiendo la fe del Islam por medio de las armas con tal vigor que un siglo después de su muerte habían fundado un imperio que se extendía desde los Pirineos en Francia hasta las montañas de Pamir, en el Asia central. España, el norte de África, Egipto, el Imperio bizantino, al sur de las montañas de Taurus y el Imperio persa: todo este inmenso conjunto de pueblos se fundieron en una unidad política que se extendía 4 800 kilómetros de este a oeste, abrazaba gran diversidad de naciones y regiones y rivalizó en tamaño con el Imperio romano en su mejor época.

Los árabes consiguieron mantener el control sobre las tierras que habían conquistado por más de un siglo, pero las diferentes partes del imperio trataron de reconquistar su libertad política tan pronto como los árabes comenzaron a perder la apasionada espiritualidad que les había inculcado Mahoma. Aunque muchos (pero no todos) de estos países conservaron la fe islámica, el imperio se transformó en un mundo de distintos Estados, a menudo enemigos unos de otros, conscientes de una común identidad basada en la fe religiosa, pero divididos por lealtades tribales y raciales. Cuando los mogoles invadieron el mundo islámico en la Edad Media, el imperio árabe original había dejado de existir mucho tiempo antes, a causa de haber perdido la pasión espiritual que le había imbuido Mahoma.

La fenomenal capacidad del espíritu humano para superar fuerzas materiales y conformar acontecimientos es más fácil de percibir en situaciones históricas identificadas con una persona particular, como es el caso con Jesús, Mahoma o Gandhi— una persona que, enfrentada a un problema, decide actuar, aun cuando ello lleve a su sacrifico. En muchos casos, sin embargo, las innovaciones sociales y políticas no son resultado de la influencia superpoderosa de una sola persona, sino de cambios ocurridos en grupos limitados de personas que inician una nueva manera y preparan así el terreno para la acción de las masas. Por ejemplo, el mundo moderno ha sido en gran parte configurado por los filósofos de la Ilustración, que formularon la doctrina racionalista de la naturaleza y de la humanidad y finalmente condujeron al desarrollo de la civilización tecnológica y a la aceptación del gobierno constitucional. En nuestro siglo, el nacimiento de Israel como Estado independiente, y de Japón como nación occidentalizada, tampoco ha sido consecuencia de espectaculares hazañas individuales, sino de cambios colectivos de las costumbres.

Muchos héroes han representado algún papel en el nacimiento o fundación del Estado de Israel, pero el movimiento sionista en sí tuvo una génesis difusa. El sionismo tuvo su origen en la Europa central y oriental a finales del siglo pasado, con fundamento en la ancestral adhesión cultural de los judíos a Palestina, en la que una de las colinas del antiguo Jerusalén llevaba el nombre de Sión. Esta antigua vinculación sentimental con Palestina se intensificó cuando las políticas antisemitas convencieron a ciertos intelectuales judíos de que sus ideales sólo podrían convertirse en realidad en Palestina, la patria ancestral.

Los primeros asentamientos agrícolas en Palestina los fundó en 1882 una lenta inmigración de jóvenes judíos; la migración de otros fue financiada por el barón Edmond de Rothschild, de París, y en 1900 había veintidós colonias y cuarenta y siete en 1918. A partir de entonces, el movimiento sionista siguió avanzando, pero ya con diferente fundamento social. Ciertos sionistas querían aprovechar los asentamientos agrícolas ya fundados para crear una sociedad realmente nueva basada en principios socialistas e incluso comunistas; muchos de los primeros *kibbutzim* casi llegaron a este ideal. Otros sionistas no creían que fuera deseable fundar un Estado judío independiente, sino establecer un centro cultural judío en casi cualquier parte del mundo, que sirviera como lugar para la regeneración del judaísmo y la expansión de su influencia espiritual. Todavía otro grupo de sionistas concedía mayor importancia a los aspectos religiosos de la empresa e insistía en la estricta observancia de las leyes religiosas en la vida judía. Finalmente, había muchos judíos hostiles al principio mismo del sionismo y a la fundación de un Estado judío separado e independiente.

Las atrocidades antisemitas perpetradas durante la segunda Guerra Mundial por la Alemania nazi probablemente hicieron inevitable la fundación de un nuevo Estado de Israel. Cualquiera que sea su destino final, su éxito fenomenal en muchos aspectos socioculturales y tecnológicos de la vida demuestra una vez más que la determinación y la voluntad humanas pueden superar casi cualquier obstáculo natural. Israel es la sede de una multiplicidad simultánea de experimentos sociales que varían de los cuasi comunistas *kibbutzim* hasta las industrias capitalistas de Haifa; o desde la rigidez conservadora del jasidismo al espíritu aventurero de las grandes universidades. La ocurrencia simultánea de todos estos experimentos sociales en un pequeño territorio, con escasa población y recursos naturales limitados, nos ofrece la seguridad de que la humanidad no ha perdido su capacidad de elegir, imaginar y, en consecuencia, crear.

La modernización de Japón comenzó a mediados del siglo XIX con cambios que revolucionaron el poder político, hasta entonces mantenido por señores feudales en nombre del trono imperial. La revolución ocurrió durante el reinado de Mutsujito, quien tomó el nombre de *Meiyi* (despotismo ilustrado) en

1868. Los líderes del *meiyi* se dieron cuenta de que Japón carecía de poder militar para evitar que norteamericanos y europeos se apoderasen de su territorio, comerciasen con sus habitantes y cambiaran así el estilo de vida japonés. Reconociendo que el poder occidental dependía del constitucionalismo, la unidad nacional, la industrialización y la fuerza militar, enviaron misiones a estudiar diversos aspectos de la vida gubernamental y tecnológica de Estados Unidos y Europa. Pronto se llevaron a la práctica algunas reformas políticas y el gobierno dio comienzo a un programa de industrialización que pronto traspasó a inversores particulares. Se efectuaron esfuerzos para sustituir la lealtad feudal por la lealtad nacional. Con este fin, se dio elevada posición al culto *shinto* en la jerarquía política, con objeto de complementar el budismo con el culto a las deidades nacionales. Se aprovechó el sistema de educación universal, establecido en 1873, para desarrollar un cuerpo de "ética" fundado principalmente en la ideología del *shinto* y en los hábitos de vida de los japoneses. La lealtad al emperador, emparejada con las enseñanzas de Confucio y la reverencia al *shinto* se convirtió en el centro de la moral social.

El éxito de la revolución del *meiyi* se hace evidente en el crecimiento industrial de Japón y en la aún más espectacular recuperación de los desastres acarreados por la segunda Guerra Mundial. Pero no está claro porqué Japón ha sido muchísimo más apto para asimilar y desarrollar los aspectos científico y tecnológico de la civilización industrial que otros países asiáticos. Una explicación tentativa se presentó en un libro que fue inmensamente popular en Japón hace unos años, trasladado al inglés con el título de *The Japanese and the Jew*. De acuerdo con su autor, Isaiah Ben-Dasan (se dice que es un judío criado en Japón), algunas de las peculiaridades del clima japonés han exigido prácticas estrictas de cooperación entre los campesinos japoneses para cultivar felizmente el arroz. Estas prácticas introdujeron en la vida japonesa una cohesión y disciplina que facilitaron el rápido viraje de los obreros a actividades tecnológicas exigentes de un elevado nivel de organización y estandarización.

Otros aspectos de esta historia del éxito japonés se presenta en un libro más reciente, *Shinohata: A portrait of a Japanese Village* [Shinojata: Retrato de una aldea japonesa], del cual es autor R. P. Dore, un inglés que vivió largo tiempo en Japón. Hasta 1960, la vida en una aldea japonesa era espartana, con poquísimo equipo mecánico. Después, en unos cuantos años, se motorizó el trabajo agrícola y la vida de la aldea se llenó de artefactos eléctricos. Según Dore, los fundamentos de esta revolución datan de los decenios de 1890 y 1900, cuando los gobernantes *meiyi* decidieron aplicar los ahorros de la economía japonesa no a la agricultura o al bienestar del pueblo, sino al desarrollo industrial. Así pues, la prosperidad tecnológica se obtuvo a expensas de los campesinos, que no llegaron a recibir beneficio alguno hasta los sesenta y los setenta. Esta política, que ignoró por tanto tiempo las necesidades del pueblo sencillo, probablemente no hubiera sido posible de regir las condiciones democráticas habituales. Requirió la muy centralizada estructura del sistema político *meiyi* y la disciplina del pueblo japonés. Las consecuencias económicas y tecnológicas de la revolución *meiyi* están simbolizadas en el Japón por el aspecto geométrico de gran parte de su arquitectura y por la rígida estructura de la vida profesional que a menudo parece al forastero una basta regimentación.

Japón es creación humana casi en el mismo grado que Holanda. La naturaleza no ha sido generosa con el país, y su historia no siempre ha sido amable. Pero los japoneses han sacado lo bueno de lo malo, formando terrazas para el cultivo del arroz en abruptas colinas, ganando tierra a un mar difícil y edificando barreras y diques para contener los desbordamientos de los ríos. Los japoneses empezaron a mejorar sus pequeñas y rocosas islas hace siglos, y cada generación ha transmitido a su sucesora la responsabilidad de lograr más. Han construido el sistema ferroviario mejor y más rápido del mundo, y se hallan ahora en proceso de completar una red de vías férreas que unan a todas las islas de Japón, a velocidad aún mayor que la del famoso tren bala. Sin embargo, a semejanza de Holanda, este modo tecnológico de vivir podría estar acercándose a su fin. Muchos de quienes han de viajar diariamente a Tokio y gastan casi un quinto de su vida, y aun más de su energía en una locura de lanzaderas, llegan a sus casas soñando su juventud en un pueblo campesino.

Por supuesto, la disciplina nacional y la organización no son los únicos rasgos distintivos de la vida y la cultura japonesas. Existe lo que parece locura de los jugadores de Pachinco, que se comportan como si fueran apostadores. Pero hay también la reverencia de las multitudes ambulantes a través de templos, relicarios y parques, y la sensual riqueza de las celebraciones shintoístas. A pesar de la modernización, sigue vigente la exquisita austeridad de la vida en muchos hogares.

Cuando mi mujer y yo salimos de Japón, después de larga visita, hace unos años, las muchas personas que nos habían acompañado nos dieron como último regalo un juguete que representa una pequeña caldera usada para cocinar sobre el fuego en las viejas aldeas. La intención era agradecerme haber realzado en mis conferencias los valores humanos espirituales que dan encanto a la vida sin el beneficio de avanzadas tecnologías.

Varios aspectos del Japón moderno justifican la esperanza de que cuando una sociedad humana elija adoptar una civilización tecnológica, pueda seguir cultivando también los atributos que vienen de valores espirituales innatos, más que del cerebro racional, y que tienen su origen en la profundidad de las edades.

Tendencias mundiales y tristeza contemporánea

El aspecto más angustioso del mundo moderno no radica en la gravedad de sus problemas, que los ha habido peores en el pasado. Es el abatimiento del espíritu humano la causa de muchas de las dificultades que experimenta el hombre, especialmente en los países de la civilización occidental, por la pérdida del orgullo de ser humano y por la duda de si seremos capaces de resolver los problemas actuales y los que se nos planteen en el futuro. En una reunión dedicada al tema de "La ética en una era de invasiva tecnología", celebrada en Israel hace unos años, el filósofo norteamericano Max Black llegó al extremo de afirmar: "Pienso que los problemas planteados por el progreso tecnológico sean irresolubles" [sic].

231

Tal sentimiento de desesperanza tiene precedentes históricos. En *Five Stages of Greek Religion* [Cinco aspectos de la religión griega] (1953), Gilbert Murray adjudica la caída de la civilización grecorromana a la "pérdida de nervio". Sin embargo, la historia enseña que otras sociedades experimentaron días oscuros en el pasado y, sin embargo, lograron recobrarse, como ha ocurrido en nuestros días con Alemania y el Japón.

Estoy tan perturbado como el que más por los mil diablos de la actual crisis social, tecnológica y ambiental. De hecho, me inclino a creer que seguiremos estando al borde de la catástrofe durante dos o tres décadas por lo menos, aun cuando sólo sea por la escasez aguda de energía y otros recursos, por más que sólo sea transitoria. También me doy cuenta de que varios aspectos de los problemas que hoy afectan al mundo los hacen cuantitativa y cualitativamente diferentes de los de otros tiempos. Por ejemplo:

A. Los problemas de hoy ya no están aislados y confinados a pequeños grupos de población.

B. Muchos agentes deletéreos se han difundido sobre la mayor parte del mundo, como es el caso de la radioactividad y de las lluvias ácidas.

C. Innovaciones tecnológicas útiles tienen a menudo inesperadas consecuencias, como cuando el uso extenso de plaguicidas para controlar insectos produce alteraciones peligrosas en la cadena alimentaria de aves, peces y, en último término, del hombre.

D. Se está produciendo una interconexión de efectos hasta ahora sin precedentes; los conflictos políticos del Medio Oriente influyen sobre la producción de petróleo y, en consecuencia, sobre el modo norteamericano de vida y también sobre los intentos de los países pobres de desarrollar una agricultura y una industria más productivas.

Ocurren graves tragedias en el mundo de hoy. Sin embargo, paradójicamente, gran parte de la tristeza contemporánea no tiene su origen en las dificultades que estamos padeciendo ahora, sino en desastres todavía no ocurridos y que tal vez nunca sucedan. Nos preocupa hondamente la posibilidad de la guerra nuclear o de que se produzcan accidentes verdaderamente graves en reactores nucleares; pero también nos preocupa la hipótesis no demostrada de que el amplio uso de sustancias fluorocarbonadas en los microrrociadores domésticos o industriales destruyan la capa de ozono atmosférica y, en consecuencia, nos expongan a recibir radiación ultravioleta en cantidad nociva. Estamos colectivamente preocupados porque prevemos que las condiciones del mundo se irán deteriorando cada vez más si la tecnología sigue aumentando con la misma rapidez que ahora. La Tierra estará pronto sobrepoblada y sus recursos agotados; se producirán catastróficas escaseces de alimentos; la contaminación atmosférica pudrirá nuestros pulmones, enturbiará nuestra vista, nos envenenará, alterará el clima y corromperá el ambiente. La brecha entre el ingreso de las naciones ricas y el de las naciones pobres se irá ensanchando cada vez más. Y esto seguramente se traducirá en el aumento del terrorismo y acabará tal vez en el uso de las armas nucleares, aunque sólo sea como forma de extorsión.

Durante los últimos decenios, casi todos los escritos de sociólogos, economistas y ambientalistas han expresado un estado de ánimo pesimista respecto al futuro. Los volúmenes sobre *Los límites del creci-*

miento, publicados por el Club de Roma en 1972, merecen especial atención a este respecto, pues fueron los primeros en aportar una base aparentemente científica que justifica la sombría atmósfera que ahora prevalece en gran parte del mundo. Han leído dichos informes o, por lo menos los han citado como verdades del Evangelio, muchos millones de personas, que han aceptado la predicción de un día del juicio final precedido de la inanición en masa, agotamiento de recursos, apabullante contaminación y caos político en algún momento del siglo próximo. Muchas publicaciones similares han aparecido recientemente. Todas ellas toman la forma de modelos de computadora anunciadores de lo que será el futuro, sea en el mundo entero o en partes de él. Todos estos modelos se han construido partiendo de los datos existentes sobre población, recursos, contaminación y las tendencias de éstas y otras categorías demográficas, sociales, económicas y tecnológicas.

La última y más monumental contribución a esta clase de juegos con el mundo es el estudio expuesto en ochocientas páginas *Global 2000 Report to the President* [Informe al Presidente sobre el mundo hasta el año 2000], preparado en Estados Unidos por el Consejo de Calidad Ambiental y el Departamento de Estado, en colaboración con trece agencias federales. El objeto de este informe es determinar "los probables cambios en la población del mundo, recursos naturales y ambiente hasta el fin de este siglo", para que sirva como fundamento a la planeación a largo plazo. En el comienzo mismo del informe, sus autores reconocen la dificultad de obtener información de confianza para la realización de tan ambiciosa empresa. En sus propias palabras:

234

"Las agencias ejecutivas del gobierno de Estados Unidos no son capaces de presentar al Presidente proyecciones internamente consistentes de las tendencias del mundo en cuanto a población, recursos y ambiente, para las dos décadas próximas." Unos cuantos ejemplos bastarán para ilustrar la infidelidad de la información que sirve de base a estudios cuantitativos sobre el estado presente y futuro del mundo.

De acuerdo con las estadísticas oficiales publicadas por el Ministerio inglés de Agricultura, Pesca y Alimentación, la cantidad total de materias alimenticias registrada en 1976 en Gran Bretaña era tan baja que llevaba a creer que el pueblo inglés comía en promedio mucho menos del mínimo recomendado por la Organización de Alimentación y Agricultura de las Naciones Unidas. Sin embargo, todo el pueblo inglés estaba bien nutrido en aquel tiempo y, en realidad, muchos individuos se excedían en peso. En Gran Bretaña, como en otras partes del mundo, la gente usa en su dieta, y en la mayor parte de sus actividades, muchos artículos que no figuran en los documentos oficiales. Como los registros estadísticos de Gran Bretaña son inmensamente mejores que los de todas o casi todas las demás partes del mundo, el *Global 2000 Report* y similares estudios globales probablemente justifican el dicho de los manipuladores de computadoras "Si metes basura, saldrá basura" [*Garbage in, garbage out*], que critica el uso de información no fidedigna para el diseño de modelos del mundo en muchos estudios sociales.

La falta de información convincente relativa a las reservas de la Tierra en combustibles fósiles, como petróleo, gas natural, hulla, turba, etcétera, es evidente sin más que hojear superficialmente los diarios y revistas, y la incertidumbre es aún mayor en cuanto a las previsiones sobre las fuentes energéticas renovables, directa o indirectamente derivadas del sol.

Podemos suponer con los autores del informe que el consumo de minerales no combustibles seguirá aumentando, y que podría haber escasez de algunos de los más raros; pero se ha demostrado en una reciente convención internacional de geólogos que ciertas técnicas nuevas —desde los sensores remotos hasta los métodos geoquímicos— revelan la abundante existencia de reservas de minerales esenciales en muchas partes del continente americano.

Ciertamente, la desforestación ha llegado a niveles trágicos, especialmente en las regiones tropicales y semitropicales; pero la aserción del *Global Report:* "... de continuar la tendencia actual, la cubierta forestal... en las regiones menos desarrolladas (América Latina, África, Asia y Oceanía) habráse reducido en 40% en el año 2000", necesita completarse con la información de que están en marcha grandes programas de reforestación en muchas partes del mundo, por ejemplo, Norte de África, la región de Sahel (en la República de Mali en África), Etiopía, la India y en gran escala, particularmente, en la República Popular China.

En China, durante siglos, grandes regiones de llanuras y colinas han permanecido desarboladas, como resultado de un proceso de desforestación que comenzó hace miles de años. Sin embargo, en 1949, la República Popular China comenzó un programa de reforestación que, según las estadísticas oficiales, abarca ahora una extensión aproximada de 28 millones de hectáreas y prosigue a razón de unos cuatro millones de hectáreas por año. Estas cifras son compatibles con los relatos de ciertos occidentales que volaron recientemente sobre China. Un aspecto especial de este programa de reforestación es la creación de la "Gran Muralla Verde", que se extenderá desde el río Amor, en Manchuria, hasta las altas mesetas semidesérticas de la provincia de Cansú, con una longitud de casi 3 200 kilómetros, y que acabará por cubrir una extensión mayor de 80 millones de hectáreas. Este proyecto ya ha comenzado a realizarse en una extensión de ocho millones de hectáreas especialmente afectadas por la erosión. Mientras la Gran Muralla de China se construyó en el siglo III a.c., para proteger al Imperio celestial contra los mogoles, la nueva "Gran Muralla Verde" se está levantando para proteger a la República Popular China contra desastres ambientales.

La inanidad de intentar hacer proyecciones útiles respecto al futuro aparece en forma casi cómica en la sección del *Global 2000 Report* referente a los problemas de la salud. Este informe afirma que la expectativa media de vida al nacimiento en el mundo entero aumentará en 11%, de 58.8 años en 1975 a 66.5 en el año 2000, "como resultado del mejoramiento de la salud", pero asevera también que como la prolongación de la vida causará hacinamiento y descenso del nivel de vida, el resultado final de la mejora de la salud será el aumento de la frecuencia de las enfermedades y de la mortalidad en muchas partes del mundo. Todo el que esté familiarizado con la incertidumbre y complejidad de las tendencias de la salud pública tomará estas afirmaciones con un grueso grano de sal.

Nada hay de nuevo en la conclusión general del Informe, según la cual "si la actual tendencia continúa, en el mundo del año 2000 habrá más hacinamiento, menos estabilidad ambiental y mayor vulnerabilidad a la perturbación que en el mundo en que ahora vivimos [...] A pesar de la mayor producción material, los pobres del mundo serán en muchos aspectos más pobres que ahora". Estas sombrías previsiones se han repetido *ad nauseam* desde las profecías del fin del mundo expuestas en *Los límites del crecimiento*, publicado por el Club de Roma. Yo también creo que nuestra actual civilización tecnológica terminará en el colapso *si* continúa la presente tendencia.

Por medio de técnicas y modos de información semejantes a los usados para preparar *Los límites del crecimiento* y el *Global 2000 Report*, ciertos científicos de América Latina han llegado a conclusiones radicalmente diferentes de las alcanzadas por los dos mencionados estudios, en virtud de plantear cuestiones diferentes. En lugar de proyectar las condiciones del futuro partiendo de la política y tendencias actuales, los autores del *Modelo mundial latinoamericano* preguntan: "¿Cómo podrían aprovecharse los recursos del mundo para satisfacer mejor las necesidades humanas básicas de todos sus habitantes?" Como el *Modelo mundial latinoamericano* no comienza con la proposición condicional "si la actual tendencia continúa", sino que, en lugar de ella, supone que pueden ocurrir, y casi seguramente se producirán, ciertos cambios sociales y tecnológicos en varios lugares, prevé un futuro en el que las necesidades humanas básicas podrían satisfacerse, en América Latina y África, en plazo relativamente corto. El *Modelo mundial de la Fundación Bariloche*, elaborado como contrapartida de *Los límites del cre-*

cimiento del Club de Roma, publicado en Canadá con el título *Catastrophe or New Society,* insiste en que *Los límites del crecimiento* se compuso adaptado a las condiciones de los países industrializados del hemisferio norte. Si se hubiesen preguntado las mismas cuestiones respecto a los países subdesarrollados del hemisferio sur, las respuestas hubiesen sido muy diferentes, pues los límites del crecimiento en dichas regiones no son de carácter físico, sino sociopolítico; por ejemplo, dependen en gran parte de las políticas sobre tenencia de la tierra.

En sus modelos de computadora, los autores del *Global 2000 Report* encuentran pruebas en favor de "un círculo vicioso [...] que conducirá a la inanición y al derrumbe económico hacia mediados del siglo [próximo] en toda Asia". Esto sería cierto si continuaran las actuales tendencias, pero los "milagros" agrícolas, tecnológicos y económicos ocurridos durante los últimos decenios en Japón, Corea del Sur, Taiwán y República Popular China dejan en claro que las tendencias se invierten con frecuencia. En realidad, es probable que en el mundo moderno sean pocas las tendencias que continúen por muy largo tiempo.

No es posible que los seres humanos permanezcan como testigos pasivos de situaciones que consideran peligrosas o desagradables. A menudo, sus intervenciones no serán sabias, pero siempre alterarán el curso de los acontecimientos y se burlarán de las tentativas de predecir el futuro por simple extrapolación de las tendencias actuales. En los asuntos humanos, las consecuencias del determinismo son siempre menos probables, menos interesantes y casi siempre menos importantes que los acontecimientos

●

reales, pues éstos son en gran parte producto de decisiones y actividades humanas deliberadas. En mi opinión, las sociedades industriales tienen buena probabilidad de sobrevivir, e incluso de permanecer prósperas, en virtud de estar aprendiendo a adaptarse al futuro.

ADAPTACIONES SOCIALES AL FUTURO

Nosotros nos adaptamos al calor, el frío, el hacinamiento, la pobreza y otras condiciones sociales y ambientales, cuando estamos expuestos a ellas, y minimizamos sus efectos mediante cambios apropiados de nuestros mecanismos fisiológicos y nuestros modos de vida. Por eso, la frase "adaptación social *al futuro*" parece sin sentido, por cuanto las sociedades no han experimentado las condiciones, en gran parte impredecibles, a las cuales habrán de adaptarse en los años por venir.

Nuestras adaptaciones biológicas personales, sin embargo, son más sutiles de lo que parecerían a juzgar por la primera aserción de esta sección. En la vida ordinaria, nuestra mente y nuestro cuerpo reaccionan en forma adaptativa a situaciones que todavía no han ocurrido, pero que podemos prever. Por ejemplo, nuestro corazón comienza a latir más aprisa ante el mero pensamiento de tener que correr para alcanzar un tren en algún tiempo futuro; la secreción de algunas de nuestras hormonas aumenta cuando sabemos que pronto habremos de hacer frente a una especial situación, incluso a una tan inocua como pronunciar una conferencia ante un público desconocido. De manera análoga, las sociedades humanas pueden adaptarse al futuro, incluso al lejano, si prevén los efectos probables de las situaciones que probablemente encontrarán en los tiempos por venir y toman por adelantado las medidas adecuadas juzgando a la luz de esas previsiones. Hasta nuestros tiempos, los cambios más importantes han tomado desprevenido al mundo. Por consiguiente, no había posibilidad de influir sobre su ocurrencia y era difícil controlar sus manifestaciones. Ahora, en cambio, los posibles efectos de las innovaciones sociales y tecnológicas se discuten mucho antes de que se manifiesten, especialmente si es probable que resulten peligrosos. Tratamos de imaginar los posibles "choques del futuro" que experimentará la humanidad cuando se modifiquen sus estilos de vida y su ambiente, en algún tiempo indeterminado por venir. Sin embargo, el hecho mismo de que ciertos síntomas del "choque del futuro" hayan sido descritos por adelantado nos conduce a efectuar por anticipado los ajustes mentales y sociales que juzgamos necesarios, con el resultado de hacer probable que no ocurran dichos síntomas o, al menos, no en la forma prevista. Por ejemplo, ahora se están tomando medidas para protegernos contra las maldades del Hermano Mayor y otras calamidades sociales predichas por George Orwell para 1984. Por supuesto, la previsión ha influido siempre en las actividades humanas, pero sólo en los últimos decenios se ha basado un número significante de importantes previsiones en una amplia y fiable información y, en ocasiones, en conocimientos científicos precisos.

La predicción de las consecuencias probables de procesos naturales y de actividades humanas futuras difiere mucho de predecir el futuro. El futuro es impredecible, por dos importantes razones diferentes. La primera, que la predicción requiere el cabal conocimiento del pasado y del presente, lo cual es imposible. La otra es que, prácticamente siempre, los seres humanos imponen su propia elección al curso natural de los acontecimientos. Aceptadamente, hay aspectos del futuro que son en gran parte previsibles, por ser consecuencia lógica e inevitable de condiciones y acontecimientos anteriores. Por ejemplo, cabe predecir con alto grado de exactitud la cantidad de agua que se acumulará en un depósito de condición geológica y propiedades conocidas, detrás de un dique de dimensiones sabidas construido a través de una corriente de previsto caudal medio; por lo menos, podría casi predecirse cuánto tiempo permanecería útil el depósito teniendo en cuenta la sedimentación de cieno y otras materias causada por la erosión. En contraste con tales formas lógicas de predecir el futuro, no cabe prever si se construirá o no el dique y, en caso afirmativo, exactamente dónde y cuándo. Tal decisión implica numerosas opciones y decisiones —de índole tecnológica, económica, estética e incluso ética. En 1913, el presidente Theodor Roosevelt y un porcentaje significativo de los miembros del Sierra Club aprobaron la construcción de un dique a través del espectacular río Hetch Hetchy, en el Parque Nacional de Yosemite, con el fin de abastecer de agua y energía eléctrica a San Francisco. Dudo de que hubieran aprobado este proyecto el presidente Carter y los actuales miembros del Sierra Club. Más recientemente, el pueblo norteamericano ha deseado construir el dique Hoover en el río Colorado, pero rechazó toda idea de obstaculizar la corriente de este río hacia el Gran Cañón.

Así, pues, el futuro "lógico" impone restricciones a las actividades humanas, pero hay un futuro "deseado", que comienza a imaginarse y decidirse en la mente humana y sólo llega a ser realidad gracias a planificación y esfuerzos sistemáticos. Los optimistas, entre los cuales trato de contarme, son aquellos que creen que el futuro deseado basado en valores humanistas puede felizmente integrarse con los efectos de las fuerzas naturales y con las estructuras sociales que emergen de la tecnología científica. Los siguientes ejemplos ilustran que el futuro deseado trae consigo, en muchas ocasiones, cambios convenientes basados en previsiones de efectos y acontecimientos todavía no ocurridos. En otras palabras, ya están ocurriendo ahora adaptaciones sociales para el futuro. América del Norte nunca ha tenido elevada densidad de población, pero podría haber llegado a sobrepoblarse de haber continuado unos decenios más las altas tasas de natalidad de otrora. Los escritos de los demógrafos y, en particular, el libro inmensamente popular de Paul Ehrlich, *The Population Bomb* [La explosión demográfica], despertaron una extensa conciencia de los peligros que para la calidad de la vida acarrearía el crecimiento incontrolado de la población. En consecuencia, aunque en Estados Unidos y Canadá todavía abundan los espacios vacíos y los recursos no utilizados, la previsión de que América del Norte pudiera llegar a estar sobrepoblada en el *próximo siglo* ha contribuido mucho a la reducción del tamaño medio de la familia, incluso en Harlem y en la católica Quebec. La natalidad es ahora tan baja entre muchos grupos sociales que el territorio norteamericano podría llegar a un crecimiento nulo de la población en el próximo siglo, y quizá ocurra lo mismo incluso antes en varios países de Europa y Asia.

La degradación del ambiente sólo ha venido a constituirse en objeto de vivo interés público hace dos decenios, y casi todos los programas de lucha contra la contaminación cuentan con menos de diez años de edad. No obstante, ciertos aspectos de la calidad ambiental han mejorado ya enormemente, como resultado de las medidas de control ya iniciadas, instituidas durante los años sesenta y setenta, especialmente en Europa, Canadá y Estados Unidos. La concentración de los contaminantes sociales ha disminuido en muchas de las grandes ciudades europeas y estadunidenses e incluso en Tokio. Varias corrientes y lagos tan contaminados que hubieran podido calificarse de "muertos" durante los años sesenta, se ha logrado que recuperen un grado de pureza compatible con el florecimiento de una rica, variada y deseable flora y fauna acuáticas. Como ya he descrito y analizado en detalle muchos de estos logros ambientales en mi libro *The Wooing of Earth*, me limitaré aquí a exponer un ejemplo de Europa y otro de Estados Unidos.

Desde el comienzo mismo de la Revolución industrial y hasta el decenio de los cincuenta, Londres fue la ciudad más contaminada del mundo occidental. Como resultado de las medidas de control puestas en práctica por el Concejo de la Ciudad, de acuerdo con el Acta en pro de la Limpieza del Agua y del Aire, promulgada en 1957, Londres ha visto crecer la cantidad de insolación anual en un 50%; no ha ocurrido ni un solo caso de aquella famosa mezcla de niebla y humo a la que, por su densidad y espesor llamaban los londinenses *pea soup* (puré de chícharos) en los últimos diez años; en los parques ha vuelto a oírse aquel canto de pájaros de que hablara Shakespeare; y el salmón, el pez más delicado y exigente, ha vuelto al Támesis. En la ciudad de Nueva York, la Jamaica Bay sufría espesa contaminación de basura y aguas negras; pero gracias a diversas medidas anticontaminantes, se halla ahora en tan buen estado que peces, crustáceos y moluscos, ostras inclusive, abundan lo suficiente para mantener una industria pesquera. Además, la bahía se ha convertido en un rico habitáculo para los pájaros y en parte muy atractiva del Gateway National Recreation Area, recientemente establecido a lo largo de la costa de Nueva York y Nueva Jersey.

Bosques que habían sido arrasados van ahora resurgiendo y se han puesto en práctica inmensos programas de reforestación en varias regiones de África y Asia, especialmente en China. Regiones desertificadas se protegen ahora contra cabras y otros animales y, de esta manera, están en condición de readquirir flora y fauna diversificadas —por ejemplo, en Israel y aun en ciertas regiones de África del Norte y en el Sahel. Aun cuando la degradación ambiental sigue creciendo en muchas partes de la Tierra, particularmente por la desertificación y destrucción de la selva pluvial tropical, hay indicios de que varias sociedades modernas van aprendiendo a trabajar con la naturaleza.

Aspecto interesante de la mejora ambiental es que, en todos los casos, se tomaron medidas contra la ecodegradación mucho antes de que la situación llegase a ser desesperada. El aire de las ciudades no había alcanzado un grado importante de peligrosidad cuando se formuló y aplicó la legislación adecuada para controlar la contaminación de la atmósfera. Los lagos y ríos estaban aún lejos de su "muerte" cuando se dio comienzo al control de la contaminación del agua. Sin embargo, se previó que la contaminación del aire y del agua alcanzaría magnitudes inaceptables si se consintiera que la emisión de contaminantes continuara al mismo paso que antes durante uno o dos decenios más. Por consiguiente, se tomaron medidas no como respuesta a las condiciones reales, sino más bien para prevenir futuras contingencias.

La adaptación al futuro es también manifiesta en el caso del abasto de materias primas. Se sabía ya hace unos decenios que la escasez de algunos metales estaba próxima. Sin embargo, mucho antes de que se presentara una escasez real, los científicos averiguaron que, mediante modificaciones tecnológicas apropiadas, las funciones servidas por metales en escasa existencia podrían satisfacerse con otros metales más abundantes o con ciertos productos sintéticos. Desde luego, se sabe que el uso de sustitutos suele entrañar mayor gasto de energía, pero ya está en marcha la adaptación al futuro, incluso por lo que hace a la producción de energía.

Los precios de todas las formas de energía han aumentado mucho durante el pasado decenio, pero aún no ha ocurrido una verdadera escasez salvo como resultado de perturbaciones sociales y políticas, tales como conflictos laborales o el embargo de petróleo impuesto por los productores árabes en 1973, así como en el caso de que la nieve haga imposible transportar los combustibles a donde se necesitan. Existen todavía enormes reservas de combustibles fósiles en varias partes del mundo, pero en parte o totalmente podrían no ser asequibles, por razones técnicas o dificultades sociopolíticas.

Tan pronto como se supo que las reservas de petróleo no eran ilimitadas y que no iban a durar sino unos cuantos decenios, los países industrializados comenzaron a construir reactores nucleares como fuente de energía. Sin embargo, no tardaron los geólogos en advertir que también las reservas naturales de uranio eran limitadas y no tardarían en agotarse si se seguía produciendo energía nuclear en gran escala por el procedimiento habitual de la fisión nuclear. En consecuencia, los tecnólogos nucleares dirigieron sus esfuerzos al perfeccionamiento del reactor de "cría", que genera combustible nuclear al mismo tiempo que produce energía. A la investigación en este campo se le otorgó alta prioridad en Estados Unidos y Europa. Sin embargo, en los años sesenta y setenta, varios grupos de científicos y ciudadanos tomaron posición contra los reactores de cría, no porque dudaran de su factibilidad, sino por la alarma que despertaban en ellos los peligros inherentes a su operación, en particular la inevitable acumulación de plutonio.

El temor por los peligros potenciales de las técnicas de fisión nuclear ha comenzado a influir sobre la política oficial. En Europa, como en Estados Unidos, un porcentaje creciente de fondos para la investigación se dedica a posibles fuentes de energía, hasta hace poco prácticamente desdeñadas: radiación solar, viento, mareas, oleaje, biomasa, geotérmica y los llamados combustibles sintéticos, que son formas varias de aceite y gas derivadas de la gasificación de la hulla, la licuación de este fósil, la destilación de las arcillas esquistosas y turbas y la conversión de las arenas bituminosas. Es digno de mención el hecho de que, si bien la producción de combustibles sintéticos se halla todavía en etapa de experimentación, es mucho más lo que se sabe acerca de sus efectos potenciales sobre la salud humana y el ambiente que lo conocido sobre los peligros del carbón y del petróleo hace dos decenios. Así pues, la reciente evolución de la política relativa a la investigación sobre la producción de energía ha consistido en un continuo proceso de adaptación no determinado por las actuales escaseces o la ocurrencia de accidentes, sino por la previsión de escaseces y accidentes posibles que todavía no se han manifestado.

Además de sus aspectos preventivos contra posibles accidentes, la adaptación al futuro ha comenzado a tomar un carácter más *creativo*. Por ejemplo, la frase "ambiente sano" ya no se usa con el exclusivo objeto de significar exención de influencias nocivas: implica también la creación de entornos que posean valores estéticos y emocionales. Los planificadores urbanistas solían preocuparse casi exclusivamente de instalaciones de sanidad pública, sistemas de transporte y eficiencia en los varios aspectos de los problemas económicos urbanos. Ahora, además, comienzan a realzar la función de parques vecinales, de calles exclusivamente peatonales y de "centros urbanos" en apoyo de actividades sociales y culturales. El temor de que las aglomeraciones urbanas lleguen a ser ingobernables en poco tiempo, a causa de su excesiva complejidad, alienta también los proyectos para dividirlas en poblaciones menores, más fáciles de aprehender y gobernar. Las adaptaciones creativas dirigidas al futuro son los principales mecanismos gracias a los cuales el hombre se hace capaz de inventar nuevas estructuras sociales con fundamento racional.

La facultad de prever consecuencias lejanas no significa que las sociedades modernas puedan o quieran ineludiblemente actuar con prontitud y energía suficientes para evitar efectos perjudiciales. Los pesimistas aducen buenas razones para creer que un día, en algún lugar, cierta innovación social o tecnológica pueda llevarse tan lejos y tan aprisa que cause daño irreversible a la especie humana o a la ecología mundial. Sin embargo, aun cuando no cabe descartar una catástrofe consecuente a sobrepasar el objetivo buscado, hay razones para confiar en la maravillosa adaptabilidad y capacidad de recuperación de los sistemas naturales y de los seres humanos. El progreso del conocimiento facilitará prever las consecuencias a largo plazo de las innovaciones tecnológicas y sociales y nos harán superar el mito de la inevitabilidad. Cierto problema biológico que ha causado recientemente enorme alarma pública servirá como ejemplo, y quizás como caricatura, del proceso social expresado con la frase "adaptación al futuro". Las nuevas técnicas científicas de la llamada ingeniería genética hacen posible modificar la constitución hereditaria de los microbios. De este hecho científico son muchas las personas que han llegado a la conclusión de que finalmente será posible modificar la constitución genética de todos los demás seres vivientes, la especie humana inclusive.

La ingeniería genética de los seres humanos no es posible científicamente por ahora, y son muchos los biólogos que comparten mi opinión de que nunca lo será en grado importante, por cuanto la complejidad de los organismos superiores implica un alto nivel de integración que sería profundamente perturbado por cualquier cambio importante de alguno de sus constituyentes. No obstante, se han fundado varios institutos de bioética, en los cuales médicos, biólogos, sociólogos, juristas y teólogos se reúnen para discutir los aspectos médicos, éticos, legales y teológicos que pudieran plantear métodos de ingeniería genética todavía ni siquiera imaginados. Vemos, pues, que pretendemos adaptarnos no solamente al futuro que traerá consigo la tecnología científica, sino también al futuro imaginado por la ciencia-ficción.

V. RECURSOS MATERIALES Y RIQUEZA DE LA VIDA EN RECURSOS

DE LA VIDA SILVESTRE A LA NATURALEZA HUMANIZADA

HAY dos muy diferentes clases de paisajes satisfactorios. De un lado, tenemos las varias formas de vida silvestre que han evolucionado sin injerencia humana y en las que todas las formas de vida han logrado espontáneamente establecer el equilibrio ecológico entre ellas y con su entorno químico y físico. De otro lado, tenemos paisajes y corrientes de agua transformados por la intervención humana, para satisfacer las necesidades del hombre y sus gustos, en armonía con las fuerzas naturales. No voy a ocuparme de la naturaleza silvestre, en parte porque poseo poca experiencia respecto a ella, pero también por haberse descrito, analizado e ilustrado en muchas publicaciones excelentes. En lugar de ello, pondré especial empeño en las relaciones entre los seres humanos y las fuerzas naturales, pues casi todo lo que llamamos naturaleza es en realidad el producto final de esa interacción que se expresa a sí misma en innumerables formas de ambientes humanos.

El primero y el último capítulos de *Silent Spring* [Primavera silenciosa], el famoso libro mediante el cual Rachel Carson puso en conocimiento del público los peligros de los plaguicidas, comienzan con cuadros de poblados imaginarios cuyas calles conducen hacia un paisaje ondulado de praderas, campos de cereales y colinas coronadas de bosques. Estos cuadros provienen de los recuerdos de la juventud de Rachel Carson, pasada en el occidente de Pensilvania, a comienzos de este siglo. En su libro, Rachel Carson describe el escenario en que cada forma de vida estaba "en armonía con su entorno [...] El pueblo se extendía en medio de una cuadrícula de prósperas granjas, con campos de cereales y laderas de árboles frutales [...] Aquel campo era famoso por la abundancia de aves [...] Los arroyos descendían transparentes y fríos desde las montañas y contenían umbríos remansos donde pululaban las truchas. *Así fue desde los remotos días en que los primeros colonos edificaron sus casas, perforaron sus pozos y construyeron sus graneros*". [Bastardillas de Dubos.]

Rachel Carson nos convence de que el campo posee atractivo intenso, si es que no universal. Casi todos nosotros tenemos un ideal estético de la naturaleza, probable consecuencia del condicionamiento visual que nos impuso en la Edad de Piedra la vida en la sabana. Afortunadamente, la combinación de bosques, espacios abiertos, corrientes de agua y horizonte, rasgos característicos de la sabana, es también compatible con muchos diferentes escenarios agrícolas. Puede lograrse en el estilo clásico del campo francés, en el más romántico tratamiento de la tierra en Inglaterra, en la forma compleja y simbólica de los parques orientales —y también en los tremendos escenarios naturales de los parques naturales de Estados Unidos.

Sólo desde hace poco hemos comenzado a adquirir información relativa a lo que la gente encuentra verdaderamente atractivo en el paisaje. Investigaciones efectuadas con diferentes grupos sociales han revelado una preferencia casi universal por los paisajes ordenados, en los que la "naturaleza" ha sido domada e incluso disciplinada. A muchos de nosotros nos gusta no lo selvático en sí, sino más bien cierta sugestión de *silvestrismo* en los escenarios humanizados que admiramos.

Las regiones rurales que Rachel Carson había conocido en su juventud no eran ambientes "naturales", sino que provenían de la primitiva selva modificada por la mano del hombre dos o tres siglos antes. En palabras de Rachel Carson, los colonos de Pensilvania "no sólo habían edificado sus casas, perforado sus pozos y construido sus graneros". Con objeto de crear tierra abierta para sus campos de labranza y sus poblados, se habían visto obligados a talar muchos de los bosques que inicialmente cubrían el occidente de Pensilvania. Casi todo el campo de Estados Unidos, al igual que el de Europa, ha sido creado por los agricultores, de la misma manera que los jardines son obra de los jardineros.

En realidad, el hombre ha creado ambientes artificiales obrando sobre la naturaleza bruta en casi todas aquellas tierras donde ha construido sus viviendas. En Europa y en Asia, varios de estos ambientes humanizados han subsistido fértiles y estéticamente atractivos durante siglos y aun milenios, y son ahora verdaderos hogares para la humanidad. Se nos han hecho tan familiares que solemos olvidar su origen; los contemplamos con cierta sugestión de aceptación y ensueño casuales, sin dedicar ni un pensamiento a las inmensas áreas de naturaleza primigenia que han sido profundamente transformadas o destruidas, antes de que pudieran ser aptas para satisfacer nuestras necesidades vitales y también nuestros anhelos estéticos.

Hasta la presente generación, casi todos los seres humanos han mostrado gran orgullo de ser capaces de transformar la superficie de la Tierra. Por ejemplo, a fines del siglo XVIII, el naturalista inglés William Marshall afirmaba: "La naturaleza nada sabe de lo que nosotros llamamos paisaje, porque éste se refiere a lugares de la tierra manipulados por el hombre para sus propios fines." De Gran Bretaña escribía: "No puede decirse que lugar alguno de esta isla se encuentre en estado natural. No hay árbol, y quizá ni arbusto, en la superficie de este país que deba su identidad exclusivamente a la naturaleza. Doquiera el cultivo ha puesto su pie, la naturaleza se ha extinguido [...] Los que prefieren la naturaleza en estado de *absoluto descuido* deberán elegir por residencia los bosques de América." [Bastardillas de Dubos.] La expresión "absoluto descuido" parece significar que la naturaleza sólo puede lograr la perfección y desarrollar plenamente sus valores potenciales mediante la intervención del hombre. Y de pasada, podríamos decir que grandes áreas de la selva americana habían sido convertidas en tierras labrantías cuando Marshall escribía esto.

Mientras que otrora la gente solía sentirse orgullosa de los cambios que el ser humano había producido en la naturaleza, hoy se juzga elegante, por el contrario, afirmar que "la naturaleza sabe más" y que cualquier intervención humana en el ambiente causará probablemente efectos perniciosos o incluso desastrosos. Tanto nos hemos repetido a nosotros mismos que la buena administración del ambiente se basa en unos cuantos principios científicos elementales de ecología que solemos usar la frase "movimiento ecológico" para significar el movimiento ambiental moderno, como si el adjetivo "ecológico" nos asegurara un ambiente satisfactorio para la vida humana y para la Tierra. Sin embargo, la verdad es que casi todos los aspectos de la vida humana implican algún conflicto con ciertos ecosistemas naturales y, en consecuencia, no están de acuerdo con las enseñanzas de los libros de ecología.

Por ejemplo, consideremos el orgullo que siente el propietario de una casa por la pradera situada frente a la misma, tanto si se trata de una sencilla cabaña como de una elegante mansión. Esta pradera le parecerá un bello y tranquilo segmento de "la naturaleza"; pero es en realidad una verdadera monstruosidad si se considera desde el punto de vista de la ecología teórica. Casi por doquier, y especialmente en la zona templada, la formación y conservación de un prado significa un gran dispendio de energía y de otros recursos aplicados a destruir y controlar las malas hierbas, malezas y árboles que crecerían naturalmente y que de no ser continuamente talados, renacerían tan pronto como se descuidara el plantío artificial.

Un jardín de flores o una huerta de legumbres u hortalizas es asimismo casi siempre un ambiente innatural, juzgado desde el punto de vista ecológico. Pocas de las plantas cultivadas en él resultarán capaces de sobrevivir en un ambiente silvestre. Una vez plantadas, las plantas de jardín sólo podrán prosperar si se las protege constantemente contra cizañas, insectos, animales de todos los tamaños y otros incontables seres vivientes, así como contra fuerzas naturales que las destruirían o, por lo menos, obstaculizarían su crecimiento.

Por paradójico que parezca, las actividades agrícolas también causan la destrucción de los ecosistemas naturales. En todo el mundo, la tierra labrantía se ha formado a partir de la selva mediante la aplicación de muy diversas técnicas y a costa de un gran dispendio de energía: tala de bosques, avenamiento de tierras pantanosas, irrigación de desiertos y destrucción de diversas poblaciones vegetales y animales silvestres, para no hablar de la expulsión o eliminación de los habitantes humanos autóctonos que pudieran obstaculizar al progreso civilizador. El logro de cultivos y pastizales y la conservación de la tierra cultivable requieren una interminable lucha contra la flora y la fauna autóctonas, que no tardarían en retroceder a su forma silvestre de no ser controladas, a menudo por medios violentos. El cultivo eficaz, como la jardinería, es incompatible con el equilibrio ecológico que existiría en condiciones naturales.

La experiencia nos ha enseñado que las alteraciones de los ecosistemas naturales no necesitan ser destructoras y que incluso pueden ser altamente creativas. El principio orientador para el éxito es que los ecosistemas artificiales sean tan compatibles como sea factible con las características ecológicas prevalecientes en la región en que aquellos han de implantarse. Por ejemplo, en las Islas Británicas hace mucho tiempo que prados y praderas tienen amplia aceptación y gozan del favor de la gente porque el clima y sobre todo el régimen pluvial son adecuados para el crecimiento y la conservación del césped. Por el contrario, en Estados Unidos, establecer y mantener buenos prados resulta más difícil y costoso, y lo mismo ocurre en muchas otras partes del mundo.

La constante lucha contra la naturaleza necesaria para mantener un prado es la más difícil y costosa en recursos y energía, a causa del extendido deseo de establecer esencialmente la misma clase de pradera en todas partes, cualquiera que sea la clase del terreno, de preferencia con las características propias de un campo de *golf* para campeonatos. Habiendo observado durante varios decenios el sufrimiento de los prados existentes en los terrenos de la Universidad Rockefeller y del Parque Central de Manhattan, me gustaría que botánicos y arquitectos de jardinería colaborasen para crear variedades de céspedes y otras clases de yerbas tapizantes adecuadas a diferentes climas, distintos regímenes pluviales y de insolación, suelos de diferente composición y apropiadas para el uso y solaz humanos.

En muchas partes del mundo donde los agricultores han aplicado métodos de cultivo ecológicamente adecuados a las condiciones locales naturales, las tierras labrantías inicialmente derivadas de la silvestre han solido permanecer productivas e incluso ganaron en fertilidad en muchos lugares. Sin embargo, ciertas prácticas contemporáneas se oponen violentamente a la sabiduría ecológica empírica. Por ejemplo, en varios lugares de Texas y del oeste norteamericano se han logrado cultivos de alto rendimiento mediante el riego de tierras semidesérticas con aguas subterráneas (consistentes en muchos lugares en aguas fósiles), que han de ser bombeadas a muy elevado costo. Como las reservas de agua subterránea se están agotando y las aguas que se emplean para el riego contaminan la tierra con diversas sales al evaporarse, esta forma de agricultura habrá en último término de abandonarse, dejando tras sí un legado de tierra degradada. Por fortuna, el hombre es capaz de aprender por experiencia, como lo demuestran las discusiones ahora en marcha relativas al futuro de la agricultura en el occidente de Kansas.

Hasta hace unos decenios, los agricultores creían que la región occidental de Kansas era demasiado seca y caliente para poder cultivar en ella otra cosa aparte de trigo y granos forrajeros, que requieren poca agua. Sin embargo, la situación cambió al descubrirse que el maíz era fácilmente cultivable en esta región semiárida y que daba alto rendimiento económico al regarlo copiosamente con el agua fósil del acuífero de Ogallala, que subyace en partes de las altas llanuras que se extienden desde Texas y Wyoming. La importancia nacional del cultivo del maíz así irrigado la demuestra el hecho de que el 40% de la carne de reses alimentadas con maíz en Estados Unidos proviene de ganado engordado en regiones regadas con agua bombeada del acuífero de Ogallala. Sin embargo, el resultado de este uso masivo de irrigación ha sido la rápida declinación del manto acuático en toda la región, en grado tal que en unos cuantos decenios se habrán agotado las reservas de agua subterránea.

En el occidente de Kansas, el bombeo del acuífero de Ogallala sólo comenzó a practicarse en gran escala después de la segunda Guerra Mundial, al disponerse de bombas de alta capacidad y de gas natural barato para suministrarles energía. El uso de agua fósil sigue el mismo camino que el de las ricas venas de oro y plata o los inmensos yacimientos de petróleo, pero la bonanza no persiste indefinidamente, y el occidente de Kansas habrá de adaptarse a las nuevas condiciones. En ciertas regiones de Texas, la tierra ha vuelto a la rala producción de artemisas y otras plantas de matorral, desde que se agotó la irrigación. De modo análogo, la mayor parte del occidente de Kansas volverá al crecimiento de las diversas especies de artemisas que sirvieron de pasto a los búfalos, de no ser posible planificar una transición progresiva desde el cultivo irrigado del maíz al de otra variedad de este cereal que requiera menos agua y, finalmente, al de trigos y sorgos de secano.

Las nuevas prácticas agrícolas en muy gran escala, con maquinaria mecanizada compleja y de gran tamaño, han reducido mucho el atractivo bucólico de algunas regiones campestres. Sin embargo, la mente del público identifica la degradación del ambiente natural muy principalmente con los perjuicios causados por la Revolución industrial. Como la industrialización y la urbanización en gran escala tuvieron su comienzo en Inglaterra, también fue en este país donde empezó la degradación ambiental y se iniciaron las protestas contra la agresión a la naturaleza. William Blake simbolizaba las humeantes factorías con la expresión "molinos satánicos". Ya desde el siglo XVIII, pero especialmente en nuestra época, es cada vez mayor el número de personas que consideran a la industrialización como el villano causante de la destrucción de la calidad ambiental. Pero en realidad, también otros cambios en nuestro modo de vivir han representado un importante papel en la pérdida del encanto del campo.

La pequeña aldea donde nací, Saint-Brice-sous-Fôret, está situada en el borde del bosque de Montmorency, unos kilómetros al norte de París. Cuando la novelista norteamericana Edith Wharton se estableció en Saint Brice, donde vivió de 1918 a 1937, la llanura entre la aldea y París estaba ocupada por huertos de legumbres muy productivos y, especialmente, por vergeles de cerezos, perales y manzanos. Los huertos a lo largo de la carretera eran tan numerosos que, según decía Edith Wharton "parecía que atravesáramos una tormenta de nieve rosada por doquiera viajáramos en primavera". He recorrido la carretera de París a Saint-Brice en muchas ocasiones durante los últimos treinta años; pero con poco placer, pues aquellos huertos y jardines han desaparecido y dejado en su lugar una gris zona suburbana. Pequeños prados y unos cuantos árboles floridos cercanos a las casas son ahora lamentables sustitutos del amplio y abierto panorama que se hallaba a lo largo de la carretera cuando Edith Wharton vivía allí y de la "tormenta de nieve rosada" de que gozaba durante la primavera.

La extensión suburbana no es el único factor que ha empeorado la calidad del paisaje en torno de las grandes ciudades. En un fin de semana de mayo de 1945, mi mujer y yo bajamos del tren en Peekskill, unos setenta y cinco kilómetros al norte de Nueva York, y caminamos hacia el norte por la vieja carretera postal a Albany, que solía ser el camino que unía a Manhattan con Albany en el pasado, pero que ahora ha sido en su mayor parte sustituido por la supercarretera 9. Caminamos unos kilómetros por lo que aún queda de la antigua carretera postal en su original estado de suciedad. El camino que seguimos atravesaba primero un terreno boscoso, llegaba después a un íntimo vallecito recorrido por un rápido arroyuelo. Había jardines y praderas, manzanos florecidos en la ribera occidental, unas cuantas vacas y en ambos extremos del valle sendas casas con granjas anexas. Para el habitante urbano, ésta era la "naturaleza" en su forma más atrayente. Compramos unas treinta hectáreas de tierra labrantía abandonada, toda ella en extremo pedregosa, salvo por la estrecha franja aluvial a lo largo del arroyo, y edificamos sobre una de las riberas una casa de campo de piedra.

En la actualidad todo ha cambiado muchísimo. Los campesinos que ocupaban las dos mencionadas casas viejas han muerto y, de hecho, ya habían suspendido sus faenas agrícolas desde años antes. El valle, otrora intensamente cultivado y que mantuviera a mucha gente, tenía entonces no más de unos cuantos residentes, que no trabajaban la tierra. Matorrales, árboles y yedra venenosa habían invadido huertos y prados en ambas orillas y en las tierras bajas. El campo abierto sólo era visible cuando nosotros y nuestros dos vecinos intentábamos controlar la nueva vegetación silvestre, con gran esfuerzo físico y alto costo económico. Justo cuando el crecimiento del anónimo suburbio había causado la desaparición de las placenteras escenas campestres a lo largo de la carretera entre París y Saint-Brice, el incontrolado crecimiento de arbustos, matorrales y árboles reducía el encanto bucólico de nuestro valle de la vieja carretera postal a Albany.

Escribiendo sobre el escenario campesino y los grandes parques de Inglaterra, Nan Fairbrother decía hace unos años: "La planificación ordenada y espaciosa, la vista serena del paisaje abierto, proclaman la seguridad de una sociedad que confía en su poder para dominar el mundo circundante gracias a su propia fuerza intelectual [...]." En contraste, los cambios recientes a lo largo de la carretera París-Saint-Brice y en la vieja carretera postal a Albany simbolizan la extensión en que las sociedades modernas han fracasado en mantener las cualidades sensorias y otras de los ambientes humanos. Son éstos únicamente dos ejemplos menores de muchas formas de degradación escénica causadas no por los molinos satánicos de William Blake o por los modernos desarrollos industriales, sino por los cambios en los estilos de vida y el abandono de la agricultura.

Con excepción de la verdadera selva, las más atrayentes manifestaciones de la naturaleza las hallamos en las regiones agrícolas y en las grandes fincas. Pero la agricultura rara vez puede sobrevivir cerca de las grandes ciudades, en las actuales condiciones económicas, y casi todas las grandes fincas particulares están también destinadas a desaparecer, a causa de los altos impuestos y también por no encajar en los gustos de las personas ricas de las presentes generaciones. Por consiguiente, se hace urgente formular políticas agrícolas que permitan conservar la calidad ambiental en torno de las grandes áreas urbanas. En algunos países de Europa se están estudiando y llevando a la práctica leyes que persiguen este propósito. Por ejemplo, en algunas regiones de los Países Bajos se conceden subsidios a los campesinos para que conserven canales, setos vivos y molinos de viento en sus tierras; si bien tales prácticas de conservación pueden disminuir algo la productividad económica de la agricultura, permiten la sobrevivencia del amable paisaje campesino del siglo XVIII. Con la misma intención, se subsidia a los pastores bávaros para que apacienten su ganado en los altos prados alpinos; las largas distancias que ello implica aumentan el costo del pastoreo, pero la práctica ofrece ventajas económicas, pues cuando no se mantienen cortos los pastos, están expuestos a que los desarraigue el deshielo primaveral de las nieves y en consecuencia se deslicen por las laderas de las montañas. En *The Wooing of Earth* he explicado muchos casos de manejo artificial de la tierra que han rendido satisfactorios resultados. La comparación de los resultados de las dos mayores erupciones volcánicas registradas, la del Krakatoa y la del Santorini (también llamado Thera), ofrecen ejemplos aún más ilustrativos de cómo la intervención humana puede producir valores ambientales que no habrían emergido espontáneamente en virtud de procesos naturales.

En 1883, una tremenda erupción volcánica destruyó dos tercios de la isla Krakatoa, situada en el archipiélago malayo, entre Sumatra y Java. La explosión tuvo una violencia comparable a la de un millón de bombas de hidrógeno, y liberó enorme cantidad de polvo volcánico que se extendió por toda la atmósfera de la Tierra. En Krakatoa perecieron todos los seres vivos y se calcula que, en ella e islas vecinas murieron unas 37 000 personas, principalmente a causa de la inmensa marejada que siguió a la erupción. Acabada la erupción, lo que quedaba de la isla estaba cubierto de una capa de lava en la que no subsistía el menor vestigio de vida. Sin embargo, progresivamente, el viento y las olas llevaron diversos microorganismos, animales y plantas a las costas y sobre la inerte lava volvió a surgir la vida. Sin negar que el nuevo ecosistema es inferior al que existió anteriormente, la isla de Krakatoa aparece de nuevo cubierta de abundante flora y fauna proveniente del archipiélago malayo, menos de cien años después de la erupción. Sin embargo, no han vuelto a instalarse en la isla seres humanos, excepto para cortas visitas efectuadas con el propósito de observar periódicamente cómo avanza el regreso de los seres vivientes.

En el mar Egeo, la isla de Santorini fue hendida por una erupción volcánica hace unos 3 500 años, erupción cuya potencia se calcula que fue cuatro veces más violenta que la ocurrida en Krakatoa. Los restos de Santorini quedaron sumergidos bajo una profunda capa de piedra pómez, que en algunos lugares alcanza 60 metros de profundidad, por lo que toda forma de vida existente debió extinguirse. Sin embargo, acabaron por llegar a la isla seres humanos, que restablecieron la agricultura y han seguido viviendo en ella desde entonces. En tiempos históricos, la isla de Santorini ha vuelto a ser devastada por otras erupciones volcánicas; el 9 de julio de 1956 la mitad de sus 5 000 casas quedaron destruidas y murieron cincuenta y tres personas. A pesar de estos repetidos desastres naturales, Santorini ofrece lo que es quizá la más espectacular ilustración de cómo la presencia humana puede enriquecer la creatividad de la naturaleza.

El barco en que yo viajaba por el mar Egeo hace unos años llegó a Santorini a hora tardía de la noche, y la primera vista que tuve de la isla fue a comienzos de la mañana. Aun cuando había leído mucho respecto a ella, quedé sobrecogido cuando vi el acantilado perpendicular de trescientos cinco metros, con su blancura increíblemente intensa, hundirse trescientos sesenta y cinco metros en las azules aguas marinas, testimonio de la erupción que hendiera la isla unos 3 500 años antes.

No hay agua en la isla, excepto la aportada por la lluvia y almacenada en grandes cisternas subterrá-

264

neas. El suelo, de piedra pómez, es tan poroso que sólo unos cuantos árboles y arbustos han arraigado y permanecido en él. Sin embargo, campos cultivados alfombran cada extensión de terreno plana, y la isla de Santorini produce los mejores tomates y el vino más fuerte de toda Grecia. Como prueba visible de prosperidad cultural, blancas casas y coloridas cúpulas de iglesias brillan al sol contra el luminoso cielo sobre el más elevado borde del acantilado.

Los inmensamente diferentes tipos de recuperación subsecuentes a los respectivos cataclismos volcánicos de Krakatoa y Santorini ponen de relieve el contraste entre el proceso espontáneo y ciego de la naturaleza y los cambios guiados o impuestos por la elección y decisión del hombre. Después del cataclismo de 1883, ha vuelto a establecerse la vida, pero la recuperación ha sido objeto del azar y ha resultado en una pobre imitación de la fauna y la flora originales. Abandonada a sí misma, la naturaleza habría reintroducido de modo análogo en la isla algunas de las formas de vida comunes en el mar Egeo; pero mientras que Krakatoa ha permanecido deshabitada, el hombre retornó a Santorini y reanudó en la isla el proceso de evolución social y cultural. Los habitantes de Santorini han experimentado muchas penalidades, pero han logrado generar a partir de la piedra pómez y de la torturada roca del Egeo nuevos productos y nuevas formas de civilización. Los pequeños y sabrosos tomates, el fuerte vino y la espectacular arquitectura de deslumbrantes casas y coloridas cúpulas de iglesias que destacan sobre el borde del acantilado no podrían haber existido sin la imaginación y la perseverancia humanas.

En su forma original, la tesis malthusiana se basó en la teoría según la cual la desnutrición y la enfermedad serían el resultado inevitable del continuo aumento de la población. En sus formas más recientes, como las que exponen, por ejemplo, el libro *Los límites del crecimiento* y el *Informe Global 2000*, se pone de relieve además que la economía de los países industriales no tardará en verse enfrentada a severas restricciones, como consecuencia de la escasez o agotamiento de muchas y diversas clases de recursos naturales. Esta sombría visión del futuro se funda en múltiples suposiciones concernientes a la existencia de ciertas materias primas en la superficie de la Tierra y al uso de los recursos derivados de éstas.

La Tierra ha sido siempre escasa en "recursos naturales". Las materias se convierten en recursos sólo después de haberlas extraído de los materiales brutos que las contienen y haberlas manipulado con algún propósito deliberado para que el hombre las utilice. La tierra inmediatamente cultivable rara vez existe como recurso natural; ha de crearla el trabajo humano partiendo de alguna forma rústica. El aluminio no existe como metal libre en la naturaleza; ha de extraerse de la bauxita o de otros minerales aluminosos mediante complicadas y refinadas técnicas químicas. El petróleo y el uranio no son útiles como tales; se convierten en recursos energéticos sólo después de haberlos hecho pasar por procesos tecnológicos de elaboradísima complejidad. Y lo mismo sucede en el caso de casi todos los llamados recursos naturales.

La frase "reserva de recursos" también es causa de mucha confusión. Para algunos expertos la palabra "reserva" es sólo aplicable a la existencia *comprobada* de un determinado material, mientras que otros expertos la aplican a la cantidad *absoluta* que de dicho material contiene la Tierra. La frase "reservas probadas" posee connotaciones económicas: implica provisiones comprobadamente asequibles en el lapso del tiempo durante el cual la industria puede utilizarlas en condiciones económicas provechosas. Por el contrario, la frase "reservas absolutas" es un concepto geológico, es decir, referente a la cantidad total que de una determinada materia existe en todo el globo. Por razones de índole económica, los esfuerzos dirigidos a descubrir reservas absolutas suelen limitarse a las necesidades de la época actual y del futuro inmediato. La estimación de las reservas absolutas es por tanto problemática en extremo. Hasta el presente, suelen haberse descubierto nuevas reservas siempre que ha surgido la necesidad.

Opinión en extremo optimista sobre el problema de los recursos aparece en una declaración anónima expuesta hace unos años en el curso de una discusión general: "Puesto que el planeta entero está compuesto de minerales... la noción literal de llegar al agotamiento total de éstos resulta ridícula." Aun teniendo en cuenta que la inmensa mayor parte de la masa terrestre queda fuera del alcance del hombre, siempre le serán bastante accesibles enormes porciones de su corteza y de los océanos. Los informes del Instituto de Indagación Geológica de Estados Unidos y del Battelle Memorial Institute aseveran que unos cuatrocientos trillones de toneladas métricas de materias utilizables se hallan en una capa de la superficie terrestre de un kilómetro de espesor y al alcance de los procedimientos de la tecnología moderna. Como el consumo mundial total de arena, grava, petróleo y metales es apenas del orden de los veintidós mil millones de toneladas por año, "seremos capaces de mantenernos durante no menos de 20 000 años —tiempo suficiente, cabría suponer—, para ajustar el crecimiento de nuestras instituciones y creciente población a los recursos ahora disponibles". En otras palabras, los "cornucopianos" igualan prácticamente la superficie entera de la Tierra con los recursos "disponibles". Más recientemente, esta visión optimista se ha visto en cierto modo reforzada por la hipótesis de acuerdo con la cual sería posible obtener materias primas y recursos de la Luna y algunos planetas, los cuales incluso podrían trabajarse y prepararse en el espacio exterior.

En la práctica, el hombre ha utilizado en cualquier época determinada sólo aquellas porciones de la superficie terrestre que le fueron fáciles de obtener y manipular. El hombre de la Edad de Piedra buscaba rocas de la clase adecuada para poder conformarlas y convertirlas en instrumentos y herramientas o armas. Usaba también arcilla, fibras, maderas y cuero, materias que podía obtener casi en cualquier lugar. El oro metálico es fácil de separar de su ganga, y no es rara su presencia en forma metálica pura en la superficie de la Tierra; pero es demasiado escaso para poder aplicarlo industrialmente en gran escala. El cobre fue el primer metal que alcanzó amplio uso en su forma metálica, pues resulta fácil separarlo de su ganga e impurezas a baja temperatura. La utilidad del cobre aumentó enormemente una vez descubierto el procedimiento para alearlo con el estaño y producir bronce, la aleación metálica de las primeras grandes civilizaciones. Las legiones romanas dominaron el mundo occidental con armas de bronce preparado con el cobre de España y el estaño extraído de Cornwall.

El hierro abunda mucho más que el cobre, pero sólo es posible reducirlo a su forma metálica a elevadas temperaturas y mediante complicados procedimientos. Por consiguiente, el hierro metálico sólo llegó a obtenerse en escala considerable varios siglos después de haberlo logrado con el cobre. Pero desde entonces el hierro llegó a ser el metal más importante para la fabricación de instrumentos y armas. Las herramientas de hierro hicieron posible transformar la mayor parte de Europa, de extensa superficie cubierta de espesos bosques en fértil tierra labrantía, en unos cuantos siglos, durante la Edad Media.

El aluminio es aún más abundante que el hierro, pero su separación en estado metálico y su aplicación a la producción de herramientas ofrece difíciles problemas técnicos y requiere el consumo de alta cantidad de energía. El aluminio no llegó a obtenerse como metal puro sino hasta comienzos del siglo xix y no se convirtió en recurso tecnológico importante hasta varios decenios más tarde.

En la actualidad, en Estados Unidos, el hierro representa más del 80% de todos los metales consumidos, el aluminio como un 10% y el cobre está en tercer lugar. En el caso de estos metales, lo mismo que en el de otros, la materia prima inicial que se usó para su producción fue, como es natural, los minerales más fácilmente obtenibles y más fáciles de preparar. Los pueblos prehistóricos comenzaron a preparar el cobre a partir de los cristales de malaquita, fáciles de descubrir en la superficie de la Tierra y no difíciles de recoger. Cuando comenzó a escasear la malaquita, se aprovecharon minerales con contenido de cobre cada vez menor. Sólo el mineral que contenía por lo menos 5% de cobre se consideraba provechoso entre fines del siglo pasado y comienzos del presente; pero en la actualidad se consideran económicamente aceptables minerales cuyo contenido de cobre varía en torno al 0.4% y aun menos. Ha ocurrido una tendencia similar en cuanto al aprovechamiento de minerales con contenido de metal cada vez más bajo. Así ocurrió, por ejemplo, cuando la industria pasó de la utilización de mineral riquísimo en hierro, como el de Mesabi en Minnesota, al empleo de la taconita, mucho más pobre. El aluminio se produce ahora a partir de la bauxita, pero cuando este mineral escasee seguramente se recurrirá a la arcilla u otros minerales aluminosos, que son prácticamente inagotables.

En teoría, es posible seguir usando minerales menos deseables pero más abundantes. Según Harrison Brown: "De ser necesario, el hombre podría vivir confortablemente aprovechando las rocas ordinarias. Una tonelada de granito contiene uranio y torio en forma fácilmente separable y con valor energético equivalente al de quince toneladas de hulla y, además, todos los elementos necesarios para perpetuar una civilización altamente tecnologizada. Parece sin duda como si estuviéramos acercándonos a una nueva Edad de Piedra." Naturalmente, el impedimento mayor es que los problemas de la degradación ambiental, el consumo de energía y la inversión de capital irán haciéndose más severos conforme se vayan empleando materiales menos ricos.

Una posible solución al problema de los recursos sería considerar las funciones a que habrán de servir y hallar los sustitutos adecuados. En la práctica industrial ordinaria pocas son las funciones que sólo pudieran efectuarse con un solo material. Aceptamos que los primeros sustitutos elegidos no realizarán la función tan bien como el metal al que remplazan; pero los progresos de la tecnología agrandan continuamente la gama de productos intercambiables. Por ejemplo, en nuestros días casi todo el alambrado eléctrico está hecho de cobre. El aluminio podría tomar su lugar en muchas de sus actuales aplicaciones, sin dejar por ello de admitir que el cambio requeriría ajustes que pudieran causar alguna dificultad. Las fibras ópticas pueden llegar a usarse ampliamente en los sistemas telefónicos, y aun ofrecer alguna ventaja sobre el cobre, pues son capaces de transmitir muchas más unidades de información y en un volumen mucho más pequeño.

La escasez de mercurio podría probablemente tolerarse, por cuanto se dispone de sustitutos para cada uno de los usos más importantes del metal. Por otra parte, la toxicidad de sus compuestos ha inducido a las autoridades sanitarias a prohibir algunos de sus usos anteriores. De las 2 000 toneladas de mercurio importadas por Estados Unidos en 1968, la mayor parte estuvo destinada a la producción de sosa cáustica y cloro, sustancias ambas que pueden producirse casi tan bien con la célula de diafragma, ya usada antaño, antes de que se utilizara la célula de mercurio y que sólo exige materiales comunes.

Entre los sustitutos más importantes y de más numerosas aplicaciones cuentan los materiales plásticos, sintetizables no sólo a partir del petróleo o del gas natural, sino de ciertos productos vegetales. En realidad, se ha comprobado que algunos plásticos son superiores a ciertos metales para muy variados propósitos y, como es bien sabido, se usan cada vez más para determinadas labores domésticas y en aplicaciones tecnológicas. ¡Ya antes de la segunda Guerra Mundial, se dice que en Inglaterra había volado con éxito un avión casi enteramente construido con plástico! La sustitución de las fibras de algodón y lana por otras de origen sintético no parece haberse debido a que escasearan aquéllas, sino a ciertas propiedades de los productos sintéticos que los hacen superiores o al menos más prácticos que las fibras naturales. De modo análogo, en muchos casos la sustitución del acero y la madera por aluminio y plásticos se debe a cualidades superiores de estos sustitutos para ciertas funciones. La era de la sustitución ha comenzado con la era del aluminio y el plástico.

Probablemente se intente hallar soluciones tecnológicas a muchos de los problemas de recursos, pero cuestiones de costo entrarán en conflicto con el uso más extenso de productos naturales o sustitutos sintéticos de los mismos. En Estados Unidos existen todavía grandes yacimientos de materiales ricos en cobre, pero su beneficio exigiría grandes minas abiertas en el Parque Nacional de las Cascadas, y ello perjudicaría grandemente una maravillosa región silvestre. De modo semejante podría extraerse titanio de las arenas de Cape Cod, y varios metales, uranio inclusive, del granito de las White Mountains, pero no sin echar a perder el encanto de estas regiones. La producción en masa de aluminio y de plásticos sintéticos implica no sólo un dispendio enorme de energía, sino también perturbaciones ecológicas y, con demasiada frecuencia, ensuciar paisajes terrestres y acuáticos con materiales no biodegradables. Se ve, por tanto, que muchísimos de los problemas de obtención de recursos implican juicios de valor en los que ha de elegirse entre la importancia de los factores económicos y la conservación de la calidad del ambiente.

Vemos, pues, que los "límites del crecimiento" probablemente los revelan no únicamente los modelos de computadora de la contaminación, consumo, abastecimiento de materias primas y crecimiento de la población, sino probablemente aún más las decisiones sociales concernientes a la calidad del ambiente y a los estilos de vida. Las sociedades científicas saben ya, o pueden aprenderlo, cómo resolver muchísimos de los problemas materiales de la vida, pero ignoran cómo resolver el dilema que plantean los conflictos entre las soluciones técnicas y los valores humanísticos y culturales. Este conflicto se manifiesta incluso en la formulación de la política relacionada con el problema de eliminar o reciclar los desechos.

Los desechos constituyen un componente ineludible de la vida, y su eliminación ha afectado a muchos de los aspectos de las sociedades pasadas y actuales. Los desechos de sociedades pasadas proporcionan a los arqueólogos rica información relativa a los antiguos estilos de vida; a los clínicos, oportunidades para el control de las enfermedades; a los conservacionistas, la oportunidad de rescatar o recuperar desechos que de otro modo se perderían; a los tecnólogos, la posibilidad de beneficio económico; a los estetas, la justificación de sus protestas contra los modos modernos de vivir; a los ecólogos, dolores de cabeza ambientales. Los patios y solares donde se recogen los desperdicios sólidos son el sello de marca de nuestra civilización industrial, especialmente en Estados Unidos. Pero el dispendio inútil no es peculiaridad exclusiva de nuestra época, ni siquiera de la especie humana. Muchas criaturas vivientes son despilfarradoras y descuidadas cuando pueden obtener lo que necesitan sin mucho esfuerzo y en cantidad sobrada para su uso. La naturaleza también posee sus propios depósitos de desechos.

Las características del hombre que han dado origen a nuestra actual sociedad de consumo tienen sus hondas raíces en nuestro pasado evolutivo. A semejanza de nosotros, los grandes monos silvestres despilfarran alimentos y ensucian los lugares donde habitan. Los cazadores de la Edad Paleolítica solían matar más animales que los necesarios para comer, y los lugares que antaño ocuparan aparecen sucios, cubiertos de artefactos de piedra, huesos de animales y restos de alimentos. En el sitio de Olduvai, en África oriental, un bajo muro semicircular, que probablemente sirvió de protección contra el viento a nuestros precursores hace medio millón de años, se encontró rodeado de una desordenada y abundante cantidad de huesos de animales, y utensilios de piedra que probablemente fueron arrojados por encima del muro. Los yacimientos arqueológicos de periodos posteriores también contienen artefactos humanos acumulados durante muchas generaciones. Artículos de piedra, marfil, alfarería y cestería son los equivalentes, en la Edad de Piedra, de los recipientes de aluminio o plástico, neumáticos de automóviles y otros artefactos que ensucian nuestros paisajes y corrientes de agua. La ciencia de la paleontología se ha edificado en gran parte con desechos sólidos abandonados al azar por antiguos pueblos.

Las aldeas agrícolas que emergieron después de la revolución agrícola neolítica parecen haber acumulado menos desperdicios que los asentamientos paleolíticos, diferencia que probablemente persistió en las aldeas agrícolas hasta época reciente. Pero el relativo aseo de las aldeas debió obedecer, probablemente, al hecho de que la vida de los campesinos era más ahorradora que la de los recolectores-cazadores. La pobreza impide el dispendio. Así como los colectores-cazadores paleolíticos fabricaban nuevos utensilios y armas de piedra cuando los necesitaban, los pueblos de economía agrícola poseían pocos utensilios y herramientas, y los usaban con parsimonia, a fin de poderlos legar a las siguientes generaciones. Durante largo tiempo, comer carne fue un lujo para los campesinos europeos, y los huesos se usaban para el "cocido" comunal o para alimentar a los animales domésticos. Los bosques europeos fueron en extremo limpios hasta tiempos recientes, principalmente porque la madera muerta constituía el único combustible para el pueblo campesino.

La basura que se abandonaba en las calles de los pueblos del pasado estaba en gran parte constituida por materia orgánica y, en consecuencia, la descomponía la acción bacterial o la consumían los animales. Hasta el siglo XIX, los cerdos recorrían las calles de Nueva York, alimentándose de la basura de la ciudad; mas la situación en cuanto a los desperdicios era aún mala hacia fines del siglo XIX, como se desprende de la siguiente información publicada en el número de enero de 1887 de *Scientific American*: "Los hábitos de la actual generación son tales que producen más materias de desecho y productos venenosos que los de épocas anteriores. El combustible que usamos, los artículos que producimos y las aguas negras se combinan para crear más impurezas que las que nuestros antepasados conocieron ... [la mejor solución] sería desinfectar toda la materia animal sobre tierra seca y no permitir jamás que contaminara nuestras aguas."

Como la incuria y el desperdicio son innatos en la especie humana, se hacen patentes dondequiera que sociedades industriales producen más bienes materiales de los que realmente necesitan. En realidad no somos ahora más dilapidadores o incuriosos que la gente de pasadas épocas, pero la clase de nuestros desperdicios ha variado y su cantidad crecido. Pronto quedaríamos enterrados bajo montañas de basura si no la quemáramos o la transportáramos lo más lejos posible de todo asentamiento humano, la vertiéramos en corrientes de agua o la enterráramos en hondonadas para rellenar éstas. Pero la eliminación de la basura por estos bárbaros procedimientos tiene límites, y el problema de deshacerse de los desperdicios ha llegado a un estado de crisis en todas las sociedades industriales.

La necesidad de nuevos métodos para eliminar basura y desperdicios ha llamado la atención al hecho de que la mayor parte de los materiales de desecho contiene valiosas materias y han de considerarse como recursos gastados que podrían reciclarse y aprovecharse en lugar de deshacerse de ellos.

En la naturaleza, los desechos orgánicos son destruidos por microbios, que los descomponen paso tras paso hasta sus constituyentes elementales que, en seguida, penetran de nuevo en el ciclo de la vida. La madera, el papel y casi todos los demás materiales de desecho de origen natural son así reciclados por mecanismos biológicos, pero éstos se hacen ineficientes o no funcionan por completo si los desechos están muy concentrados o si las condiciones son demasiado antinaturales, como suele ser el caso en los ambientes urbanos o industriales.

Por otro lado, no existen mecanismos biológicos que puedan dar cuenta del aluminio, el acero y numerosos productos sintéticos acerca de los cuales la naturaleza carece de experiencia, ya que no existieron en el pasado evolucionario.

Son muchas las diversas especies de microorganismos capaces de descomponer fibras naturales de algodón o de madera; pero no las fibras artificiales, como las de nilón. Los recipientes de madera o de cartón son biodegradables, pero no los hechos de aluminio o de ciertos plásticos. Por consiguiente, habrá que investigar y producir nuevos procedimientos no naturales, artificiales, para desintegrar los desechos de la edad moderna. Por lo demás, en condiciones naturales, ciertos desechos suelen desintegrarse o diluirse por acción del agua corriente o del aire al extenderse sobre grandes extensiones de tierra o agua, aun cuando estén al principio concentrados, en virtud de las modernas técnicas de eliminación. La naturaleza sólo puede erosionar y desintegrar las masas compactas de desechos sólidos por fricción mecánica y finalmente separando sus constituyentes por complicados procedimientos fisicoquímicos. Las tecnologías de reciclaje requieren pasos iniciales de con junción y disgregación de los desechos.

Los metales preciosos ofrecen sin duda la situación más sencilla, pues los objetos de plata, oro o platino no son desechados sin cuidado. Casi siempre, estos metales preciosos fueron extraídos de la mina y, refinados decenios o siglos antes, seguirán su camino para convertirse más tarde en otros objetos o hallar su destino en distintos usos o aplicaciones. La escasez y gran valor económico de los metales preciosos hace inevitable que el mayor porcentaje de ellos sea constantemente reciclado.

Los metales no ferrosos, como cobre, plomo, cinc, aluminio, estaño y otros que resisten a la corrosión, pueden recuperarse y usarse de nuevo, supuesto que su estado de dispersión no haga su recuperación tan costosa que resulte económicamente inaceptable reciclarlos. El hierro es el metal en mayor cantidad recuperable, casi siempre en forma de acero proveniente de maquinaria, equipo o instrumentos ya inservibles. En regiones densamente pobladas y con grandes industrias suele encontrarse hierro en virutas o trozos en cantidades considerables.

Así pues, la decisión de reciclar o no depende de múltiples factores económicos y sociales. Durante la guerra se establecieron sitios recolectores para facilitar la recuperación de botes de hojalata, pues el estaño era entonces escaso y había que importarlo. Hoy el reciclaje de los botes ya no se justifica económicamente, pero la colección de artefactos de aluminio puede ser provechosa, pues la producción de este metal requiere enorme consumo de energía.

Así pues, el valor del material recuperado y la ganancia neta de energía son los dos factores esenciales en cuanto a la conveniencia del reciclamiento, pero la necesidad de eliminar desechos es otro factor. La práctica ahora habitual de enterrar los desechos para rellenar hondonadas o nivelar el terreno, lo mismo que hundirlos en cuerpos de agua o quemarlos, no puede continuar mucho tiempo más y, en todo caso va a resultar cada vez más costosa, por cuanto la basura y las aguas negras han de llevarse cada vez más lejos de las poblaciones. Dado que el costo de la eliminación ha de deducirse del costo del reciclaje, éste irá siendo cada vez más económico.

Dos tipos de tecnologías —bastante sencillas— que se hallan en el campo de mi experiencia profesional, ilustrarán cómo las industrias modernas pueden ser menos contaminantes, al tiempo que menos generadoras de desechos inutilizables. Poco después de haberme retirado de la Universidad Rockefeller, cierta gran compañía cervecera solicitó mis servicios como asesor sobre los problemas ambientales causados por la fabricación de la cerveza. Los desechos resultantes del proceso de fermentación son ricos en materia orgánica, así como en otras sustancias, y contaminan densamente las corrientes o lagos en que suelen verterse. Como la compañía en cuestión quería edificar una inmensa cervecería cercana a una fuente natural de abastecimiento con un rico hábitat acuático tenía mucho interés en organizar las operaciones de fermentación y otras conexas de manera que se evitara la contaminación del agua. Este propósito se logró no sólo mediante una juiciosa y cuidada labor de ingeniería, sino también convirtiendo en la planta misma todos los desechos en productos útiles, como fertilizantes y alimentos para animales. Incluso el dióxido de carbono que se emite durante la fermentación se recogía para utilizarlo. La planta cervecera lleva ya varios años funcionando y la reserva natural sigue tan floreciente como siempre.

Tengo también alguna experiencia con los problemas ambientales generados por las instalaciones madereras. Algunas de las fases de la industria papelera, que usa madera como materia prima, utilizan gran cantidad de productos químicos, uno de ellos el azufre, que suelen incorporarse a las corrientes afluentes y destruyen la flora y la fauna de ríos y lagos que las reciben. Este procedimiento ya no se permite en muchos lugares, y hay pruebas de que las aguas de salida de la industria maderera pueden ahora reciclarse y hacerse prácticamente inocuas. Por otra parte, la industria de la maderería, como es natural, produce inmensa cantidad de astillas, virutas y serrín, así como otros desechos, que solían arrojarse en lugares lejanos. Estos desechos se utilizan ahora, en una u otra forma, como fuentes de energía para las operaciones de la industria papelera.

Sin embargo, en último análisis, la mejor manera de tratar el problema de los desechos consiste en disminuir la cantidad en que se producen; por ejemplo cambiando razonablemente los modos de vivir y, especialmente, mejorando la durabilidad de los bienes fabricados. En términos de costo de energía es siempre preferible hacer el producto más duradero que recurrir al reciclaje. Si el perfeccionamiento de las técnicas de reciclaje fuese para estimular la obsolescencia, el efecto a largo plazo sería un empeoramiento más en el arte de producir bienes de valor duradero. Desde luego, la disminución de la producción de desechos *per capita* contribuirá indudablemente a la calidad de la civilización.

Casi todas las discusiones sobre la energía se centran en su escasez, costo, nuevas fuentes y técnicas más eficientes para su uso, las cuales suelen girar en torno del supuesto general de que cuanta mayor cantidad de energía tengamos y podamos utilizar, mejor estaremos. Sin embargo, a semejanza de lo que ocurre con otros recursos, la energía no es sino un medio para alcanzar una meta definida o lograr un fin deseado. Si esto pudiera hacerse con menos energía y sin pérdida de eficiencia, tanto mejor. El crecimiento del consumo de energía que ha ocurrido en muchas partes del mundo ha sido probablemente benéfico para el hombre, y desde luego facilitará ahora la vida en los países subdesarrollados. Pero hay razones para pensar que el consumo energético ha llegado a un punto en que sus beneficios disminuyen e incluso podría llegarse al extremo de que causen perjuicio en los países más prósperos.

Hasta el siglo XIX, la única fuente importante de energía fue la de la musculatura de los animales y el hombre, la de los molinos movidos por corrientes de agua o por el viento, y la combustión de madera, carbón y otros materiales. La Revolución industrial comenzó con estos recursos energéticos, renovables pero escasos. La madera, el combustible de las primeras máquinas y locomotoras, comenzó a escasear en Gran Bretaña desde comienzos del siglo XIX. Pese a la inventiva de científicos y tecnólogos, la Revolución industrial no hubiera ido muy lejos de no haber abundante hulla fácilmente asequible para sustituir a la madera. Al principio se creyó que la hulla era prácticamente inagotable, y la creencia de que el crecimiento industrial podría prolongarse indefinidamente fue reforzada cuando empezaron a utilizarse en gran escala el petróleo y el gas natural, durante el siglo actual.

La abundancia de combustibles fósiles ha hecho posible la aplicación práctica en gran escala de descubrimientos mecánicos y químicos a los procesos industriales. Por ejemplo, de haber escasez de algunos metales, puede aplicarse la energía para extraerlos de minerales de inferior riqueza o crear sustitutos por síntesis química. Si son procesos industriales los que producen contaminantes, puede utilizarse energía para atraparlos y hacerlos inocuos o bien desarrollar medidas protectoras contra sus efectos. Los progresos de las prácticas agrícolas y del proceso de alimentos también implican el uso de energía en gran cantidad. En último análisis, gran parte de nuestra riqueza actual podemos rastrearla hasta el uso del petróleo y del gas natural, que nos han abastecido de energía a bajo costo y en forma conveniente durante más de un siglo. Sólo ahora comenzamos a darnos cuenta de cuán profundamente el uso masivo de combustibles fósiles irremplazables ha afectado a los países de la civilización occidental, al aumentar decenio tras decenio desde fines del siglo xix.

Los efectos benéficos del consumo de energía en gran escala son evidentes: confort sin precedentes para los niños, prolongación de la vida, movilidad jamás igualada, oportunidades más equitativas para la instrucción, el entretenimiento y la cultura. Estos privilegios han llegado a considerarse como cosa natural, sin darnos cuenta del alto precio que pagamos por la gran rapidez con que avanza y se eleva nuestra civilización. El control personal de un automóvil de 350 caballos de fuerza equivale en términos de energía al poder de un faraón con trescientos cincuenta caballos o tres mil quinientos esclavos bajo su mando. Los individuos pertenecientes a las sociedades que consumen gran cantidad de energía parecen dispuestos a pagar casi cualquier precio para mantener el control sobre estos equivalentes de caballos y esclavos; pero es muy probable que, conforme vaya aumentado el precio de los combustibles, hayan de contentarse con un equipo algo más reducido.

La preocupación pública por el problema de la energía empezó en los años sesenta, cuando la gente comenzó a enterarse de que su producción, lo mismo que su uso, generan contaminación y perturban los sistemas ambientales. Poco después, en 1973, el embargo del petróleo árabe, seguido de frecuentes agudos y repetidos aumentos de los precios de este combustible y el del gas natural, llamó la atención al hecho de que la reserva de combustibles fósiles no es ilimitada y, además, se encuentra muy localizada. Comenzó entonces a extenderse por el mundo una atmósfera sombría, pues fue mucha la gente que llegó a la convicción de que el ocaso de la energía era inevitable y con ello la decadencia de la civilización industrial. Una de las grandes dificultades de nuestros tiempos tiene por causa el no habernos dado cuenta de que la llamada "revolución industrial" no había sido en realidad tanto una revolución científica como una serie de grandes progresos tecnológicos hechos posibles gracias al despilfarro de los baratos combustibles fósiles. Si esto hubiera sucedido antes, habría ayudado a los científicos físicos y sociales a definir mejor las fuerzas en juego en nuestra sociedad y así estar preparados para la era de la falta de petróleo.

Pasé mi juventud en aldeas y pequeños pueblos franceses en los que la electricidad no llegaba a mi hogar y, por consiguiente, reconozco la conveniencia y las diversas experiencias con que el equipo eléctrico contribuye a la vida moderna. Sin embargo, por la misma razón, me hallo bien situado para darme cuenta de que la forma de vida que implica pequeños consumos de energía no es necesariamente miserable y embrutecedora. Me inclino incluso a creer que cierta reducción en la cantidad de energía que ahora se dilapida en muchos países industriales tendría como resultado mejores condiciones de vida. Un gran porcentaje de la energía que ahora se consume es simple derroche, y su uso excesivo causa diversos efectos indeseables sobre las estructuras e instituciones de nuestras sociedades y sobre los sistemas ecológicos. Por desgracia, desde todos estos puntos de vista, la situación es peor en Estados Unidos que en el resto del mundo.

Con sólo el 6% de la población del mundo, Estados Unidos usa y consume como un 40% de los recursos mundiales. Estas cifras abstractas adquieren significación más concreta si se toma en consideración que por cada habitante de Estados Unidos, en un determinado momento, se hallan en uso 10 000 kilogramos de acero, 160 de cobre, 150 kilogramos de plomo, 125 de aluminio, 125 kilogramos de cinc y 20 de estaño.

Desde luego, la relación entre el consumo de energía y la calidad de la vida es tan compleja que la comparación entre dos países distintos o dos diferentes épocas resulta difícil de interpretar. Por ejemplo, en Estados Unidos, un considerable porcentaje de la energía no se usa para satisfacer las necesidades cotidianas de la vida, sino para producir alimentos y productos fabriles destinados a la exportación. Por otra parte, la inmensa extensión del país y la dispersión de los asentamientos humanos ocasionan un gasto de energía mucho mayor en el transporte que el que consumen los países europeos, mucho más compactos. Finalmente, hasta ahora, Estados Unidos ha gozado de abundantes fuentes de energía barata: madera, hulla, petróleo, gas natural, etcétera, situación que ha hecho al pueblo norteamericano menos preocupado por la energía que otros peor dotados de combustibles. Ya desde un siglo atrás, el consumo *per capita* de energía ha sido considerablemente más alto que en Europa.

Sin olvidar que existen notables diferencias en el consumo de energía entre los países industrializados, el uso masivo de petróleo y gas natural ha causado efectos semejantes en todas las partes del mundo occidentalizado.

• Ha convertido a estos países de estructuras agrícolas socialmente centradas en la aldea, en sociedades tecnológicas centradas en ciudades.

• Ha acrecido enormemente el número de especialidades laborales y creado nuevos problemas para la coordinación y control del trabajo de especialistas.

• Ha reducido netamente la participación de los niños en las actividades en familia y, por tanto, debilitado las instituciones familiares.

• Ha hecho obsoletas muchas de las anteriores funciones de aldeas, comunidades y vecindarios.

• Ha hecho de las burocracias empresariales y gubernamentales las instituciones dominantes en el manejo de nuestras vidas.

• Ha hecho el manejo societario más complejo y, en consecuencia, aumentado la hostilidad contra todas las formas de autoridad pública.

• Ha hecho a todas las sociedades de alto consumo energético mucho más vulnerables a las varias formas de desintegración social.

Estos efectos se aceleraron y exacerbaron durante la segunda Guerra Mundial y después de ella, periodo en el cual el consumo de gasolina y gas subió hasta las nubes con el enorme crecimiento del transporte en automóviles y camiones, con la suburbanización de la clase media y con la mecanización de la agricultura, que ha obligado a un número inmenso de pequeños agricultores a trasladarse a las ciudades en busca de empleo.

Las opiniones difieren en extremo en cuanto a los peligros y beneficios de los cambios sociales provocados por el uso masivo de energía, pero hay más acuerdo en cuanto a sus efectos sobre los ecosistemas naturales y agrícolas.

Aun cuando se sabe desde hace mucho tiempo que la combustión de combustibles fósiles produce gran variedad de contaminantes, sólo ahora se ha comprobado la universalidad y extensión de sus efectos. Por ejemplo, los ácidos que produce la oxidación del azufre y el nitrógeno en los motores de combustión interna y en las plantas de energía, arrastrados por las corrientes de aire sobre vastas extensiones, llegan a la superficie de la tierra y a los cuerpos de agua en forma de lluvia ácida que lava ciertos constituyentes del suelo, lesiona la vegetación y altera y perjudica a la flora y la fauna acuáticas. Estos fenómenos se descubrieron en Escandinavia, y se los creyó causados en gran parte por las lluvias ácidas originadas en las industrias de Inglaterra y Alemania. Ahora se han observado fenómenos similares en lagos y bosques de Canadá, en los Andirondacks y en la costa atlántica. Se ha calculado que si la actual concentración de ácidos en la lluvia que cae sobre Nueva Inglaterra se mantuviera diez años, la productividad agrícola y forestal de esta región disminuiría en un 10%, lo que supondría tal reducción de la fotosíntesis que, solamente para esta región, correspondería a la generación energética equivalente a la de quince plantas generadoras de mil megavatios cada una. Además de las lluvias ácidas, una inmensa diversidad de contaminantes originados en masas de tierra amenazan a muchas variedades de la flora y la fauna marinas. La reducción de la fotosíntesis en los sistemas oceánicos tendría desastrosas consecuencias para la ecología mundial.

Hay que producir técnicas que disminuyan la contaminación atmosférica a un nivel tolerable. Pero no hay manera posible de evitar la contaminación por el calor, pues su producción es consecuencia inevitable de la generación y del consumo de la energía. Incluso las llamadas fuentes energéticas "solares" —entre las que cuentan la radiación, los vientos, las caídas de agua, las mareas o el oleaje— no son tan inocuas como suele creerse. Si bien las fuentes solares nada añaden a la carga de calor del planeta, podrían causar perturbaciones ecológicas al modificar la distribución del calor. Cualquier forma de energía usada en gran escala perturbará los modelos del flujo de energía a través del sistema global. Cualquiera que fuere la naturaleza de las plantas de energía establecidas en ambos lados del Atlántico, por ejemplo, pronto serían tan numerosas que descargarían en la Corriente del Golfo cantidades de calor que afectarían las regiones subpolares marginales cubiertas de hielo e iniciaríase así un proceso que acabaría por fundir el casquete de hielo polar.

Se cree ampliamente, aunque sin pruebas convincentes ni conocimiento completo, que el consumo de combustibles fósiles, por generar dióxido de carbono y materia finamente particulada, alteraría el clima de la Tierra. Probablemente, el dióxido de carbono y la materia finamente particulada tengan efectos opuestos sobre la acumulación de calor en la Tierra; pero nada se sabe concerniente a sus magnitudes relativas que permita predecir los cambios climáticos que probablemente resulten a consecuencia del actual consumo de energía. Sin embargo, los expertos en general coinciden en que el nivel actual de consumo de combustibles fósiles hace previsible que ocurran perturbaciones climáticas *globales* hacia el año 2000 y perturbaciones *regionales* de importancia mucho más pronto. De aumentar al doble el consumo de energía en Estados Unidos probablemente ocurran desastres locales, mientras que el aumento al doble del consumo de energía en el mundo entero indudablemente trastornaría el sistema ecológico global.

La experiencia clínica, la investigación epidemiológica y la experimentación con animales coinciden en demostrar que la longevidad y la salud suelen beneficiarse de la frugalidad en el comer y del vigoroso ejercicio físico a lo largo de toda la vida. Individuos de muchos países pobres que realizan in-

tenso trabajo físico todos los días lo consiguen con
una alimentación diaria menor que la habitualmente
consumida por los naturales de los países ricos, y
que consiste principalmente en féculas y legumbres,
en lugar de azúcar y carne. En ciertas regiones donde
viven numerosas personas de edad muy avanzada,
muchas de las cuales siguen siendo física y sexual-
mente activas, se come relativamente poco y tanto
hombres como mujeres realizan continuo trabajo físico. Muchos individuos de países industrializados
prósperos podrían disminuir su consumo de energía
y mejorar su salud reduciendo su consumo de carne y
azúcar e independizándose de las máquinas para el
transporte, el trabajo y otras ocupaciones de la vida
cotidiana.

Probablemente, la salud mental también sea so-
cavada por el excesivo consumo de energía, porque
ello empobrece nuestro contacto con el mundo externo. Es probable que toda experiencia se debi-
lite y deforme si es pasiva; por ejemplo, contemplar
la naturaleza a través de las ventanas de un automóvil o haciéndose la ilusión de participar en las relaciones humanas viéndolas en la pantalla de la televisión. Por supuesto, la energía proveniente de
fuentes externas puede ensanchar y diversificar
nuestro contacto con el mundo, pero con demasiada
frecuencia propendemos a usarla principalmente para
minimizar el esfuerzo y, por tanto, empobrecemos la
experiencia de la realidad. Nuestras potencialidades
para el trabajo intelectual, las relaciones humanas
o las experiencias emocionales, en modo alguno se
desarrollan mejor viendo un programa de televisión
que como lo hacen nuestros músculos mientras pre-
senciamos una competencia deportiva.

En el pasado, el diseño de los asentamientos humanos había de tomar en consideración el clima, la topografía y otras características físicas de la región. Estas restricciones naturales daban origen a una gran diversidad de estilos de planificación y arquitectónicos que influían mucho sobre el encanto, el interés y también la comodidad de las condiciones de la vida en la región. La calidad y estética de la "arquitectura sin arquitectos" eran producto de la necesidad de adaptarse al ambiente natural.

En contraste, los planificadores pueden ahora casi desdeñar totalmente la intensidad de la insolación, las frías temperaturas invernales, el efecto de la lluvia o la nieve sobre los edificios, la necesidad de adaptar el declive de los tejados a las condiciones climáticas, etcétera. La distancia entre las casas y entre el domicilio y el lugar de trabajo tienen igualmente escasa importancia en la planificación moderna. En lugar de preocuparse con las limitaciones locales, los planificadores y arquitectos de ahora se interesan más en el uso de más y más energía para la calefacción y climatización de los edificios, de proteger a la gente contra los estímulos, de trasladarlos de un lugar a otro y de colocar instalaciones dondequiera que se crean necesarias. El evitar las restricciones locales se traduce en aumento de los costos y del consumo de energía. Y más importante, tal vez, tiende a disminuir la diversidad estética de la arquitectura y la calidad de las relaciones humanas. El paisaje aparece tachonado de adocenadas casas sin estilo; los edificios están estereotipados; sus ocupantes pierden contacto con otra gente y con el ambiente; las comunidades se desintegran.

Una casa aislada, libre por sus cuatro costados y

rodeada de tanto terreno como sea posible, ha sido desde hace mucho tiempo uno de los ideales de la vida norteamericana. Este ideal solía ser compatible con las condiciones económicas y sociales de tiempos pasados, cuando había grandes extensiones de terreno sin ocupar y a bajo precio, y cuando la casa familiar era esencialmente autosuficiente, con su propio bosque, abastecimiento de agua de una corriente o un pozo, alimentos de la huerta, de animales domésticos o silvestres, y pocos problemas en cuanto a la eliminación de los desechos. Pero las condiciones han cambiado. La casa aislada depende cada vez más de los servicios públicos —electricidad, teléfono, agua, sistema de alcantarillado— y también de combustible para la cocina o la calefacción, medios de transporte, contribución al mantenimiento de los caminos y eliminación de la nieve; es decir: prácticamente todas las actividades y comodidades de la vida moderna.

En el mundo contemporáneo, el estilo de vida que implica la casa aislada supone tales gastos sociales, especialmente con respecto al trabajo y la energía, que puede convertirse en una carga económica, excesiva para la familia media y, por otra parte, quizá socialmente inaceptable.

El aumento del precio de la energía puede actuar como catalizador para el diseño de edificios adaptados al ambiente natural y la reestructuración de los asentamientos humanos, basados quizá en un mayor agrupamiento de las viviendas. Con ello se obtendría economía en el consumo de combustible, en el mantenimiento de caminos, y en la construcción y mantenimiento de sistemas de alcantarillado, y serían mayores las facilidades para ir a comprar o a la escuela. Por otra parte, facilitaría las actividades de grupo y, en consecuencia, fomentaría la vida en común.

La agrupación de viviendas en regiones rurales y suburbanas dejaría también mayor extensión de tierra para la agricultura, la silvicultura e incluso para áreas semisilvestres y semirrecreativas. Muchos arquitectos y planificadores sociales ensayan ahora el diseño de asentamientos humanos que proporcionen las ventajas tecnológicas de las viviendas agrupadas y la sensación de privacía y espacio de que goza la casa aislada.

La agricultura moderna depende cada vez más de múltiples formas de energía industrial para la producción y uso del equipo agrícola, fertilizantes químicos, insecticidas y herbicidas, riego y avenamiento. La estación agrícola puede así considerarse como una compleja tecnología para convertir, por así decirlo, combustibles fósiles en productos vegetales que ulteriormente se transformarán en alimentos y otros materiales. Expresa su éxito el fenomenal aumento de la producción agrícola y la conversión de calorías de bajo precio (combustibles) en otras calorías, como alimentos y fibras mucho más valiosas para el hombre. Pero la agricultura tecnologizada tiene costos indirectos.

Cuanto más depende la agricultura de la energía industrial, menor es el verdadero rendimiento, medido en términos de número de calorías industriales necesarias para producir una unidad de producto agrícola. Por ejemplo, el 34% del aumento de la producción de alimentos en Estados Unidos entre 1951 y 1956 se acompañó de un 146% de aumento en el uso de nitratos y 300% en el de plaguicidas. Es incluso probable un mayor gasto de energía por unidad de producto agrícola cuando se ponga en producción tierra menos fértil. Tampoco hay mucha esperanza de que pueda mejorar esta situación pues, de acuerdo con un reciente informe, la sustitución por el trabajo humano de energía derivada de combustibles fósiles, más el uso de fertilizantes y plaguicidas químicos ha revelado formas de cultivo tan eficientes como las ahora en uso. Por consiguiente, el costo de la producción de productos agrícolas aumentará con el costo de la energía.

De otro lado, es probable que la escasez de energía y su alto precio aporten algún beneficio a las prácticas agrícolas. El uso masivo de equipo pesado, de fertilizantes químicos y de plaguicidas sintéticos causa mucho daño ambiental; los suelos se compactan y pierden su *humus*: las corrientes de agua son contaminadas por la erosión y el arrastre a ellas de productos sintéticos; los fertilizantes químicos reducen la fijación de nitrógenos por las bacterias. Conceder más importancia a las consideraciones ambientales y biológicas, basadas en los conocimientos ecológicos modernos, podría llevar a disminuir el uso de la energía en la agricultura y a crear científicamente el equivalente de las prácticas empíricas gracias a las cuales los antiguos campesinos mantenían la fertilidad del suelo generación tras generación. Ello tendría el mérito de conservar la cualidad de los paisajes, en virtud de la mejor adaptación de la agricultura a las características naturales, estructurales y topográficas de cada región particular.

Diferentes, como lo son, todos los ejemplos mencionados en esta sección ofrecen un aspecto en común. En todos ellos la energía se usa para disminuir o suprimir los esfuerzos que se exigen del organismo, o del sistema, para que continúen funcionando. Gran parte de la energía consumida no sirve realmente a actividades creativas, sólo reduce el esfuerzo de adaptación a los desafíos del ambiente natural. Esta doctrina protectoria contribuye a facilitar la vida, pero en la mayor parte de los casos empobrece la experiencia vital. Inyectamos energía en los sistemas humano y natural en sustitución de las reacciones de adaptación que a falta de ella crearían. Estas prácticas suelen causar la atrofia de los mecanismos de respuesta inherentes a todos los sistemas vivientes y, en consecuencia, disminuyen considerablemente los efectos formativos de adaptación a los cambios ambientales.

Los genes no determinan características; sólo gobiernan las respuestas de los organismos a los estímulos ambientales. Todos los organismos están dotados de potencialidades que sólo se desarrollan plenamente en atributos funcionales cuando surge la necesidad de utilizarlos. Esto es bien sabido por lo que concierne a los atributos físicos y psíquicos del ser humano, pero también es cierto en el caso de los organismos microbianos. Así como los músculos no se desarrollan bien si no se los ejercita, las bacterias capaces de fijar el nitrógeno atmosférico no lo harán, o lo harán con menor eficiencia, si se cultiva a las plantas en un medio que contiene gran cantidad de sustancias nitrogenadas utilizables por aquéllas para su metabolismo.

El mismo principio general es aplicable a los sistemas sociales y ambientales. Arquitectos y planificadores tienden a perder inventiva cuando la abundancia de energía les permite no tomar en cuenta las restricciones y potencialidades del ambiente local. El excesivo consumo de energía puede inhibir los procesos naturales de adaptación que contribuyen a la originalidad regional y a la fertilidad del suelo. En consecuencia, no es posible evaluar los plenos efectos de la introducción de gran cantidad de energía en un sistema hasta que se toma en consideración la extensión en que tal elevada cantidad de energía interfiere con las respuestas adaptativas y creadoras que el sistema sería capaz de desarrollar en otras condiciones, más naturales y tal vez más exactas.

La crisis energética sería una bendición si nos obligase a desarrollar modos de vida más sanos y ricos, al dar expresión plena a las potencialidades de adaptación y creación de los sistemas naturales y del organismo humano. Pueden observarse tendencias en esta dirección en las actuales discusiones relativas a los méritos comparativos de la centralización o descentralización de los sistemas generadores de energía.

Mucha gente considera como manifestación de progreso la existencia de minas a cielo abierto, instalaciones hidroeléctricas gigantescas, tendidos de líneas de conducción eléctrica de alto voltaje; pero para otra representan amenazas contra las libertades personales y el espíritu de la civilización. En contraste, todas las formas de la energía solar —luz del sol, viento, corrientes de agua, biomasa— atraen a la gente temerosa de la atmósfera de seguridad relacionada con las tecnologías de alto poder. Indudablemente, existe una diferencia fundamental entre los efectos sociales de la energía derivada de combustibles fósiles o reactores nucleares y la que se obtiene de las varias manifestaciones de la energía solar. El producto probable de la primera es la centralización social; el de la segunda, la descentralización.

Los combustibles fósiles constituyen formas muy concentradas de energía que pueden transportarse con facilidad de un lugar a otro de la Tierra. Los reactores nucleares generan enorme cantidad de electricidad dondequiera que estén situados. Por consiguiente, estas dos formas de producir energía conducen a sistemas tecnológicos, económicos y sociales con un alto grado de centralización social.

En contraste, son pocos los lugares de la Tierra que gozan de luz solar no ensombrecida por las nubes, de vientos poderosos confiables, de caídas de agua en gran volumen o de biomasa suficiente para operaciones en grande. Puesto que las varias formas de la energía solar sólo suelen poder aprovecharse en pequeña cantidad en un determinado lugar, los primeros pasos deben efectuarse en unidades industriales relativamente pequeñas, necesidad que favorece la descentralización social. Las fuentes de energía derivadas del sol, la biomasa inclusive, se adaptan mejor a estructuras sociales diferentes de las que se basan en fuentes de energía derivadas de los combustibles fósiles o de los reactores nucleares.

En nuestro tiempo, la gran mayoría de las personas indudablemente prefieren disponer de abundante electricidad al alcance de la mano, sin pensar en su origen, sus peligros ambientales o sus costos sociales indirectos. Pero una parte del público, que parece ir en aumento, propende a preferir tecnologías locales en menor escala, más compatibles con la descentralización social y el pluralismo cultural. Así, la selección de fuentes de energía implicaría opciones basadas no solamente en consideraciones científicas y análisis de costos y beneficios, sino también en juicios de valor relativos a la forma ideal de la sociedad. Probablemente, el resultado final será una compleja mezcla de fuentes de energía centralizadas y descentralizadas adaptadas a la expresión de las múltiples facetas de la vida humana y elegidas para ajustarse a las condiciones prevalecientes en una determinada parte del mundo. En realidad, es casi seguro que acabemos viviendo con dos clases complementarias de energía, una destinada a actividades en gran escala y la otra compatible con las aspiraciones y gustos de pequeños grupos de gente y con el genio del lugar.

Estamos condicionados para creer que cuanto mayor sea la cantidad de energía de que podamos disponer, tanto mejor, mientras que el pensamiento de limitar su consumo crea en el público en general un sentimiento de tristeza e incluso de pánico. Sin embargo, la energía no ha de considerarse como política de último recurso, con efectos desagradables sólo aceptables si con ellos se evitan dolorosas escaseces futuras, sino más bien como medio para mejorar la calidad del ambiente y enriquecer la calidad de la vida humana.

Indiscutiblemente, la disminución del uso de recursos y energía trastornará los patrones industriales y de empleo, pero también creará trabajos de nueva clase, al generar nuevos hábitos y estimular la producción de sustitutos de los actuales bienes industriales. Y más importante: la necesidad de cambiar estimulará la imaginación con el fin de modificar la sociedad y hacerla más humana. La calidad de la vida depende menos de la energía y los recursos minerales disponibles para la sociedad que de los recursos y la energía de la mente humana.

En las páginas precedentes me he referido varias veces a los mecanismos de adaptación mediante los cuales los seres humanos, aun poseyendo todos la misma estructura en la Tierra entera, han sido capaces, sin embargo, de utilizar las invariantes del *Homo sapiens sapiens* para vivir en muy distintos ambientes y condiciones y crear una inmensidad de culturas y diversas formas de vida. Sin embargo, la palabra "adaptación" tiene diferentes significados, ya que es posible ajustarse de muy diferentes maneras.

Por una parte, la adaptación puede seguir el camino de la evolución darwiniana y, por tanto, dar origen a cambios específicos de las moléculas de los ADN genéticos, proceso que suele requerir muchas generaciones. De otro lado, la adaptación se logra con rapidez mucho mayor por medio de reacciones vitales o manipulaciones socioculturales que no exigen cambio alguno de la constitución genética. Es más probable que los humanos estemos más cómodos y seamos más felices si realizamos esfuerzos individuales conscientes para adaptarnos vital y socialmente a los lugares donde vivimos, trabajamos y jugamos; a los alimentos que comemos, a la ropa que vestimos y, especialmente, a la gente con la que hemos de convivir y tratar. En la fase actual de la vida humana, los mecanismos de adaptación vital y sociocultural tienen importancia práctica mucho mayor que los mecanismos genéticos darwinianos.

Por lo demás, hay más en la adaptación que la consecución del simple ajuste. En la mayoría de los casos, el venturoso interjuego entre las personas y los ambientes físicos y sociales en que se desenvuelven y funcionan implica la emergencia de actitudes, cualidades y estructuras que se suman para formar un proceso creativo verdadero. Por ejemplo, nos adaptamos a ambientes peligrosos o faenas difíciles mediante la adquisición de mayor resistencia o de nuevas habilidades. Estos efectos creativos de los procesos de adaptación se han descuidado considerablemente. Como yo los considero de gran importancia para la historia de la vida, abriré aquí un amplio paréntesis a fin de presentar unos cuantos ejemplos de adaptación creadora que han ocurrido en varias formas naturales y aun en sistemas que la mayoría de las personas consideran inaptos para la vida.

Por ejemplo, consideremos un puñado de tierra de jardín. En general, se supone que el suelo está exclusivamente constituido por componentes inorgánicos de la tierra, excepto por los gusanos e insectos que en él habitan. Sin embargo, en realidad, cada partícula de suelo contiene billones de diversas especies de microorganismos. Estoy seguro de esto porque a comienzos de mi vida científica, durante los decenios veinte y treinta, fui microbiólogo de los suelos. De hecho fue mi experiencia como microbiólogo de los suelos lo primero que despertó mi interés por los problemas de la adaptación y el ajuste desde el punto de vista ecológico. Aprendí, por ejemplo, que los microbios de las clases que se hallan en el suelo rico de un buen jardín sobrevivirían precariamente o morirían en un suelo ácido y arenoso o en cualquier suelo bajo el agua. Las relaciones de adaptación entre cualquier clase particular de suelo y los microbios que lo habitan son muy complejas y tienen gran valor teórico y práctico, porque son ellas quienes verdaderamente crean la superficie de la Tierra. No habría verdadero *humus* sobre la superficie de la Tierra a no ser por la presencia de la vida microbiana; contendría entonces únicamente constituyentes químicos inanimados, como es ahora el caso con la superficie de la Luna o Marte. Sin la vida, la superficie de la Tierra sería tan áspera e inhóspita como la de otros cuerpos celestes. El *humus*, que convierte a los constituyentes químicos de la superficie terrestre en suelo fértil y cubre el lecho rocoso, es producto de la vida microbiana.

Cómo comenzó todo esto es un misterio, pero sabemos que los microbios del suelo están constantemente produciendo *humus*, al descomponer los cuerpos muertos de plantas y animales y otras formas de vida.

Las características y cantidad de *humus* existente en un determinado lugar, por otra parte, dependen de la composición química de los constituyentes de la tierra local y de otros factores locales ambientales que determinan qué clases de microbios habitarán en ese lugar determinado. En otras palabras, cada clase de suelo resulta de la creación de un sistema en el que se ha logrado la mutua coadaptación entre el ambiente total y la población microbiana —coadaptación que, a su vez, determina qué especies de plantas y animales tendrán mejor éxito en un clima particular. Los ADN genéticos determinan las potencialidades y restricciones de cada una de las especies que habitan bajo la tierra y en la superficie, pero todas las manifestaciones de la vida son expresiones condicionadas, no por las moléculas de los ADN, sino por la interacción creadora entre los microbios y su ambiente, es decir, el suelo en que habitan.

Ilustraré estas relaciones con un ejemplo también tomado de mi propio trabajo como científico médico, efecto que, de hecho, ha condicionado mi interés por la adaptación biológica, especialmente la del hombre. A finales de los años veinte trabajaba como microbiólogo sobre la neumonía lobar en el hospital del Instituto Rockefeller para la Investigación Médica. Sabíamos que el neumococo causante de la neumonía lobar debe su capacidad patógena al hecho de poseeer una cubierta mucosa, una cápsula que lo protege contra los mecanismos naturales de defensa del cuerpo humano, y que esta cápsula mucosa está constituida por un azúcar complejo al que denominamos polisacárido capsular.

No disponíamos entonces de medio alguno para destruir los polisacáridos capsulares salvo por tratamiento con algún ácido fuerte, lo que, por supuesto, no podía realizarse en el cuerpo humano. Familiarizado como yo lo estaba con las potencialidades de la población microbiana del suelo y con su capacidad para descomponer sustancias de la más extraña naturaleza, postulé la posibilidad de que existiera en algún lugar de la naturaleza alguna especie de microbios que se alimentaran con dicho polisacárido digiriéndolo con alguna enzima peculiar. La palabra "enzima" es el término genérico que designa a ciertas proteínas generadas por todos los organismos vivientes, que los hacen capaces de innumerables funciones fundamentales, entre ellas la de digerir y utilizar los alimentos. En 1929, conseguí obtener del suelo ciertos microbios capaces de digerir el polisacárido capsular del neumococo y nutrirse con los productos de esta digestión. Asimismo conseguí separar de los cultivos de esos microbios la enzima que digiere al polisacárido en cuestión. En consecuencia, resulta posible curar por completo a animales infectados con neumococos, inyectándoles la enzima que destruye su polisacárido capsular.

La enzima anticapsular que preparé en 1929 fue el primer antibiótico producido por un método científico racional en el laboratorio; pero aunque activísimo contra la infección neumocócica del animal, nunca se ensayó en seres humanos, por varias razones prácticas, una de ellas la dificultad de producirla en forma pura en gran escala y otra el haberse descubierto a comienzos de los años treinta los fármacos sulfanilamídicos, activos contra muy diversas enfermedades bacterianas, entre ellas la neumonía lobar.

Comprobada la actividad antibacteriana de la enzima microbiana, traté de desarrollar métodos para su producción en gran escala y ello me condujo a un inesperado descubrimiento de indudable valor teórico y práctico que ha influido todo el resto de mi vida. No tuve dificultad para obtener enormes cantidades del mencionado microbio del suelo cultivándolo en un caldo de cultivo muy rico; pero para mi sorpresa y decepción, la masa microbiana así obtenida no contenía la enzima anticapsular que me interesaba. Acabé por darme cuenta de que el microbio sólo produce esta enzima cuando se encuentra privado de otros nutrientes y forzado entonces a alimentarse con la cápsula misma o alguna otra sustancia con ella emparentada. Así pues, la respuesta *adaptativa* a la necesidad de utilizar un polisacárido como alimento es de índole creativa, a saber: la producción de una enzima. Por buenas razones científicas, bioquímicas y genetistas que trabajaron más adelante en problemas relacionados con la producción de enzimas, acuñaron la frase "enzima inducida"; pero por razones de teoría biológica, yo sigo prefiriendo la frase "enzima adaptativa".

Naturalmente, mi descubrimiento me excitó, en parte por su originalidad científica, pero aún más porque inmediatamente me di cuenta de su aplicabilidad a otras formas de vida, especialmente la vida humana. El hecho de que se produjera una enzima en muy breve tiempo, como reacción de adaptación a ciertas necesidades, demuestra que los microorganismos poseen potencialidades que sólo se actualizan o expresan en determinadas condiciones. En consecuencia, postulé que esta ley biológica es aplicable a otras formas de vida, inclusive la vida humana, e influye en la conducta del hombre. Es éste un mecanismo de adaptación muy diferente del que lograron los procesos genéticos darwinianos que, en las formas superiores de la vida ocurre con gran lentitud, a lo largo de muchas generaciones. Subsiguientemente demostré otros ejemplos de producción enzimática adaptativa, y siempre desde aquel tiempo —hace más de medio siglo— me ha obsesionado la convicción de que todos nosotros nacemos con capacidades potenciales para muchas formas de vida diferentes, pero que sólo se actualizan aquellas que ciertas condiciones adecuadas ponen en acción y para las cuales efectuamos el género de esfuerzo apropiado, más frecuentemente que no en respuesta a la necesidad.

En la naturaleza, las adaptaciones creativas son a menudo consecuencia del hecho de existir en íntima asociación ciertas formas de vida con otras no relacionadas genéticamente con ellas. Tales asociaciones biológicas comprenden animales, vegetales y microbios en toda suerte de combinaciones; para su sobrevivencia dependen de cambios que realizan especies relacionadas mejor adaptadas entre sí, por lo regular con efectos creativos. Sabemos ahora con certeza que muchos organismos que durante largo tiempo se supusieran distintas especies biológicas bien definidas han resultado ser asociaciones de individuos de especies diferentes. Por ejemplo, el animal marino llamado "guerrero portugués" consta en realidad de por lo menos tres diferentes especies que se unieron entre sí en el curso de la evolución: una consiste en el flotador; otra son los tentáculos pescadores que capturan el plancton y la tercera ejecuta las funciones digestivas. Los varios organismos que constituyen el "guerrero portugués" son tan interdependientes que no viven mucho tiempo si se separan unos de otros.

La palabra simbiosis se acuñó hace más de un siglo para designar esas asociaciones biológicas entre algas y hongos que constituyen los llamados líquenes, pero cuyo uso se ha extendido ahora ampliamente para denominar muchas otras asociaciones entre organismos no emparentados genéticamente. Etimológicamente, simbiosis significa vivir unidos, pero en la práctica se usa ahora casi exclusivamente en su sentido histórico inicial, y sobre todo con el significado adicional de que cada uno de los simbiontes (los organismos que viven en simbiosis) contribuye al bienestar de sus asociados. Una de las relaciones simbióticas más extensamente estudiadas es la establecida entre las leguminosas y algunas otras especies vegetales que viven en asociación con ciertas especies bacterianas capaces de captar y retener el nitrógeno de la atmósfera. Sobre las radículas de la planta se forman tumefacciones, llamadas nódulos radiculares, que son resultado de la reacción del tejido de la planta a las bacterias del género *Rhizobium* presentes en el sistema de sus raíces. La enorme población bacteriana de los nódulos obtiene su nutrición de la planta, pero en reciprocidad, la presencia de las bacterias en los nódulos de la planta causa la formación de una sustancia hemoglobinoidea que hace posible a la asociación simbiótica planta-bacteria convertir el nitrógeno atmosférico en cuerpos nitrogenados orgánicos que la planta utiliza para su crecimiento.

Existen no menos de 20 mil variedades de líquenes, en la superficie de las rocas, en la corteza de los árboles en las inhóspitas tierras árticas y antárticas y en otros lugares inhospitalarios que parecen casi incompatibles con la vida. Cada una de las variedades de liquen consta de dos organismos microscópicos: un alga y un hongo, cuyos complementarios atributos funcionales capacitan a ambos a obtener nutrimento en condiciones en que ni uno ni otro podrían vivir solos. Por lo demás, la asociación del alga con el hongo otorga al liquen gran resistencia a muchas condiciones nocivas, como el calor, el frío o la sequía, que serían fatales para casi todas las formas de vida y, desde luego, para el alga y el hongo si vivieran aislados.

Los líquenes exhiben diferentes formas y propiedades, según la especie del alga y del hongo que los forman, así como de la sustancia sobre la cual viven. El llamado "musgo de los renos", que es la casi única vegetación que cubre inmensas áreas de las regiones polares y subpolares, es en realidad un liquen, como también lo es el llamado impropiamente "musgo de la California española", que crece sostenido por árboles en la costa occidental de Estados Unidos. Un aspecto interesante de la vida de los líquenes es que la asociación adaptativa entre dos especies microscópicas, el alga y el hongo, da origen a la formación de estructuras botánicas mucho mayores, que exhiben vívidos colores, ofrecen gran diversidad de formas, producen sustancias complejas y poseen otras características jamás exhibidas por un alga o un hongo de vida separada.

Muchos otros casos de simbiosis creativa se han descubierto en años recientes. Sólo mencionaré unos cuantos ejemplos elegidos al azar. La cucaracha no puede desarrollarse por completo si le falta una *rickettsia* normalmente presente en ciertos órganos especiales de su cuerpo. Los rumiantes deben su capacidad de digerir la celulosa del heno a una compleja población microbiana presente en sus estómagos. Incluso el hombre depende de ciertas especies bacterianas que adquiere de su madre al nacer para mantener sus intestinos en sana condición. Y lo más sorprendente de todo, la infección por ciertos virus, en condiciones adecuadas, produce en los tulipanes los maravillosos y variados colores y dibujos que fueron causa de un verdadero mercado especulativo en Holanda durante los siglos XVII y XVIII.

En ciertos casos, la relación simbiótica entre los simbiontes se ha hecho tan íntima que uno de los componentes del sistema ya no es capaz de vivir separado. Toda planta verde, sea un árbol gigante, una col o un lirio acuático, es capaz de utilizar la radiación solar para sintetizar la materia estructural y las sustancias funcionalmente activas, unas y otras indispensables para su crecimiento y reproducción. Al proceso de utilizar la radiación solar para la síntesis de las mencionadas sustancias se llama fotosíntesis. Esta actividad es posible gracias a ciertos organículos presentes en las células de las hojas verdes, llamados cloroplastos, y de los cuales depende la producción de la clorofila. Se creía hasta hace relativamente muy poco tiempo que los cloroplastos eran simplemente otros componentes de las plantas, como las raíces, las hojas o las flores. Sin embargo, se ha comprobado ahora que los cloroplastos y las plantas que los albergan poseen ADN de diferente clase, hecho que hace casi seguro que estos organículos se desenvolvieron independientemente antes de asociarse con las plantas. Las células de los seres vivos poseen organículos de otra clase, llamados mitocondrias, que realizan una parte decisiva en la producción de la energía bioquímica necesaria para el ejercicio de todas las funciones vitales de los animales y las plantas. También las mitocondrias poseen una dotación de ADN diferente de la que tienen las células de que forman parte y, ello hace pensar en la probabilidad de que estos organículos evolucionaran independientemente antes de que entraran a formar parte de las células de las que actualmente constituyen órganos esenciales.

Hasta ahora, los intentos de cultivar cloroplastos o mitocondrias fuera de las células en que habitan han fracasado. Por consiguiente, se piensa que estos organículos han perdido la capacidad de vida independiente en el curso de su asociación simbiótica. Esto hace aún más notable que la adaptación simbiótica de los cloroplastos y mitocondrias a células de diferente constitución genética tenga efectos creativos de tan enorme importancia como la producción de la clorofila o la utilización de fuentes biológicas de energía.

Y en los años cuarenta se descubrió un fenómeno de asociación biológica aún más sutil, al demostrarse que algunos genes de ciertas especies de bacterias pueden incorporarse al sistema genético de otras especies y hacer así que el receptor adquiera algunas características hereditarias del donador. El trasplante de genes puede realizarse mediante diferentes técnicas, pero la más comúnmente conocida es la llamada técnica recombinante de ADN (uno de los procedimientos de la ingeniería genética) que ha sido extensamente estudiada y aplicada. Mediante esta técnica, genes de muy diferentes organismos —microbios, plantas, animales e incluso seres humanos— se han incorporado a especies bacterianas que entonces adquieren algunas de las propiedades del organismo del cual se obtuvo el gen trasplantado, por ejemplo, la capacidad de producir insulina o alguna otra hormona. Al principio se creía que el trasplante de genes era únicamente un hecho de laboratorio; pero ya se ha comprobado indubitablemente que el fenómeno ocurre espontáneamente en la naturaleza. Sin duda, el traspaso de genes tiene cierto papel en la adaptación de seres vivos a sus ambientes físico y biológico.

Así pues, ciertas adaptaciones y asociaciones creativas podrían haber sido factores importantes en la evolución de la vida en nuestro planeta. La doctrina darwiniana de la evolución postula que, en la lucha por la supervivencia, el triunfo corresponde al más apto. Pero el débil, el humilde, también podría heredar la Tierra gracias a la creatividad de sus asociaciones y adaptaciones.

Es común igualar o comparar la Tierra con una nave espacial que circula eternamente en torno del sol, sin piloto y sin propósito, como lo haría un objeto inanimado de su tamaño y composición química. Sin embargo, cuando viajamos por la atmósfera, lo que experimentamos es la prodigiosa diversidad de la Tierra con sus paisajes, lagos y corrientes acuáticas, así como la de las criaturas vivientes que alimenta y los estilos de vida de éstas.

Me desagrada la expresión "nave espacial terrestre", por cuanto trae al pensamiento una estructura mecánica portadora de una cantidad limitada de combustible para un viaje determinado y sin posibilidad de cambio importante en el diseño. Por el contrario, la Tierra posee muchas de las cualidades de un organismo vivo que cambia sin cesar. Constantemente convierte la energía solar en innumerables productos orgánicos y aumenta su complejidad a medida que se desplaza por el espacio. Este parecer lo ha sostenido desde 1972 el químico inglés J. E. Lovelock, quien sugiere que la superficie de la Tierra se comporta como un organismo altamente integrado capaz de gobernar no sólo su propia constitución, sino también su ambiente. Lovelock usó el nombre de la diosa de la tierra, Gea, para simbolizar esta compleja conducta biológica de la Tierra.

Considerar la Tierra como un organismo vivo no es una noción nueva. Otis T. Mason, uno de los primeros ecólogos norteamericanos, escribía en 1892: "Cualquiera que sea la teoría sobre su origen, puede explicarse la Tierra como un ser vivo... pensante." La hipótesis de Gea es más concreta y aparece mejor formulada en las propias palabras de Lovelock: "El estado físico y químico de la superficie de la Tierra, de la atmósfera y de los océanos se ha hecho adecuado y confortable por la presencia misma de la vida. Este concepto contrasta con la noción, de ordinario aceptada, de acuerdo con la cual la vida se ha adaptado a las condiciones planetarias como si ella y éstas hubiesen evolucionado por caminos separados." Reformularé la hipótesis de Gea en términos puramente biológicos y complementaré los argumentos fisicoquímicos de Lovelock con conceptos de adaptaciones creativas.

El concepto de Gea tiene su origen en el hecho de que la composición química de nuestra atmósfera difiere profundamente de cómo debiera ser si sólo estuviera determinada por fuerzas físico-químicas sin vida. En una Tierra sin vida, los fenómenos puramente físico-químicos producirían, por ejemplo, una atmósfera que contendría 98% de dióxido de carbono y poca o nula cantidad de nitrógeno y oxígeno, mientras que los valores correspondientes a las sustancias componentes de nuestra atmósfera son, aproximadamente, 0.03% de dióxido de carbono, 79% de nitrógeno y 21% de oxígeno. Lovelock presenta muchos otros ejemplos de tales profundas desviaciones del equilibrio químico y plantea la existencia de una fuerza global que produce y mantiene en límites bastante constantes una distribución muy improbable de moléculas.

Lovelock cree que esta hipotética fuerza global tiene su origen en la actividad química de incontables formas de vida que crean y mantienen estados de equilibrio por medio de sistemas de retroacción negativa.

Evidentemente, la adaptación de un organismo a su ambiente es condición esencial para su éxito vital e incluso su supervivencia. Todos los seres vivos parecen estar dotados de múltiples mecanismos que los capacitan para ajustarse a su circunstancia por sufrir cambios adaptativos en respuesta a los del ambiente. En las especies superiores y, en particular, la humana, procesos sociales adaptativos complementan los mecanismos biológicos de adaptación. A comienzos de este siglo, un fisiólogo de Harvard, L. J. Henderson, señalaba que a la adaptación contribuye algo más que las potencialidades adaptativas vitales de los seres vivientes. Como afirmaba en su célebre ensayo *The Fitness of the Environment* [La adaptabilidad del ambiente], la adaptación sólo puede lograrse gracias a poseer el ambiente terrestre ciertas características físico-químicas que resultaron ser adecuadas para la vida. Ahora, esta teoría nos parece defectuosa o incompleta.

Ciertamente, las actuales formas de vida perecerían si la superficie de la Tierra fuera diferente de como es ahora. Los actuales seres vivientes no podrían adaptarse rápidamente a la salinidad, la acidez, la relativa proporción entre gases, minerales y sustancias orgánicas o cualquiera otra característica físico-química, si éstas se desviaran de sus presentes valores durante algún tiempo. En otras palabras, el *ambiente actual* exhibe sin duda adaptabilidad a las *formas de vida presentes*; pero, y esto es lo que Henderson pasó por alto, las actuales características físico-químicas de la superfiice terrestre, de su aguas y de su atmósfera, habrían sido inadecuadas para los primitivos organismos del pasado remoto. Por ejemplo, una atmósfera con 21% de oxígeno casi seguramente habría sido tóxica para las formas de vida primigenias.

Durante los últimos 3 500 miles de millones de años, el ambiente global ha ido cambiando poco a poco, probablemente a consecuencia de la presencia y actividades de los seres vivientes; pero estos seres vivientes, a su vez, habrían experimentado los cambios correspondientes en virtud de fenómenos de retroacción. Por consiguiente, el sistema Gea postulado por Lovelock parece ser resultado de la coevolución. Lovelock expuso varios ejemplos de este proceso creativo y afirmaba: "El aire que respiramos puede considerarse análogo a la piel del gato o la concha del caracol, que no viven pero son producto de células vivas que los formaron para protegerse de condiciones ambientales desfavorables."

Hace unos años se suscitaron discusiones teóricas respecto a la posibilidad de hacer al planeta Marte adecuado para la vida humana, lo cual significaría proveerlo de agua, oxígeno, temperaturas adecuadas, protección contra los rayos ultravioletas, etcétera. La conclusión general fue que Marte sólo podría hacerse habitable mediante la introducción progresiva de especies vivas capaces de crear, a lo largo de un periodo de tiempo inmenso, ecosistemas cada vez más complejos, semejantes a los que han evolucionado en la Tierra a lo largo de más de tres mil millones de años. Este análisis nos ha ayudado a apreciar los profundos e innumerables cambios que las actividades vitales han causado en la superficie del primitivo planeta, para crear, en beneficio de los actuales seres vivientes, la adaptabilidad del ambiente terrestre que L. J. Henderson diera por supuesto como el estado de cosas inicial normal.

Según la hipótesis de Gea, la biosfera terrestre, la atmósfera, los océanos y el suelo constituyen un sistema de retroacción o cibernético del que han resultado un ambiente físico y químico óptimo y las características de los seres vivientes. Repetidas veces a lo largo de su libro, se refiere a esta situación de equilibrio como "homeostasis", palabra acuñada hace medio siglo por el fisiólogo de Harvard, Walter B. Cannon, para designar la notable constancia que se mantiene en el organismo de los seres vivos sanos, a pesar de los cambios que ocurren en ellos mismos y en el ambiente.

Sin embargo, la palabra "homeostasis" no hace plena justicia al concepto Gea, que implica además que los seres vivos han transformado profundamente la superficie de la Tierra y su atmósfera, al tiempo que ellos experimentaban cambios en un proceso coevolucionario. Prácticamente, todos los ejemplos que Lovelock expone se refieren en realidad a una *evolución creadora*, más que a reacciones homeostáticas.

Por ejemplo, la acumulación de oxígeno en la atmósfera, que adquirió importancia hace dos mil millones de años (como resultado de las reacciones biológicas de fotosíntesis), probablemente destruyó muchas formas de vida para las cuales este gas resultaba tóxico, en tan alta concentración. Sin embargo, en palabras de Lovelock: "El ingenio triunfó y se superó el peligro, no en la forma humana de restablecer el equilibrio anterior, sino en la flexible forma geica, por adaptación al cambio y la conversión de un intruso asesino en poderoso amigo." Los mecanismos cibernéticos fueron produciendo progresivamente la emergencia de especies biológicas capaces de vivir en presencia del oxígeno y utilizando a éste para la producción de energía vital. En este caso, como en el de muchos otros casos ambientales, la vía geica no fue una reacción homeostática automática, sino una respuesta coevolucionaria creadora.

El control geico parece ocasionar homeostasis global durante un periodo de tiempo que es corto en la escala de la evolución.

Bastará una cifra para ilustrar la magnitud de las alteraciones terrestres continuamente causadas por la vida. En conjunto, todas las plantas verdes fijan unos 10 mil millones de toneladas de carbono por año en las diversas formas de la biomasa. Aproximadamente la mitad de esta transformación de energía solar en energía química por la vegetación ocurre sobre la Tierra; la otra mitad en las aguas de la Tierra. Esto corresponde a más de diez veces la cantidad de energía que la humanidad consume por año, aun con sus más extravagantes tecnologías. ¿Quién duda que este continuo proceso de acumulación de materia orgánica y energía seguirá afectando la superficie de la Tierra y las varias formas de la vida? Por lo demás, el mismo Lovelock señala que el proceso de cambio puede tomar velocidad y complejidad como resultado de la intervención humana y apropiadamente me cita al afirmar que en un nivel local han ocurrido ya profundos cambios coevolucionarios, en ciertos ambientes terrestres y en sus sistemas vitales durante los tiempos históricos.

Por ejemplo, en todas las partes de la Tierra que albergan gran población las prácticas agrícolas han ocasionado una impresionante disminución de las plantas y animales indígenas y ha aumentado simultáneamente el número de otras especies de animales y vegetales, tanto de origen local como de especies importadas por razones económicas. Las prácticas agrícolas ya han transformado profunda y repetidamente las estructuras físicas de ambientes terrestres y acuáticos. Antes de su ocupación por el hombre, la mayor parte de Inglaterra estaba cubierta de densos bosques. Más tarde, la desforestación hizo que esta región adquiriera las características físicas y biológicas de los extensos campos sajones abiertos. Como resultado de las leyes de cercado y amillaramiento, estos campos fueron progresivamente sustituidos por un mosaico de campos mucho más pequeños separados por vallas y acequias. Sin embargo, en nuestro tiempo se han suprimido muchos de los cercados para permitir el uso de equipo agrícola pesado. Cambios de diferente naturaleza, pero igualmente profundos han ocurrido en muchas partes del mundo, como consecuencia de las actividades humanas.

En el último capítulo de su libro, Lovelock explora la pertinencia de la hipótesis geica con los efectos de la intervención humana en la naturaleza y sugiere que los ambientalistas suelen tirar contra el blanco equivocado, por cuanto la resistencia y elasticidad de la Tierra, considerada como un organismo, probablemente hagan a los ecosistemas más resistentes a la contaminación de lo que comúnmente se cree. En mi reciente libro *The Wooing of Earth*, he osado sugerir que algunas de las intervenciones humanas podrían incluso aumentar la creatividad y la diversidad biológica de la Tierra, tal como se observa en muchos terrenos agrícolas europeos o en los complejos agrícolas de las "montañas de agua" de sur de China. Concluiré expresando mi deseo de que, en la nueva edición de su libro, Lovelock ponga de relieve no sólo los aspectos homeostáticos de la hipótesis geica, sino también sus aspectos creadores. Esto concordaría con el espíritu de su aserción, de acuerdo con la cual es una alternativa al "cuadro depresivo de nuestro planeta como nave espacial enloquecida, viajando incesantemente sin orientación ni propósito en torno de un círculo interior del Sol", mientras que, en realidad, la Tierra está en constante cambio en virtud de la intervención de todas las formas de la vida que son parte de ella, la humanidad inclusive.

VI. OPTIMISMO A PESAR DE TODO

CIVILIZACIÓN Y CIVILIDAD

Es EN cierto modo tranquilizador que la palabra civilización se introdujera por primera vez durante un periodo aún más perturbado que el nuestro, poco antes de las revoluciones norteamericana y francesa. Parece haber sido el marqués de Mirabeau quien la usó por vez primera en un ensayo, *L'Ami des Hommes ou Traité de la Population,* publicado en París alrededor de 1757. En un ensayo no publicado, *L'Ami des Hommes ou Traité de la Civilisation,* dio crédito a la mujer por la mayor parte de las mejoras esenciales a las que él consideraba vida civilizada.

Sin embargo, tal como la usó Mirabeau, la palabra "civilización" tenía un sentido más restringido que el que ahora se le da. Para él, y para muchos filósofos de la Ilustración, civilización significaba leyes humanas, limitaciones en la guerra, un alto nivel de propósito y conducta, amables maneras de vivir; en resumen, las cualidades consideradas como la más alta expresión de lo humano en el siglo XVIII. Samuel Johnson se negó a incluir la nueva palabra en la edición de 1772 de su diccionario porque, a su parecer, no transmitía significado alguno que no llevara la más antigua palabra inglesa *civility* (civilidad).

El significado de la palabra civilización ha cambiado con el tiempo o, más bien, ha ido incluyendo más y más diversas manifestaciones de la vida humana —que varían desde el racionalismo griego hasta le sensualidad veneciana; desde las expresiones ar-

317

tísticas hasta la tecnología científica; desde el pastoralismo de Jefferson hasta la urbanización mundial.

Un aspecto de la vida civilizada aún más diferente del que tuvo en el siglo XVIII ganó prominencia con el éxito de la Revolución industrial. A medida que nuevos perfeccionamientos tecnológicos trajeron aumentos espectaculares de la salud, el nivel de la civilización llegó a expresarse en términos económicos, tales como la cantidad y diversidad del alimento disponible o de los artículos fabriles producidos. Tiene cierta justificación esta acentuación de los valores materiales, pues la agricultura y la industria, con sus progresos, hicieron la vida más confortable, más sana, más larga y quizá incluso más rica en experiencia para casi todo el mundo. Se suponía también que la mayor riqueza material indudablemente mejoraría la cualidad espiritual de la vida.

Ahora, aun la persona más optimista se da cuenta, sin embargo, de que si bien la civilización tecnológica ha traído como resultado más riqueza y mayor salud para las personas, no ha aumentado la felicidad ni proporcionado mejores condiciones para relaciones humanas armoniosas, para lo que el doctor Samuel Johnson llamaba civilidad. Seguramente, Mirabeau se sorprendería al enterarse de que nuestro mejor criterio para decidir si una sociedad es o no civilizada depende de si ha trasladado puertas adentro la experiencia, calienta y enfría sus hogares con energía eléctrica, posee abundantes automóviles, máquinas lavadoras, congeladores, teléfonos y otros adminículos que considera necesarios. La conducta amable, las leyes humanitarias, las limitaciones a la guerra y el alto nivel de conducta y demás actitudes que Samuel Johnson agrupaba bajo el nombre "civilidad" son apenas incluibles en los criterios relacionados con la palabra "civilización". Las artes y la literatura todavía son alabadas, pero más como entretenimiento que como contribución a la civilidad.

Humanistas, muchos sociólogos y aun no pocos científicos han llegado a creer que la tecnología científica alberga a un demonio determinado, si no a destruir a la humanidad, por lo menos sí las cualidades humanas de la vida. Por ejemplo, Jacques Ellul ha informado, como si se tratara de *un fait accompli*, de la aprehensión de la sociedad por lo que él llama "la técnica", es decir, un conjunto de fuerzas que obran independientemente del control humano. John Kenneth Galbraith afirma también que la sociedad tecnológica moderna es casi un sistema autocontenido sólo responsable a la dirección de una "tecnoestructura" esencialmente autónoma y anónima. Aun cuando el sistema todavía depende del público, asegura la aceptación de sus productos gracias a la demanda artificial creada por las agencias publicitarias privadas y la política gubernamental.

Pocos son, sin duda, los nuevos productos y procesos de la moderna tecnología que se introducen para satisfacer "necesidades" fundamentales de la humanidad. En su mayor parte apelan al deseo del cambio por el cambio mismo; con la mayor frecuencia, tratan de satisfacer "necesidades" y "deseos" artificialmente generados sobre la base única del criterio comercial. Pero la creación de deseos y necesidades artificiales ha ocurrido siempre en el curso de la historia y, en mi opinión, no es necesariamente algo malo. Como miembros de la especie *Homo sapiens* nuestras necesidades esenciales son en extremo limitadas y carecen de especial interés, pero como seres humanos socializados continuamente desarrollamos nuevos *deseos,* algunos de los cuales contribuyen al crecimiento de la civilización. Vestir con elegancia, poseer bello ajuar de casa, oír música fielmente reproducida no son necesidades vitales del *Homo sapiens,* sino deseos y necesidades que hacen a la nuestra diferente de las demás especies animales y nos hacen capaces de agrandar continuamente el concepto que Mirabeau tenía de la "civilización".

El principal peligro de la tecnología depende de nuestra propensión a dejar que las máquinas configuren nuestras vidas. Ya Henry Adams percibió esta tendencia cuando visitó Le Palais des Machines en la Exposición Mundial de París, el año 1900. Según dice, en *The Education of Henry Adams,* las fuerzas biológicas y espirituales que motivaron la vida humana en el pasado habían sido vencidas por el vapor y la electricidad; el culto a la dínamo había remplazado al culto a la virgen. En 1893, Chicago celebró una feria mundial en la clásica tradición de las bellas artes, con apenas alguna referencia a los aspectos industriales de la civilización que ya estaban bien desarrollados en Estados Unidos; sólo los visitantes europeos advirtieron la belleza funcional de los modernos instrumentos y muebles expuestos. Pero el espíritu oficial había cambiado cuarenta años más tarde. Los organizadores de la Feria Mundial de Chicago de 1933 querían celebrar no la civilización clásica, sino el papel de la tecnología científica en el mundo moderno, teniendo por seguro que, de entonces en adelante, serían las máquinas quienes en gran medida conformarían la vida humana. El libro-guía de la Feria proclamaba orgullosamente: "La ciencia descubre, el genio inventa, la industria aplica, y el hombre *se adapta* a las nuevas cosas o ellas lo *moldean* [...] Individuos, grupos, razas humanas enteras *siguen el paso*... de la ciencia y la industria." [Las bastardillas son de Dubos.]

Un grupo escultórico en la Sala de la Ciencia de la Exposición de Chicago en 1933 era aún más explícito que la mencionada guía en cuanto a transmitir el tema de que las máquinas eran ya esenciales para el bienestar de la humanidad. La escultura representaba a un hombre y una mujer asidos de las manos, como si estuvieran en un estado de terror o al menos de ignorancia. Entre ellos se alzaba un autómata casi dos veces mayor, inclinado sobre ellos con un brazo metálico angular rodeando tranquilizadoramente sus cuerpos. Evidentemente, el tema de la Exposición era que las máquinas ya podían proteger y guiar a los seres humanos.

Así, los peligros de la tecnología no provienen de que las complejidades sociales hagan de ella un monstruo independiente del control humano —como afirman Ellul, Galbraith y muchos otros sociólogos contemporáneos—, sino más bien del hecho de aceptar nosotros los imperativos tecnológicos, en lugar de luchar por otros valores humanos deseables.

Afortunadamente, son muchos los indicios de que el futuro será conformado por los intereses humanos que lo fuera el pasado reciente. Se alza en el aire la conciencia de que hacer que tomara cuerpo lo que ya hemos hecho, sólo que más grande y con más rapidez, no vale para el hombre mentalmente sano, y que la civilización podría llegar a ser una vergüenza si se sobredesarrollara tecnológicamente. También parece que nos hemos dado cuenta de que, por ser las actividades humanas tan extensas, intensas y diversas, ocurrirán desastres en escala mundial antes de no muchos decenios, si las sociedades industriales siguen funcionando como lo han hecho durante los pasados cien años. A este respecto, como decía en una sección anterior, hay razones para esperar que el futuro no sea tan oscuro como pareciera en los años sesenta y setenta.

La población del mundo sigue creciendo, pero no con tanta rapidez como entonces. La industrialización continúa extendiéndose, pero con tecnologías menos destructoras que las anteriores. En los países modernos, las chimeneas emisoras de humos, los torrentes de líquidos densamente contaminantes no se tolerarán por mucho más tiempo. Excepto en el caso de una guerra nuclear o de accidentes realmente catastróficos, la radiactividad no es probable que constituya un peligro grave, aun cuando el número de reactores nucleares llegue a ser mucho mayor que ahora. Aunque nunca será posible evitar por completo la liberación de sustancias tóxicas, es probable que los peligros de la contaminación disminuyan y se los detecte más rápidamente, gracias a disponer de mejores diseños técnicos y también porque los desperdicios, en lugar de ser vertidos al azar en el ambiente, probablemente serán considerados recursos utilizables con algún propósito deseable.

Se han realizado considerables progresos dirigidos a la corrección del daño ambiental. La resistencia y aptitud de respuesta de la naturaleza es mucho mayor que lo que se creía hace un decenio, y por lo demás estamos aprendiendo a utilizar estos poderes de recuperación. Podemos también corregir el daño ambiental por medios artificiales, como cuando áreas minadas o degradadas se recuperan y adecuan a la producción agrícola y otras actividades. Es indudable que estas prácticas se generalizarán en los países industriales avanzados y que ya no volveremos a ver el descuido ambiental que profanó los Apalaches a comienzos de la Revolución industrial.

Vemos, pues, que los aspectos *materiales* del futuro no deben causarnos pesimismo; plantean problemas de una clase que la civilización tecnológica sabe ya cómo resolver, supuesto que haya voluntad social de hacerlo. Sin embargo, los aspectos *humanos* de estos problemas son mucho más elusivos, como ya lo había percibido John Ruskin al objetar no a la industria misma, sino a la pérdida de la alegría que, según él, debía acompañar al trabajo en la fábrica. Ruskin había percibido rápidamente que la Revolución industrial había traído consigo lo que él llamó fragmentación de la persona; había degradado y esclavizado a los seres humanos al convertir al artesano orgulloso de su obra en indiferente operador de máquinas. Fue esta preocupación lo que le indujo a convertirse de crítico de la pintura en crítico del dibujo en general y a afirmar en su *Seven Lamps of Architecture* [Las siete lámparas de la arquitectura] y que la única cuestión correcta que cabía proponer a un trabajo era simplemente: "¿Se realiza con alegría, se siente feliz el trabajador mientras lo hace?" Como veremos en las siguientes y últimas secciones de este libro, nuestras sociedades siguen creando entornos y estilos de vida en los que muchos seres humanos, aun algunos pertenecientes a las clases económicamente favorecidas, sufren la experiencia de la no pertenencia, habitualmente expresada con las vagas palabras "anomia" o "enajenación", que expresan la actitud de las personas que no se sienten realmente parte del grupo en que conviven, por cuanto no comparten sus valores y normas.

EN BUSCA DE CERTIDUMBRES

En 1978, la Fundación Rockefeller organizó una reunión de médicos y científicos para evaluar el estado actual de la salud en Estados Unidos. Todos los participantes coincidieron en que el estado nacional de la salud había mejorado mucho durante los últimos decenios y probablemente era entonces mejor que lo que había sido antes: la mortalidad infantil había disminuido mucho; la expectativa de vida seguía alargándose, lo mismo entre los hombres que entre las mujeres de todos los grupos étnicos; varias enfermedades infecciosas habían desaparecido prácticamente o podían curarse con facilidad; y se había progresado mucho en el manejo de las enfermedades crónicas que todavía no podían curarse, como diabetes, hipertensión arterial, anemia perniciosa, etcétera. Contrariamente a la creencia general, la mortalidad iba en descenso, aun entre los casos de cardiopatías, apoplejía y muchas de las variedades del cáncer. A pesar de estos criterios objetivos de mejora en el control de la enfermedad, los participantes en la conferencia reconocieron, sin embargo, que prevalecía entre la gente la sensación de que empeoraba el estado de la salud en general. Esta paradoja quedó expresada en una frase: *Doing better but feeling worse* (libremente, estar mejor pero sentirse peor), que fue el título del libro en que se recogieron las actas del simposio.

Estar mejor pero sentirse peor es aplicable a muchos otros aspectos de la vida en los países industrializados, aparte de los relacionados con la salud. A pesar de la mejora general de la salud y de la satisfacción de las necesidades materiales, se observa un decaimiento en el sentimiento de felicidad, como lo demuestran los varios movimientos y manifestaciones de protesta de los decenios sesenta y setenta. El humor ahora prevaleciente entre muchos jóvenes en las universidades trae a la memoria un comentario atribuido a George Bernard Shaw, al observar los sanos y prósperos pero desencantados adultos de Inglaterra en los años treinta: "Han conseguido suficiente alimentación, libertad sexual y retretes interiores, ¿por qué demonios no se sienten felices?" La respuesta a esta pregunta parece obvia a los universitarios de los setenta. Muchos estudiantes y también algunos profesores jóvenes se sienten desgraciados porque ven con pesimismo las perspectivas de empleo y su futuro económico; pero son otros factores más importantes la causa de ese desaliento ahora tan prevaleciente en los países de la civilización occidental. Incluso entre los jóvenes económicamente independientes o que desempeñan un empleo bien remunerado son muchos los que se sienten a punto de exclamar: "¡Parad el mundo, quiero bajarme!" Su actitud no es de pánico o de violenta hostilidad contra las actuales condiciones, sino simplemente de laxitud y desencanto por lo que pudiera ser útil crear, si no existiera, la palabra futilidad.

Sin duda vivimos una época difícil, pero esto ha ocurrido al hombre muchas veces en el pasado. Nada nuevo hay en la creencia de que uno ha nacido en un periodo de la historia, calamitoso o insípido. Consideremos, por ejemplo, el estado de ánimo de la persona que escribió: "El mundo ha envejecido y perdido su antiguo vigor... Las montañas han sido destripadas y dan menos mármol, las minas se han agotado y rinden menos plata y oro... en los campos faltan labradores y en la mar marineros." Esas palabras podrían muy bien encajar en el talante de los profetas contemporáneos del juicio final, pero en realidad las escribió San Cipriano en el siglo iii de nuestra era, hace unos 1700 años, cuando el pueblo romano iba camino de perder la fe en la estructura de su sociedad. Ocurrió otro periodo oscuro a fines del siglo x, cuando las invasiones nórdicas y toda una serie de desastres naturales indujeron a mucha gente de Europa occidental a creer que hacia el año 1000 ocurriría el fin del mundo.

Bárbara Tuchman ha demostrado recientemente en *A Distant Mirror: The Calamitous Fourteenth Century* [Un espejo distante: el calamitoso siglo xiv] que nunca se había escrito tanto sobre la *miseria* de la vida humana como en la primera parte del siglo xiv; fue esta la época de la peste negra, y el pueblo vivía el terror diario no sólo por la plaga, sino también por el hambre, las insurrecciones y las guerras.

Si bien se suele suponer que el Renacimiento fue un periodo de fe desbordada en la condición humana, sus mismos triunfos alarmaban a muchos de los estudiosos de la época acerca del futuro. En 1575, el jurista y filósofo francés Luis LeRoy, hombre considerado tan sabio que se le tenía por el moderno Platón, publicó un libro en el que expresaba sus preocupaciones acerca de los efectos destructores del nuevo conocimiento y las nuevas invenciones. Su libro, *De la vicissitude ou varieté des choses en l'univers*, se hizo inmediatamente popular en toda Europa, probablemente porque su modo se ajustaba a las ansiedades del periodo y suavizaba el "choque del futuro" de la época. Durante el periodo posnapoleónico, varios países europeos expresaron, cada uno a su manera, el desencanto con la época y la condición humana, y trataron de escapar de él a través de las distintas formas del romanticismo y la vida bohemia.

Así, periodos de duda y tristeza, con síntomas semejantes a los que ahora experimentamos, han ocurrido repetidamente en el pasado, indudablemente, donde y cuando quiera los modos de vida sufrieron rápida y honda perturbación por intensos cambios del conocimiento general o por innovaciones sociales y tecnológicas. Frases como "los tiempos se han desbarajustado", "se ha perdido toda coherencia", *"Weltschmerz"* (el dolor del mundo), y *Le mal du siècle* han pasado al lenguaje y puesto en claro que rara vez ha habido fases idílicas de la civilización en el pasado. Frases semejantes se han acuñado para transmitir diversas formas de tristeza en nuestro mismo siglo.

El poema de Auden *The Age of Anxiety* [La época de la angustia], publicado en 1947, revela la frecuencia con que la vida de la posguerra ha sido acosada por fantasmas de indefinida pero devastadora maldad y por una sensación de vergüenza universal.

Escribiendo en *The New York Times* y en *Wall Street Journal*, James Reston introdujo en 1967 la frase "nuevo pesimismo" para significar los temores resultantes de la extendida sensación de que muchos de los problemas que asedian al mundo moderno tienen por causa la tecnología científica, pero no son corregibles mediante el control científico. La

327

frase habitualmente usada para expresar la confusión de nuestros tiempos parece ser "la era de la incertidumbre", usada por J. K. Galbraith como título de un libro basado en sus recientes programas de televisión. Según Galbraith, hasta la primera Guerra Mundial, "aristócratas y capitalistas se habían sentido seguros en su posición, y aun los socialistas sentían seguridad en su fe"; pero estas viejas certidumbres han sido sacudidas por las dos guerras mundiales y por la Gran Depresión.

Contestando a un líder budista que criticaba su libro *The Age of Uncertainty*, por faltarle, según él, un principio rector, Galbraith afirmaba que difícilmente podría haber tal principio, ya que la vida es una corriente que corre sin cauce. Según él, bajo esta luz el único acceso válido a la mejoría sería modificar la marcha del sistema social de manera más o menos empírica, con la esperanza de impulsarlo en dirección de una mayor armonía entre la gente, mayor bienestar físico y, en consecuencia, mayor felicidad. De fallar estos esfuerzos podrían reorientarse con base en la experiencia.

Los accesos empíricos a los problemas sociales están limitados por una dificultad fundamental. En ausencia de un principio orientador central, las actividades humanas tienden a convertirse en fines por sí mismas; siguen su propio curso y pierden crecientemente su relación con los intereses humanos. Sin embargo, a casi nadie satisface el mero bienestar material; la gente busca valores permanentes, no importa cuán vagamente. Aun cuando gocen efímeras y triviales satisfacciones, quieren que sus vidas se organicen en torno a certidumbres duraderas que consideran importantes. Como el mismo Galbraith dice:

"No veo propósito [...] en ser economista como tal. Es una forma de vida muy deslucida. El único propósito de ser un economista sería agregar algo a la corriente de la felicidad." En todas las actividades humanas es necesario un principio orientador.

Las incertidumbres a que se refiere Galbraith en su libro pertenecen principalmente al dominio de la economía y la política; pero varios cambios en la estructura social contribuyen también a la atmósfera de ansiedad e incertidumbre del mundo moderno. Por ejemplo, la familia, fuera en su forma nuclear o en la extendida, solía ser la transmisora de los valores éticos y educativos, así como de muchos otros aspectos de la socialización. Sin embargo, son otras instituciones las que cada vez toman más a su cargo estas funciones, con el resultado de producirse un correspondiente descenso de las certidumbres relacionadas con los lazos y lealtades familiares. Ninguna de nuestras instituciones sociales cumple adecuadamente las funciones que solían ejercer la familia y la Iglesia.

Por añadidura, en todo el mundo civilizado, las organizaciones económicas, políticas y sociales tienden a hacerse tan grandes y complejas que ya la mente humana no es capaz de abarcarlas y comprenderlas, con el resultado de que el individuo se siente como simple diente del engranaje de la megamáquina social. Entre los síntomas más prevalecientes de ansiedad e incertidumbre cuentan la sensación de desamparo frente a acontecimientos que parecen estar más allá de nuestra comprensión, y la sensación de soledad que tiene su origen en el carácter impersonal de muchas de nuestras relaciones sociales. La ciencia moderna contribuye aún más a la atmósfera general de desconcierto, al causar la impresión de que gobiernan la conducta humana, más que la racionalidad, otras fuerzas sobre las cuales no tenemos control. Uno de los infortunados efectos de la extendida, pero somera información científica es la sensación que experimentan muchas personas de que no es justo sentirse orgulloso de ser humanos. Según ellas, el poder de las fuerzas vitales deterministas, así como la inmensidad del tiempo geológico y del espacio cósmico reducen la cualidad humana a la de un simple polichinela.

Habiéndose perdido la vieja creencia de que el mundo se había creado para la vida del hombre, gran número de personas muy instruidas tratan de hallar sustitutos intelectuales y emocionales de las perdidas certezas y seguridades mediante la aceptación de doctrinas místicas o astrológicas, que se suponen expresión de profunda sabiduría en virtud de tener su origen en tiempos antiquísimos y lugares muy distantes, de preferencia en el Lejano Oriente. El atractivo de grupos sociales o religiosos marginales, aun cuando exijan obediencia ciega a un líder, es que ayudan a recapturar el calor de la relación humana y también cierta forma de certidumbre que da paz a la mente.

Aun cuando a nuestra época se la haya denominado "Edad de la Incertidumbre", paradójicamente se distingue por el *aumento de las certezas* respecto a ciertos aspectos fundamentales de la vida, especialmente los derechos humanos y la cualidad ambiental. Por otra parte, aunque las viejas certidumbres se basaran en sistemas clásicos de valores, no por ello han dejado de extraer nueva fuerza de los modernos conocimientos científicos, como lo ilustrarán unos cuantos ejemplos.

En el pasado, las reglas de comportamiento solían en gran parte derivar de los sistemas éticos y religiosos prevalecientes en una comunidad determinada. Ahora, muchas de tales reglas reciben refuerzo de la información científica fáctica. Por ejemplo, la leyenda bíblica de que todos los seres humanos descendemos de Adán y Eva es compatible con el hecho científico de que todos los hombres poseemos la misma constitución genética. En consecuencia, la campaña en pro de los derechos civiles y, más generalmente, en favor de los derechos humanos fundamentales, adquiere justificación científica gracias al conocimiento de que todos los seres humanos pertenecemos a una misma especie biológica bien definida.

El conocimiento científico ha confirmado y extendido el concepto de que el *Homo sapiens* sólo llega a hacerse plenamente humano si se cría, educa y actúa en una sociedad humana. Por lo demás, todos los seres humanos nacen dotados de una amplia gama de potencialidades, pero éstas sólo pueden hacerse realidad en la medida en que su desarrollo sea permitido y estimulado por adecuadas condiciones ambientales. Un buen ambiente supone no sólo condiciones adecuadas al crecimiento y funciones del cuerpo, sino que debe también estimular el desarrollo y expresión de los atributos mentales. Por consiguiente la necesidad de la educación y ocupación en un ambiente adecuado es uno de los derechos humanos inalienables.

Nuestra dotación genética sugiere poderosamente que la especie humana se originó en una sabana semitropical, y nuestras necesidades funcionales demuestran que todavía seguimos adaptados vitalmente a las condiciones ambientales en ella prevalecientes. Como la inmensa mayoría de los seres humanos no podría sobrevivir largo tiempo en muchas de las regiones donde se han establecido, se ven obligados a crear, aprovechando lo que el ambiente le ofrece, las condiciones y recursos necesarios para la existencia humana. Los ambientalistas pueden hallar intelectual o moralmente repelentes las enseñanzas bíblicas según las cuales se da al hombre el dominio sobre la naturaleza; pero el conocimiento científico práctico no deja duda de que la persistencia de la vida humana implica la humanización de gran parte de la Tierra. Por otra parte, las enseñanzas de las grandes religiones coinciden con el moderno conocimiento ecológico al recomendar que no se explote la tierra al modo de una cantera, sino con espíritu de administración, con preocupación por el bienestar duradero del sistema ecológico.

Desde el siglo XVII se consideraba al sistema de valores fuera del alcance de la competencia investigativa de la ciencia. Sin embargo, nos damos cuenta ahora de que esto ha conducido a un conjunto de conocimientos que deja fuera de consideración muchos modos de existencia de gran importancia en la vida humana: del amor al odio, de la esperanza a la desesperación, de la salvación a la condena, no se ha hallado todavía ninguna manera fiable para aplicar los métodos de las ciencias naturales a estos aspectos de interés para el hombre. A pesar de sus ruidosas afirmaciones, la sociobiología no ha logrado todavía establecer muchos vínculos significantes entre los aspectos puramente vitales y los que son peculiarmente humanos. Por otra parte, muchas revistas científicas usan cada vez más la palabra *ought* (aproximadamente, deber, obligación moral) en algunos de sus artículos. Aplicada a cuestiones sociales, la palabra *ought* sólo tiene significación en un sistema de valores. En realidad implica un retorno a una jerarquía de valores que da primacía a la dignidad de la persona y a la dirección o administración de las sociedades.

Una de las certidumbres nuevas de nuestra era es que no se puede considerar la ciencia como puramente objetiva, como solía creerse. En la selección de los problemas, en su acceso a ellos y en las aplicaciones de sus resultados, todos los científicos —consciente o inconscientemente— son poderosamente influidos por consideraciones pertinentes a un sistema de valores. A nosotros nos interesa no sólo la vida humana, sino también la vida como un principio, no sólo la cualidad de nuestro ambiente local, sino también la tierra como ecosistema. Estamos comenzando ahora a apartarnos del concepto abstracto de sociedad para irnos acercando a los valores morales más obligados de las comunidades humanas.

COMUNIDADES HUMANAS

En todo lugar de la Tierra, durante la prehistoria y en el comienzo de los tiempos históricos, la mayoría de los seres humanos vivía en pequeños grupos, fuera en aldeas estables o formando parte de hordas errantes. En un reciente estudio del pueblo yonomano de Venezuela y Brasil, el antropólogo Napoleón Chagnon, descubrió que cuando una aldea crece hasta tener más de cien habitantes, comienza a desintegrarse a causa de conflictos y luchas. También se desarrollan tensiones en las aldeas amish cuando su población pasa de quinientos. En toda la Tierra, la *comunidad* humana típica ha constado siempre, cuando más, de unos centenares de habitantes. Por sorprendente que parezca, así sigue ocurriendo ahora, en forma de barriadas o vecindarios en las grandes ciudades. La probable razón del desdén por la aldea que parecen sentir novelistas y sociólogos es que, aun cuando la *vida* haya transcurrido en pequeñas comunidades, la *civilización* ha surgido en gran parte de las ciudades, grandes o pequeñas.

Casi ninguna de las ciudades famosas del mundo comenzó por ser una aldea agrícola que fue creciendo con el tiempo, sino que nacieron como centros de comercio en que personas de otros lugares del mundo intercambiaban información. Muchas ciudades comenzaron como lugares donde la gente se reunía para adorar a una particular divinidad, dios o diosa, y en los que desarrollaron y practicaron algún sistema colectivo de creencias. Así pues, desde el principio, las ciudades fueron lugares que fomentaron varios aspectos del contacto interhumano, lo que contribuyó a que fueran no sólo centros de poder político, sino también centros regionales de civilización.

Las ciudades fueron creciendo en tamaño e importancia durante el periodo histórico, pero la Revolución industrial aceleró mucho su desarrollo. Las causas más evidentes de esta aceleración fueron: la necesidad de una numerosa fuerza de trabajo en las fábricas que proliferaban alrededor de los centros industriales; la facilidad con que alimentos y otros materiales podían transportarse a largas distancias por el recién desarrollado sistema ferroviario; la me-

canización de la agricultura, que progresivamente
redujo el número de trabajadores que antes necesi-
taba; la siempre creciente necesidad de trabajo bu-
rocrático y de otros servicios resultantes de la mayor
complejidad de requerimientos administrativos en
las organizaciones de negocios y para la relación de
éstas con organismos gubernamentales. En buena
medida, todas estas fuerzas sociales siguen aún en
función y su efecto sobre la migración del campo a la
ciudad es ulteriormente incrementado por la preva-
lencia mundial del desempleo y la sensación de las
personas desempleadas de que la posibilidad de encontrar trabajo o, en caso de necesidad, ayuda asistencial, en diversos campos, es mayor en las ciudades
que en las aldeas.

Por éstas y otras muchas razones, en 1978 había en
el mundo numerosas ciudades cuya población excedía del millón de habitantes. En los llamados países
en desarrollo o subdesarrollados, denominaciones que
realmente significan países pobres, varias ciudades
han alcanzado una población de diez millones o más,
es decir, mayor que la de Nueva York o Londres.
Se dice que si la ciudad de México y su zona metro-
politana siguen aumentando en población con la
misma rapidez que ahora, a principios del próximo
siglo habrán llegado a tener cerca de cincuenta millones de habitantes.

En casi todos los casos resulta difícil dar una cifra
válida para la población de las megalópolis del mundo, pues muchas de ellas no son ciudades aisladas,
sino más bien centro de áreas con alta densidad de
población. Por ejemplo, cualquiera que sea la cifra
que se atribuya a la ciudad de Nueva York como
unidad administrativa, la cifra más importante es la

que incluye la población de las partes del estado de Nueva York, Nueva Jersey y Connecticut contiguas a la ciudad de Nueva York propiamente dicha. Lo mismo cabe decir de Londres, París, Tokio, Shanghai y muchas otras megalópolis. Por consiguiente, no hay duda de que el mundo entero está en proceso de urbanización. Sin embargo, no es cierto, como tan ampliamente se predica, que el proceso de urbanización seguirá aumentando. Nosotros podemos estar presenciando una de las muchas tendencias históricas que se han extendido hasta el punto del absurdo y que han de acabar si no en el desastre, sí al menos en alguna forma de derrumbe.

En realidad, son muchas las personas que no creen que las ciudades sean ya esenciales y que sólo podrán sobrevivir si se las proyecta y administra de modo que enaltezcan mucho la calidad de la vida. Vistas así las cosas, la más alta prioridad de la administración urbana habrá de ser aumentar no la eficiencia de las ciudades, sino los recreos que ofrecen, pues a la larga éste podría ser el único factor que asegurara su supervivencia. Si la gente no disfruta con el ambiente urbano en que vive, se trasladará a otros lugares donde la revolución de las comunicaciones haga posibles, por medios artificiales, las experiencias y contactos que sólo la vida urbana pudo proporcionar en el pasado.

En todo caso, los planificadores de ciudades han comenzado a vislumbrar una época en que ya no nos sea necesario gastar fortunas en inmensos sistemas de transporte para que la gente acuda a su trabajo en oficinas o fábricas, porque podría realizar la misma labor en casa, aprovechando los medios y artefactos electrónicos de comunicación. Sin embargo, la vida urbana ofrece sutiles méritos que trascienden las consideraciones económicas.

En el mejor de los casos, la vida en la aldea se caracteriza por estabilidad, paz y comodidad, pero con excitación demasiado escasa para algunos espíritus vivaces. En contraste, la ciudad simboliza la oportunidad para múltiples contactos con nuevas personas, ideas y experiencias, en otras palabras, la probabilidad de la aventura con las recompensas y también los peligros que esto implica. Es costumbre cantar las delicias y encantos de la vida en la aldea; pero la posibilidad de la aventura tiene siempre mayor atractivo para un gran porcentaje de los seres humanos. En el transcurso de la historia, siempre que se ha presentado la oportunidad, el pueblo ha votado con sus pies y se ha trasladado de la aldea a la ciudad. Yo soy una de esas personas. Aun cuando me crié en amables pequeñas aldeas agrícolas, he vivido en grandes ciudades toda mi vida y ahora sigo viviendo en el centro de Manhattan, más de diez años después de haberme jubilado del cargo universitario que desempeñaba.

Dudo que la gente habite en las aglomeraciones urbanas sólo porque sea en ellas donde más fácil resulta encontrar empleo. En el curso de mi larga vida he conocido a muchos hijos e hijas de prósperos agricultores, en todas partes del mundo y especialmente en Estados Unidos que, pudiendo haber alcanzado mayor prosperidad en el campo, eligieron las dificultades e inconveniencias de la vida urbana, y ello por el simple placer de la aventura. Tampoco se establece la gente en las ciudades por sus monumentos, teatros, salas de conciertos, árboles raros, flores o rocas, por bellas que puedan ser. Se establecen en ellas principalmente por la mayor facilidad de los encuentros humanos, con sus posibilidades de establecer relaciones humanas y satisfacciones sociales, intelectuales y emocionales, pero sobre todo por la esperanza de lo inesperado. Con pocas excepciones, sólo después de satisfechas estas expectaciones, la gente comienza a interesarse en los recreos físicos, tales como la arquitectura o los parques. De hecho, las amenidades urbanas sólo podrían definirse útilmente en términos de la contribución que hacen a la riqueza del encuentro humano.

En todas partes del mundo es más probable que se reúna gente donde se efectúan actividades humanas que le interesan, la mueven emocionalmente o la implican socialmente. Los talleres de artesanos, las tiendas o las librerías solían ser lugares de reunión, por cuanto en ellas se presenciaban exhibiciones de la empresa humana. La popularidad que tenían en el pasado las estaciones ferroviarias, y ahora algunos aeropuertos se explican por el hecho de que también proporcionan un sentimiento vicario de aventura del viaje y de contacto con el mundo externo. Muchos lugares donde se construye o se efectúan demoliciones también suelen atraer público.

Sin embargo, las situaciones que ofrecen mayor atractivo son aquellas en que las personas pueden tomar parte activa en cuestiones públicas y, por consiguiente, ser actores al mismo tiempo que espectadores. Las plazas, paseos y cafés son ejemplos de tales situaciones. Por complejas razones históricas, los lugares públicos exteriores son bastante raros en Estados Unidos, pero con creciente frecuencia, en los últimos años, los escalones de acceso a las puertas de las casas de Manhattan y los bajos pretiles que rodean a las fuentes en frente de los rascacielos los utilizan como asientos paseantes, obreros, amantes o vagos, aun en las calles más concurridas. Observar cómo transcurre la vida de la ciudad proporciona infinito esparcimiento al espectador, que al mismo tiempo contribuye al espectáculo con sus actitudes y comentarios.

Los esplendores naturales y arquitectónicos son, claro está, valores para la ciudad, pero son aún más importantes los sucesos ordinarios que ocurren en las calles, parques y otros lugares públicos al aire libre. El éxito humano y económico de una ciudad se mide por las oportunidades que se ofrecen a sus habitantes y visitantes de participar en la vida colectiva. Desde este punto de vista, las ciudades difieren ampliamente. En algunas ciudades, cualquier actividad callejera, salvo lavar el automóvil familiar o regar el prado, se considera holgazanería. En otras, la calle es simplemente una supercarretera que conduce a la ciudad próxima. Se ha dicho que la vida en algunas partes de Los Ángeles "significa tropezar con la gente en los estacionamientos de los supermercados". En contraste, la mayor parte de las grandes ciudades del mundo presumen de lugares por los cuales es una delicia pasear, como los muelles del Sena en París, con sus puestos de libros de segunda mano, grabados y litografías; las Ramblas de Barcelona con quioscos a ambos lados en que se venden flores, pájaros, periódicos y revistas de todos los países; el Corso de Roma y, desde luego, cualquiera de las calles de esta ciudad; la Avenida Madison en Manhattan, con sus típicos viandantes que entran y salen de tiendas de fantasías o galerías de arte; o el Lower East Side, con sus ruidosos clientes a caza de gangas, sus comerciantes y lentos visitantes de casi cualquier grupo étnico.

Las limitaciones biológicas del cerebro humano hacen difícil conocer realmente más de unos cientos de personas. En consecuencia, la pequeña aldea constituye tal vez la unidad de vida socialmente más confortable, pero hay que pagar un precio por este bienestar. La tribu o la aldea ofrecen únicamente una estrecha gama de asociaciones humanas y, por añadidura, propenden a imponer restricciones de conducta que limitan el desarrollo personal. En contraste, la ciudad brinda mayor libertad de elección. La variedad de sus lugares de trabajo y recreo, así como sus grupos especializados aseguran un amplio espectro de actividades y relaciones humanas entre las cuales elegir a fin de crear cada uno su propio ambiente. Y aún más importante, las calles, plazas o muelles, los restaurantes, cafés y otros establecimientos públicos ofrecen la oportunidad de encuentros casuales, a veces en extremo remuneradores —precisamente porque, al no ser previstos ni planeados agregan inesperados componentes a la vida.

Como el mérito principal de la ciudad es proporcionar un amplio espectro de condiciones y personas con las cuales crear las circunstancias para vivir uno a su propia manera, la diversidad del medio urbano es con gran diferencia más importante que su eficiencia o su belleza. Las grandes ciudades del mundo han adquirido rica diversidad en virtud de su complejo pasado histórico, que es uno de sus mayores valores. Podrá ser agotador y traumatizante vivir en Nueva York, Londres, París o Roma; pero las ciudades tienen grandeza en la misma medida que ofrecen una amplia variedad de atmósferas y espacios públicos que todo ciudadano puede usar como escenario donde representar su propia vida y crear de sí la persona que ha elegido ser, como yo hice en los Jardines de Luxemburgo de París.

Aun cuando las grandes ciudades del mundo siguieron creciendo en tamaño, población y complejidad hasta los años sesenta, se observan signos de que algunas de las más famosas comienzan a perder habitantes. De las innumerables indagaciones efectuadas en Estados Unidos y Europa se desprende el hecho de que la mayoría de las personas expresaron su preferencia por vivir en pueblos y ciudades de tamaño moderado e incluso por la vida en la aldea. Por supuesto, los informes censuales revelan que, a pesar del ininterrumpido crecimiento de la población general, la de las grandes ciudades de Estados Unidos y Europa decrece algo, mientras que aumenta la de los pueblos y ciudades pequeñas. Quizá la gente no esté todavía dispuesta a retornar a la aldea; pero en los ricos países industrializados por lo menos ha comenzado de nuevo a votar con sus pies, esta vez contra las megalópolis.

Explica en parte esta tendencia la tensión a que viven sometidos los habitantes de las ciudades, pero dudo de que éste sea factor importante, como suele creerse, porque en los pueblos y aldeas existen tensiones de otra clase. Quizá sea más importante el hecho de que, sobrepasado cierto tamaño, las ciudades se hacen cada vez más difíciles y costosas de manejar. Los demógrafos y urbanistas planificadores que hablan de futuras ciudades de cincuenta millones de habitantes parecen olvidar que abastecer de alimentos y agua y satisfacer otras muchas necesidades, como la eliminación de la basura, en el caso de tan inmensas aglomeraciones, plantea problemas para los cuales no se vislumbra fácil solución. Por añadidura, pasado cierto punto, la mayor disponibilidad de tesoros artísticos y actividades culturales que hacen posible las ciudades de gran tamaño difícilmente contribuyen al interés por la vida por parte de la persona ordinaria. Pronto se alcanza el punto de saturación por lo que respecta al número de salas de concierto, teatros, museos de arte y científicos, así como el de torneos deportivos, a los que el habitante urbano pueda llegar en una hora de viaje. Muchos planificadores de ciudades creen que las pobladas por 500 000 y aun 250 000 habitantes pueden ofrecer todas las ventajas del mundo moderno, tales como la universidad y un hospital con personal y equipo material completos que pudieran necesitarse para las más complejas y delicadas operaciones en corazón o cerebro. Una ciudad de tal tamaño podría sostener también más instituciones culturales, centros de diversión o campos deportivos de los que el habitante urbano pudiera usar o necesitar.

Sin embargo, en mi opinión, las grandes ciudades ofrecen la ventaja de proporcionar mayor diversidad de ambientes, ocupaciones y especialmente gente. El arquitecto norteamericano Louis Kahn es proclive a describir una ciudad como un lugar en el que personas jóvenes pudieran errar por sus calles hasta encontrar lo que desearían hacer el resto de su vida. Así pues, Kahn enaltece la calle como vehículo para descubrir oportunidades, y esto tanto metafóricamente como en sentido literal. En lo esencial, tal fue el proceso de mi propio autodescubrimiento en las calles y parques de París, como ya he relatado en páginas anteriores.

La experiencia de la diversidad humana que se halla en algunas grandes aglomeraciones urbanas puede ser enriquecedora tanto como entretenida, no sólo para la juventud sino para todas las edades de la vida. En Manhattan, durante los últimos meses, mi esposa y yo hemos tenido contactos profesionales, que adquirieron cualidad personal, con cuatro mujeres jóvenes orientales, de aproximadamente la misma edad, que se habían educado en Estados Unidos. Una de ellas es tailandesa y trabaja en un laboratorio biológico; otra es una mogolesa que trabaja en la televisión; la tercera, una japonesa, trabaja para una firma editora; y la cuarta es una china dedicada a la sociología académica y muy interesada en el culto a los antepasados. Por otra parte, dos de estas jóvenes orientales son budistas, pero de sectas diferentes; otra es presbiteriana y la última, judía. Esta diversidad étnica y cultural quizá podría hallarse en Berlín, Londres, París o Roma y en muy pocas de otras grandes metrópolis cosmopolitas; pero sería rara en extremo en ciudades de 250 000 habitantes, aun cuando éstas pudieran ofrecer las más refinadas actividades del mundo moderno.

Una de las críticas más a menudo aducidas contra las enormes ciudades modernas es que, por fomentar el desarrollo de especialistas en millares de ocupaciones, tienden a empobrecer la variedad de los contactos sociales. Los especialistas desenvuelven modos de comunicación tan diferentes de los que usa el resto de la gente, que resultan a veces tan incomprensibles como si hablaran una lengua extranjera desconocida. La especialización es ahora tan profunda y extensa que casi nadie, aun cuando lo intente, es capaz de aprehender la megalópolis como un todo.

Por añadidura, la economía del sistema de salarios en las grandes ciudades hace prácticamente imposible que los niños desempeñen un papel social útil. En lugar de significar un elemento productivo se convierten en onerosa carga y pueden no aportar la compleción psíquica esperada por sus padres. En el otro extremo del espectro de edades, la Seguridad Social y otros sistemas de pensión permiten a los ancianos una vida independiente y, por consecuencia, tienden a separarlos de sus hijos y nietos. Los vínculos familiares van haciéndose cada vez más débiles. La reciprocidad de la responsabilidad, que fuera antaño una de las más poderosas fuerzas cohesivas que mantenían la unión de la sociedad, ya no se aprende en el ambiente familiar.

Las comunidades y vecindades, similares a prolongaciones de la familia por la reciprocidad de intereses entre sus miembros, cuentan también entre las defunciones causadas por las megalópolis. Los altos edificios de departamentos y la dispersión suburbana han privado a los convecinos del sentimiento de vecindad. Encontrar a los vecinos de uno en los pequeños quehaceres de la vida cotidana solía estimular la sociabilidad, que disminuye mucho cuando cada persona conduce su automóvil o es empujada y apretujada en los sistemas de transporte público.

En los Estados Unidos, aproximadamente el 17% de los trabajadores están empleados en algún organismo gubernamental, y un 20% en alguna de las quinientas empresas mayores. Las burocracias de estos dos conjuntos de instituciones, concentradas en los grandes centros urbanos o cerca de ellos, dominan muchos aspectos de la vida. La patente complejidad de las aglomeraciones urbanas dice bien claro que un gobierno de baja eficiencia es incapaz de hacer frente a los muchos y diversos problemas que plantean. Al tiempo que la estructura administrativa va haciéndose más y más visible y se observa que funciona a nivel inferior al esperado, se hace crecientemente vulnerable a la protesta, el sabotaje y la desintegración social.

En resumen, es opinión muy extendida que la urbanización destruye nuestra competencia para fundar y sostener un hogar plenamente familiar y lo mismo dificulta o impide el establecimiento de relaciones con los vecinos; la dependencia de los sistemas colectivos de transporte devalúa los pies humanos y por lo regular nos paraliza en una inmovilidad frustrante y contaminada; la educación masiva hiperinstitucionalizada de niños y jóvenes, aplasta su capacidad para aprender. Son incontables las voces que ahora afirman que las instituciones mayores de la sociedad urbana se han hecho contraproducentes y nos roban precisamente aquello para lo cual fueron fundadas. La insatisfacción por la vida moderna parece ser mayor en la mayoría de los países urbanizados que, además, poseen el mayor ingreso nacional *per capita*. Muchos miembros opulentos de estas sociedades, especialmente los jóvenes, proclaman que ellos rechazan los valores e instituciones materiales del complejo urbano-industrial contemporáneo, y se vuelven en busca de guía a las religiones esotéricas, la brujería o la astrología. Algunos han probado vivir en comunas con estilos de vida "más simples". Casi todos los experimentos de vida comunal que comenzaron en Estados Unidos en los años sesenta y setenta han fracasado, pero los pocos que

345

sobreviven y prosperan sugieren qua la vida moderna puede ser muy feliz en pequeñas comunidades. En realidad esto mismo ha demostrado la historia del Israel moderno, donde el sistema comunal de los *kibbutzin*, iniciado hace setenta años, sigue viviendo y prosperando

El *kibbutz* es una aldea colectivizada en la que la producción y el consumo son compartidos por igual por todos sus miembros. Los adultos comen en un comedor comunal y reciben todos los servicios de unidades comunales compartidas, y asimismo contribuyen por igual al presupuesto de gastos. Existen unos 230 *kibbutzin* en los que habitan aproximadamente 100 mil personas, lo que constituye el 3.5% de la población total de Israel. El movimiento de los *kibbutz* crece ahora a razón de casi 3% el año, cifra algo más baja que la del crecimiento de la población total del país, pero lo bastante elevada para asegurar un crecimiento absoluto. Muchos de sus miembros pertenecen a la segunda y tercera generaciones.

En contraste con otros experimentos comunitarios, los *kibbutzin* han rechazado tendencias regresionistas. Se basan en la aldea, pero desafían la tendencia común a creer que los estándares de la vida y de las actividades culturales no pueden ser tan altos como los de los centros urbanos. La tecnología agrícola e industrial del *kibbutz* cuenta entre las mejores del mundo, y aprovechan las máquinas, computadoras y el saber operacional más calificado. En el *kibbutz*, los logros tecnológicos y económicos se atribuyen a la comunidad, y no al individuo. En lugar de depender de la competición para su éxito, el *kibbutz* trata de establecer una atmósfera de cooperación creativa; idealmente, los compañeros de trabajo de uno son sus amigos después de terminado aquél. El *kibbutz* funciona atenido a un sistema de democracia directa, de acuerdo con cuyas normas cada uno de sus miembros tiene los mismos derechos políticos y participa en las varias fases del proceso de la toma de decisiones. Aun siendo el trabajo el aspecto esencial de la eficiencia económica del *kibbutz*, casi todos sus miembros gozan de considerable tiempo de holgura, que pueden dedicar a los entretenimientos o actividades recreativas por las que sientan mayor afición.

Se permite que individuos del exterior ingresen en los *kibbutzi*n si están dispuestos a cumplir con los requisitos que los rigen; pero también se permite a cualquiera de sus miembros abandonarlos si les parece objecionable la forma de vida que en ellos prevalece por razones físicas, sociales o de otra índole. Como consecuencia de esta absoluta libertad, es grande el movimiento de renovación poblacional; pero el número de deserciones apenas llega al 25% en la segunda o tercera generaciones. Así pues, quedan en el sistema de los *kibbutzin* unas tres cuartas partes del total de los individuos que aceptaron su forma de socialización.

En los países industrializados se edifican o han edificado "ciudades completamente nuevas" de varias dimensiones, a fin de prevenir o al menos lentificar el ulterior crecimiento de megalópolis. El movimiento pro "ciudades nuevas", así como la denominación que lo designa, tuvieron su origen en Inglaterra, pero ahora se ha extendido ya a toda Europa. El nombre se refiere a ciudades planeadas para albergar entre 50 000 y 250 000 habitantes. Se ha criticado mucho a las "ciudades nuevas" por la

347

frialdad de su atmósfera psíquica y la falta de calor humano; pero esto puede no ser una crítica justa. Es necesario el paso de varias generaciones para que un pueblo o ciudad adquiera las cualidades que enriquecen la vida humana y contribuyen a la civilización. Un estudio reciente revela que Harlow, la más antigua de las "ciudades nuevas" de Inglaterra, pues se fundó en 1955, se ha transformado en un genuino hogar para personas de todas las edades. Quienes más se quejan son los adolescentes y jóvenes, que encuentran la vida en ella tan ordenada y pacífica que se ven obligados a ir a las secciones más pobres de Londres cuando desean dedicarse a algún trabajo social.

Casi todas las nuevas ciudades se planifican de manera que faciliten el renacimiento de las barriadas o vecindarios. Por ejemplo, suele fraccionarse el área urbana total en múltiples subunidades para unos mil habitantes cada una —con el equivalente de una "plaza de aldea", un café, una escuela y otros servicios comunitarios. Se dejan lugares para recreo y áreas más extensas que imitan paisajes naturales, además de corrientes de agua que envuelven al conjunto de la ciudad. Por otra parte, en casi todas ellas se ha tratado de proporcionar empleo local a un buen porcentaje de sus habitantes.

Ciertos planificadores son más ambiciosos y afirman que ha llegado el tiempo de volver a pensar acerca de los asentamientos humanos en términos de aldeas verdaderas, por cuanto la tecnología moderna hace ahora posible proporcionar en cualquier lugar del campo todas o casi todas las comodidades y servicios sociales y culturales hasta hoy privilegio de las grandes ciudades.

Por ejemplo, se están ideando planes para convertir una finca privada de aproximadamente doscientas hectáreas, situada en la región central de Francia, en aldeas modernas al extremo. La empresa corre a cargo de un *organismo internacional no lucrativo* financiado por fondos públicos y privados de diversa procedencia.

La finca consiste en unas veinte hectáreas de bosque natural y el resto lo forman pastizales y tierra labrantía de fertilidad bastante baja. Están en función varias granjas y una gran mansión (edificada en 1890) todavía en aceptable estado físico.

El bosque, la tierra labrantía, los pastizales y un río de rápida corriente capacitarán a la nueva aldea para ser autosuficiente, por lo que concierne a la producción de alimentos y energía, así como para varias actividades sociales y culturales.

La nueva aldea la constituirán unas ciento veinte casas particulares proyectadas de acuerdo con los principios ecológicos del ahorro de energía. Estarán esparcidas de modo que se reserve a la agricultura la mayor parte de la tierra apta para ello. Los planificadores suponen y esperan que personas de diferentes vocaciones y profesiones, incluso artistas, optarán por vivir en esta nueva aldea.

La granja se modernizará y se pondrán en práctica nuevas formas de agricultura con fundamento en consideraciones ecológicas y necesidades de energía.

La mansión ya existente se restaurará y reestructurará de forma que sirva como hotel, además de contar con instalaciones adecuadas para diversiones públicas, conciertos y seminarios académicos.

A medida que vaya disponiéndose de fondos proporcionados por la operación de la misma empresa, se utilizarán para ciertas formas de investigación relacionadas con técnicas agrícolas de base más biológica y con el desarrollo de mejores procedimientos para el uso de fuentes de energía renovables.

En la primavera de 1980, un grupo de planificadores ingleses revelaron planes comprensivos para lo que ellos llamaron "la aldea del futuro", que combinará los aspectos más avanzados de la tecnología microelectrónica con los más refinados y modernos métodos científicos para la producción de alimentos. El Dartington Hall Trust, de Devon, que ha patrocinado el proyecto, lo presenta como "el matrimonio de las revoluciones microelectrónica y ecológica", cuya meta es crear una comunidad tan autosuficiente como sea posible, particularmente por lo que concierne al ahorro de energía y la conservación de la calidad del ambiente. En la actualidad, "la aldea del futuro" sólo existe en la forma de un modelo construido a escala de 1:250, pero sus promotores confían en que se convertirá en comunidades reales "edificadas sobre los cimientos de la conservación de la energía, la ausencia de desempleo y la autocompleción".

De acuerdo con el modelo, el asentamiento se edificaría alrededor de una plaza central y de mercado, libre de tránsito de automóviles. La plaza estaría rodeada de establecimientos públicos, desde el ayuntamiento, los baños termales y el centro médico hasta la escuela, la cual incluiría instalaciones para la instrucción de adultos y un edificio que los planificadores llaman "centro de intercambio de habilidades". Habría también un restaurante, una biblioteca y otros edificios tradicionales.

Rasgo inusitado de este asentamiento sería un cen-

350

tro para recursos comunales llamado "cottage office" en el modelo, que podrían usar los visitantes lo mismo que los habitantes. Proporcionaría acceso público a computadores, servicios de envío y recepción de mensajes, televisión, telex y otros medios de comunicación, así como un centro secretarial y otro de servicios de contabilidad. La microelectrónica, parte esencial del proyecto, hará posible ofrecer amplia variedad de medios para la instrucción y educación de personas de cualquier edad, además de espectáculos y diversiones de la más diversa índole.

El diseño de la población otorga particular importancia a la conservación de la energía. Casas, oficinas y talleres se construirán estrechamente apretados entre sí en torno de la plaza central, y habrá un hospedaje para visitantes a fin de evitar dormitorios sobrantes en las casas de las familias. Siempre que sea posible, se utilizarán fuentes de energía renovable, y la electricidad se obtendrá principalmente por medio de generadores movidos por el viento o corrientes de agua. Se producirá tanta cantidad de alimentos como resulte posib!e en terrenos próximos a la periferia de la aldea, y se recurrirá a procedimientos de reciclamiento que utilizan la actividad microbiana, no sólo para producir *compost,* sino agua purificada y además, metano y otros combustibles. En general, siempre que resulte factible y conveniente, se aprovechará la actividad vital de microorganismos apropiados para destruir o transformar productos nocivos o directamente inútiles y obtener otros provechosos y económicos. En un depósito comunal se alojarán vehículos para las personas que necesiten viajar.

Se destinará un edificio a la purificación del agua, al cultivo de peces y para instalar un gran inverna-

351

dero. En este edificio se intentará imitar los procesos naturales de reciclaje y se instalará un "banco de calor", que guardará la energía calórica en verano y la liberará en invierno. El agua es una de las materias más eficientes y convenientes para conservar el calor, como han demostrado John y Nancy Todd y sus colaboradores en el Instituto de la Nueva Alquimia, instalado en Cape Cod, en el que tanques de hidrocultivo situados en el interior de un invernadero han amortizado lo que costaron, tan sólo por el aprovechamiento de su capacidad de conservar el calor.

Los planificadores ingleses de "la aldea del futuro" intentan usar tecnologías complejas únicamente cuando éstas sirvan a necesidades humanas esenciales. Por el contrario, se preferirán las tecnologías sencillas para actividades que fomenten el trabajo humano y procuren la sensación de autocompleción auténtica. Por ejemplo, los trabajos burdos y repetitivos, tales como el almacenamiento y entrega de información, correrán a cargo de robots, mientras que para cocinar alimentos, diseñar vestidos y otras actividades domésticas se aplicarán tecnologías sencillas.

Las industrias en pequeña escala utilizarán una mezcla de tecnologías complejas y sencillas, sea para producir bienes que se usarán en la aldea o se venderán fuera de ella. Pocas serán las personas que ejecutarán un solo trabajo, pues lo que se trata de conseguir es exaltar la autocompleción, para lo cual se evitará la distinción entre trabajo y ocio y se hará que los individuos ejecuten diferentes labores. Además de su trabajo principal, casi todos los individuos serán capaces de cuidar granjas y jardines en el cinturón verde que circunda la aldea, pues, como ya se ha dicho, las tareas repetitivas y aburridas serán prácticamente eliminadas gracias a la utilización de tecnologías ahorradoras de trabajo humano.

Todavía la "aldea del futuro" no pasa de ser una idea encarnada en un pequeño modelo, pero la Asociación para la Planificación del Campo y la Ciudad de Gran Bretaña ha recibido ya la oferta de cinco lugares con extensiones que varían desde quince hasta setenta hectáreas, que podrían acomodar desde quinientas a diez mil personas. Difieren las opiniones en cuanto al tamaño adecuado. Algunos proyectistas creen que sería deseable un lugar de ciento cincuenta a doscientas cincuenta hectáreas, por cuanto produciría ingresos mayores y capacitaría a la aldea para pagar las complejas instalaciones que son parte integral del programa. Otros favorecen comunidades de menor tamaño, que alojarán unas dos mil personas, pues serían más manejables y amistosas.

Por supuesto, todas las personas que participan en este proyecto son conscientes de que no es posible planear en detalle el porvenir, y que el modelo de "la aldea del futuro" es "un ejercicio de imaginación", más que un conjunto de instrucciones completas para la edificación de una aldea real. Sin embargo, podrían sentirse animados por el conocimiento de que algunos elementos que participan en el proyecto han trabajado varios años en el asentamiento llamado "El Arca" [*The Ark*] establecido en Cape Cod hace tiempo por algunos miembros del Instituto de la Nueva Alquimia que ahora proyectan fundar una unidad mayor en la Isla del Príncipe Edward, en Canadá.

La supervivencia y el éxito continuado de los *kibbutzin* de Israel y de unas cuantas comunas fundadas en Estados Unidos y Europa durante el decenio de los sesenta, demuestran que la vida en pequeños asentamientos es muy compatible con las necesidades y aspiraciones de la naturaleza humana, lo que no debe sorprender si se recuerda que desde la Edad de Piedra, las formas de vida en participación y cooperación colectivas han sido factores básicos en la evolución de la especie humana durante la mayor parte de su existencia. Quizás las pequeñas y modernistas "ciudades nuevas" y "aldeas del futuro" no tengan éxito al comienzo, pero son buenas las probabilidades de que tales asentamientos mejoren con el tiempo y sean aceptados en un futuro próximo, como es ya el caso con Harlow.

Por otra parte, las diversiones y beneficios de las ciudades muy grandes son también creaciones humanas y, probablemente, mucha gente siga prefiriéndolas a los pueblos y aldeas. Como dije antes, la población de los *kibbutzin* se ha estabilizado en un 3.5% de la total de Israel en los últimos siete años. La gran mayoría de los israelíes parecen preferir la vida en Jerusalén, Haifa, Tel Aviv y otras ciudades grandes.

De esta manera, la hostilidad contra las megalópolis no parece deberse a un desagrado por la vida urbana en sí, sino más bien a la irritación contra las enormes, complejas y anónimas instituciones que controlan las actividades de los habitantes de las ciudades y suelen impedirles gozar del atributo más valioso y exclusivo de las grandes aglomeraciones urbanas: su fundamental diversidad humana.

Toda persona razonable sabe que las mejores experiencias de la vida son gratuitas y sólo dependen de nuestra percepción directa del mundo, como cuando nos sentimos alegres por el mero hecho de vivir, de ser personas de la índole que somos, estar en un ambiente amable o hacer lo que nos gusta. A lo largo de millares de años, en todas las formas, filósofos y moralistas han afirmado que la alegría no está en las cosas, sino en nosotros. Lao Tse expresó esta verdad en la frase: "Quien sabe que tiene lo suficiente, es rico." Thoreau fue mucho más lejos cuando escribió: "Las oportunidades de la vida disminuyen en proporción inversa a lo que llamamos 'medios'." Sin embargo, casi todo el mundo cree que la ciencia y la tecnología contribuyen grandemente a la felicidad, en virtud de aumentar la riqueza material.

Hace unos años aterricé en el aeropuerto Kennedy de Nueva York a media tarde de un cálido y húmedo día de agosto. El taxi que me llevaba a casa quedó pronto atrapado en el embrollo del tránsito, lo que dio al chofer oportunidad de quejarse de su trabajo y, en general, del estado de tristeza del mundo. Al advertir mi acento extranjero, supuso que no conocía Estados Unidos y, en consecuencia, procedió a ilustrarme sobre la vida norteamericana. "Probablemente le habrá sorprendido a usted ver tanto tránsito de automóviles a media tarde", dijo, mientras permanecíamos parados rodeados de una bochornosa atmósfera saturada de vapores de gasolina. "La razón de que haya tanta gente en la calle a estas horas del día es que la jornada de trabajo es corta en nuestro país, y además, casi todo el mundo tiene automóvil propio." Y enjugándose la frente, añadió enérgicamente: "En Estados Unidos todos vivimos como reyes." Y en seguida pasó a describir cómo el lugar donde se había criado, no lejos de donde estábamos, junto a la carretera, había sido antes un lindo vecindario campestre, pero se había convertido ahora en un verdadero tugurio.

El conductor del taxi tenía razón cuando presumía de la prosperidad de Estados Unidos, que da al ciudadano medio la riqueza de un rey; pero, paradójicamente, también la tenía al lamentarse de tener que vivir en un ambiente de tugurios. A semejanza de la persona media de Estados Unidos, probablemente gastaba tanta o más energía en su automóvil y en los varios utensilios motorizados de su hogar que la que generaría un millar de esclavos que trabajaran para él. En este sentido, era como un rey, pero un rey que tenía muy poca libertad en cuanto a dónde y cómo utilizar a sus esclavos. En todo caso, no hay pruebas de que los auténticos reyes sean particularmente felices.

Probablemente, la mayoría de las personas ha creído siempre que la riqueza material contribuye a la felicidad; pero ha sido principalmente desde Francis Bacon y los filósofos de la Ilustración cuando se ha generalizado la idea de identificar el mejoramiento de la vida con la expansión económica y tecnológica. Seguramente quien ha expresado de manera más cruda y rotunda esta opinión sobre el progreso fue el economista francés Mercier de la Rivière, cuando, en 1760 escribió: "La mayor felicidad consiste en la mayor abundancia posible de objetos adecuados para nuestro placer, y la mayor libertad para aprovecharlos." En Estados Unidos, dos siglos más tarde, los miembros de la Comisión Paley sobre política de materiales, expresaron una opinión aún más exaltada acerca de la contribución de la riqueza material a la felicidad humana. El prefacio a su informe, publicado en 1952, afirmaba que la continuación de la tendencia hacia mayores progresos tecnológicos es necesaria no sólo para asegurar la felicidad, sino también para el cultivo de los valores espirituales.

La expansión económica, e incluso el progreso basado en la tecnología científica han comenzado ya a perder algo de su atractivo, al menos entre ciertos grupos sociales de los países industrializados. Los resultados de numerosos estudios indican que son cada vez más las personas que adoptan estilos de vida basados en la "simplicidad voluntaria". Por ejemplo, a comienzos de 1978 un pueblo de 2 500 habitantes del norte de California decidió voluntariamente prescindir por completo de la energía eléctrica durante una semana y emplear estufas de campaña y lámparas de petróleo. El propósito inicial era protestar contra un aumento del impuesto sobre la renta, pero el resultado inesperado, según muchos de los habitantes, fue que la vida en condiciones más sencillas aumentó la felicidad de la comunidad.

En Estados Unidos, Europa y Japón se han realizado estudios durante los dos últimos decenios para averiguar los efectos del progreso tecnológico y del creciente estándar de vida sobre la salud, la felicidad y la tranquilidad mental. Los resultados, en lo esencial iguales en todos los países industrializados ricos, revelaron curiosas paradojas. Mucha gente cree que el conocimiento y el estado de la salud han mejorado algo durante los últimos cincuenta años; pero la gran mayoría de las personas creen que la felicidad interior y la paz mental han disminuido. Como dije antes, "estar mejor, pero sentirse peor" fue la frase propuesta por los expertos del simposio de la Fundación Rockefeller para transmitir su impresión respecto a la situación médica del país. El presidente Nixon había expresado parecida opinión en su primer informe sobre el estado de la nación al decir: "Nunca nación alguna ha tenido más y disfrutado menos".

Otra paradoja, revelada por dos estudios diferentes, es que la mayoría de las personas convencidas de que la felicidad está decayendo no añoran los tiempos pasados, según ellas, más felices. A la pregunta ¿querría usted haber vivido en los días de los caballos y las calesas en vez de ahora? o ¿hubiese usted preferido vivir en los buenos días de antaño y no en los de ahora?, sólo una pequeña minoría (25% en el primer caso y 15% en el segundo) contestaron afirmativamente. La inmensa mayoría de los estadounidenses y probablemente también los habitantes de otros países industrializados rechazan la idea de retornar a los viejos estilos de vivir.

Estas paradojas cabría explicarlas en parte por la propensión humana a romantizar el pasado. Todo idioma tiene alguna frase para expresar la creencia profundamente arraigada en las virtudes de los tiempos idos: "los buenos viejos días", *the good old days, les bons vieux temps,* "cualquier tiempo pasado fue mejor" (en español en el original). En días tan lejanos en el pasado como los del Imperio romano ya se hacían muchas alusiones a *laudatores temporis acti,* "los glorificadores del pasado". Otro factor contribuyente a estas paradojas de nuestros tiempos sería la exaltación de las esperanzas. Aun si las cosas marchan "mejor", *objetivamente* hablando, no van con la rapidez suficiente para satisfacer nuestras esperanzas *subjetivas*. En consecuencia, el progreso deja insatisfechas a muchas personas por agrandar sus expectativas con mayor rapidez que la posibilidad de su realización. El sentimiento de frustración causado por la exaltación de las expectativas es particularmente agudo y está tan extendido en Estados Unidos porque cada generación de inmigrantes y de sus descendientes dieron por hecho que la condición y circunstancias de sus hijos serían mejores que las de ellos, como en realidad así ha sucedido hasta ahora. Recientemente, el filósofo norteamericano Nicho'as Rescher ha inducido de estos hechos que "por lo concerniente a la felicidad, el progreso ha puesto en acción un ciclo de autofrustración:

Mejora → exa!tación de las expectaciones → decepción." Por otra parte, el progreso técnico suele conducir a lo que él llama "beneficios negativos [...] la eliminación o disminución de algo malo", como puede lograrse con el tratamiento médico y la reducción del gasto, más que por la entrega a nuevos placeres. Según Nicholas Rescher, "debemos llegar por nosotros mismos a darnos cuenta de que es vana ilusión esperar que el progreso tecnológico haga alguna contribución importante a la felicidad humana, excepto por medio de estos 'beneficios negativos'." De hecho, muchas otras razones hacen más y más difícil lograr alguna mejoría de la vida humana por medio de la ulterior expansión tecnológica y económica:

• Una vez alcanzado un grado razonable de riqueza, su ulterior aumento no tendrá por resultado mejor salud ni mayor felicidad.

• Muchas personas parecen más interesadas en el ocio y en formas de vivir más simples que en la adquisición de mayor riqueza.

• Prácticamente todos los adelantos en la tecnología y la prosperidad han traído con ellos consecuencias indeseables.

La preocupación por los peligros ambientales causados por la expansión de la tecnología afecta hondamente a todas las clases, como lo ilustran los resultados de una indagación recientemente efectuada entre 3 000 científicos japoneses a los que se solicitó que declararan cuál sería, a su juicio, el desarrollo tecnológico más deseable para el próximo siglo XXI. En vista de la maestría japonesa en electrónica, cabría haber esperado que ésta encabezara la lista; pero en realidad el video-teléfono quedó en el fondo, mientras que las técnicas para eliminar la contaminación atmosférica ocuparon los primeros lugares.

Casi todos los éxitos tecnológicos y el aumento de la riqueza material dan origen a disyuntivas relativas a muchos valores sociales. Por ejemplo:

• La expansión económica seguirá siendo esencial mientras tanta gente viva en condiciones subestándar; pero tememos las consecuencias ambientales de un crecimiento tecnológico excesivo.

• Las grandes sociedades modernas necesitan complejas reglas de organización y control, pero esto acarrea casi inevitablemente la reducción de las libertades cívicas.

• Los adelantos tecnológicos ocasionan desempleo, pero ahora somos conscientes de que una función la-

360

boral importante es esencial para la autoestimación del individuo.

• La justicia demanda una distribución más equitativa de los recursos de la Tierra entre todos los pueblos del mundo, pero ello probablemente perturbaría la economía de las naciones industrializadas.

Estos y otros problemas relacionados que experimentan todas las sociedades industriales avanzadas han conducido a las personas que piensan seriamente a cuestionar la conveniencia de una mayor expansión económica y a afirmar que nos vamos acercando al final del periodo de doscientos años durante el cual se ha identificado a la Revolución industrial con el mejoramiento de la vida. Por supuesto, está muy lejos de ser cierto que las actividades relacionadas con el deseo de riqueza material hayan cambiado tan profundamente como parecería, a juzgar por las quejas acerca de la carrera económica y por la apología de estilos de vida más sencillos. La pérdida del anhelo de más expansión económica se observa principalmente entre un pequeño porcentaje de las clases sociales media y alta. Probablemente es rara entre las clases sociales menos favorecidas en las naciones ricas, y falta entre la inmensa mayoría de los habitantes de las naciones subdesarrolladas. Por lo demás, la protesta contra la vida moderna es tan antigua como la vida moderna misma, como se dice en la Introducción de James Truslow Adams a la edición de 1931 del libro *The Education of Henry Adams*, ¡hace más de medio siglo!

No son hoy pocos los signos, en esta América nuestra, de que hay una amplia rebelión contra la dirección que ha tomado nuestra vida. Ya no estamos seguros de que la riqueza cree una escala de

361

valores satisfactoria para nosotros. Se [...] cuestionan todos los conceptos, incluso los de fracaso y éxito. Contra toda la impetuosa corriente de la vida contemporánea, el individuo se siente impotente.

Los sistemas de valores de la civilización occidental, y del pueblo norteamericano en particular, son probablemente más estables de lo que parece a juzgar por la literatura sociológica contemporánea. Sin duda, es mucha la gente que, alarmada por la degradación del ambiente, comprende mejor que hace medio siglo que la riqueza no contribuye invariablemente a la felicidad. Pero son pocos los individuos que rechazan la creencia occidental en la posibilidad de progresar, y aún menos los que rehúsan incorporar los productos de la tecnología moderna a su vida cotidiana. De ocurrir algún descenso en el consumo *per cápita* de ciertos artefactos y de energía, será porque en muchas circunstancias, la reducción del consumo puede mejorar la calidad de la vida y es, por consiguiente, la mejor forma de progreso. Esto resulta evidente, por ejemplo, en el uso que hacemos de herramientas y máquinas.

Los instrumentos y herramientas se idearon para facilitar y ampliar la gama de las actividades humanas, como extensiones del cuerpo humano. Su utilización inteligente aumenta y enriquece nuestros contactos físicos y mentales con la naturaleza, pero ahora propendemos a utilizar herramientas y máquinas como sustitutos de nuestro cuerpo y nuestra mente, más que para enriquecer nuestra percepción de la realidad. El resultado suele ser un empobrecimiento de las sensaciones y también la reducción de nuestra capacidad para percibir el encanto y la diversidad del mundo.

Por ejemplo, consideremos nuestra experiencia sensual de las estaciones. Por supuesto, podemos ver las flores en la primavera y la caída de las hojas en otoño a través de las ventanillas de un automóvil, pero no apreciar por completo todo el esplendor de estos sucesos; por otra parte, el olor de la gasolina y el ruido del motor enmascararán o, por lo menos, deformarán la fragancia de la vegetación y de la tierra, el canto de los pájaros y el susurro del viento. La experiencia del conductor de un automóvil es más pobre en calidad y contenido que la del caminante. Caminar nos capacita para sumergirnos en la totalidad de la naturaleza y percibir sus cualidades más sutiles con todos nuestros sentidos. La contemplación de un paisaje en la pantalla de la televisión no sustituye la experiencia directa y personal de la naturaleza.

El verdadero peligro, creo, es que nos hagamos cada vez menos capaces de realizar el esfuerzo necesario para una percepción completa. La vieja ley biológica: "úsalo o lo perderás" se refería al principio a la actividad sexual; pero su significado más general es que las facultades corporales y mentales van atrofiándose progresivamente si no se usan. De igual manera que se atrofian y debilitan nuestros músculos por falta de ejercicio, el desuso conduce a la pérdida de la memoria y de nuestra capacidad de percibir el mundo sensorialmente.

Por ejemplo, el amplio uso de las computadoras acabará por influir sobre el modo de usar nuestra mente, especialmente si desempeñan un papel importante durante las fases iniciales del proceso educativo.

Las computadoras, al proporcionarnos un mecanismo capaz de amplificar la capacidad del cerebro para el pensamiento lógico secuencial, nos llevan suavemente a dar cada vez más preferencia a los procesos del pensamiento rígidos y mecanizados y a depender cada vez menos de la intuición y la sensibilidad. El pensamiento alterado por el uso de la computadora tiende a hacer que el hemisferio izquierdo del cerebro tome el mando de nuestras actividades. En la medida en que esto ocurra, el resultado cada vez más probable será la disminución de las facultades humanas dependientes del hemisferio derecho del cerebro, como los sentimientos, la intuición y el sentido artístico. La persona convencida de que la adquisición del modo de pensar lógico secuencial propio de la computadora es deseable, podría acabar siendo desplazada por un robot, pues en operaciones mentales puramente secuenciales éste puede vencer a la mente humana.

Sin embargo, en mi opinión, es muy escasa la probabilidad de que las operaciones secuenciales lógicas propias de la computarización puedan alguna vez asumir el mando efectivo durante un tiempo considerable, pues casi todos nosotros valoramos mucho más los productos de la imaginación y la intuición que los del pensamiento lógico. Uno admira a Descartes pero probablemente ame a Pascal por creer, como casi todos nosotros, que el corazón tiene razones que la razón pura no puede comprender.

Pero la revolución microelectrónica ya está aquí, ha venido para quedarse, y sus efectos sobre la vida moderna serán en extremo diversos y de importancia creciente. Por consiguiente, voy a tratar ahora de algunas de las respuestas humanas a esta nueva tecnología, y a este respecto tendré en cuenta que tales reacciones van a estar determinadas no sólo por su factibilidad tecnológica y motivos de lucro, sino también por los valores y ventajas que ofrecen a la sociedad.

En 1946 se puso en marcha la primera computadora electrónica en la Moore School of Engineering de Pensilvania. Se le dió el nombre de ENIAC *(Electric Numerical Integrator and Calculator* - Integrador y Calculador Numérico Eléctrico); ocupaba una sala muy grande, contenía 18 mil válvulas electrónicas (bulbos) y consumía energía suficiente para hacer funcionar una locomotora. Hoy, puede construirse una computadora funcionalmente equivalente por menos de 100 dólares, capaz de trabajar con pilas de las que emplean las linternas de mano y tan pequeña que puede llevarse en el bolsillo de la chaqueta. La nueva tecnología microelectrónica se basa en la posibilidad de imprimir decenas de millares de componentes electrónicos sobre fichas de silicio, una ficha de silicio del tamaño de un sello de correos. Según dijo un comité de la National Academy of Sciences [Academia Nacional de Ciencias], "la era moderna de la electrónica anuncia una segunda Revolución industrial ... su efecto sobre la sociedad podría ser aún mayor que el de la Revolución industrial original".

Pese a contar sólo unos años de edad, la microtecnología electrónica tiene ya numerosas aplicaciones industriales y prácticas, desde la fabricación de relojes digitales hasta el control de motores de automóvil y la construcción y uso de millares de robots en plantas fabriles. Sus efectos serán cualitativamente diferentes de los causados por la primera Revolución industrial, cuyas metas fueron extender las capacidades físicas del hombre, producir más energía, transformar materiales, viajar más lejos y con mayor rapidez y fabricar tantos artefactos y objetos como fuera posible con las materias primas de la Tierra.

En contraste, la microelectrónica aumenta y amplía nuestras facultades mentales al incrementar la capacidad de almacenar y comunicar información, calcular, efectuar operaciones lógicas y controlar procesos. La computadora electrónica hace para la mente, al aumentar su alcance, lo que las motoexcavadoras y el martillo mecánico hacen para el brazo. Aun cuando se hallan todavía en proceso de perfeccionamiento, las microprocesadoras ya han hecho posible proyectar y operar factorías en que un equipo mecánico controlado por computadora efectúa sin intervención humana todo un proceso de producción. Puede darse por hecho que máquinas electrónicas adecuadas pronto producirán cambios devastadores en la estructura y el funcionamiento de las oficinas.

La microelectrónica ha llegado tan lejos en tiempo tan breve, y sigue todavía progresando con rapidez tal, que sus consecuencias apenas empiezan ahora a evaluarse. Esta segunda Revolución industrial afectará prácticamente a todo trabajo que implique el uso de máquinas y, por consiguiente, perturbará profundamente las formas y normas de empleo laboral. Probablemente ensanche la brecha entre los países ricos y pobres, pues las tecnologías que hará posibles o facilitará requerirán extensos y profundos conocimientos y equipo de inusitada complejidad y, en consecuencia, reducirá en grado sumo el empleo amplio e intensivo del trabajo humano. Por último, podría afectar en alto grado la opinión que tenemos de nosotros mismos, del mundo exterior y de nuestro lugar en el orden de las cosas.

En el pasado, las nuevas tecnologías siempre afectaron los hábitos de vida del hombre. Disponemos de computadoras desde hace unos treinta años, y se usan en muchas operaciones comerciales e industriales, pero hasta ahora no habían sido accesibles al uso personal en gran escala. En contraste, la microelectrónica introducirá de manera creciente en muchos dominios de la experiencia individual la nueva tecnología de la información, y esto no sólo afectará nuestras actividades personales, sino que tal vez altere nuestras personalidades.

Todos los aspectos de la nueva tecnología de la información conceden más valor a la capacidad de pensar en términos abstractos que a la de hacerlo en términos concretos. Como la creación de riqueza económica requerirá cada vez más el uso de la tecnología de información, estarán en ventaja las personas con talento para la abstracción. En realidad, este hecho ya se manifiesta entre los individuos muy jóvenes. Un chico que moldea un objeto o un animal con arcilla opera de la manera concreta tradicional; pero disponemos ahora de equipo microelectrónico sencillo y barato para presentar objeto y animales en una pantalla, actividad que implica esencialmente procesos de pensamiento y experiencia abstractos.

En el lado negativo, el viraje hacia la abstracción puede empobrecer muchos aspectos de la vida humana. Cuantas más actividades nuestras guarden alguna relación con los dominios intangibles de la información, más difícil será quedar "pies en tierra", expresión ahora en uso para significar conexiones concretas con la familia, los amigos, la comunidad y la cultura. La gente puede enajenarse más del mundo en torno, tal como lo experimentan en el curso ordinario de la vida, y es probable que esto conduzca a alguna forma de escisión del propio ser.

Se ha difundido ampliamente la noción de que la microelectrónica hará cada vez más posible al individuo el trabajo en casa. Al usar equipo electrónico para la comunicación, la instrucción y la diversión, el individuo corre el riesgo de ensimismarse, estrechar el círculo de sus intereses, encerrarse en un mundo cada vez más limitado y perder el interés por los demás y por el bienestar general. Como nosotros hemos evolucionado en grupos sociales "muy pies en tierra" y, por tanto, poseemos escasa capacidad para prosperar y vivir en aislamiento, un mundo de anacoretas y ermitaños electrónicos hará crecer todavía más la actual tendencia a "explicar" la naturaleza de las cosas, en lugar de vivirla con nuestros sentidos, tendencia que contribuye al empobrecimiento de la vida.

Sin embargo, la situación opuesta es también posible y, desde luego, más deseable. La microelectrónica ofrece innumerables oportunidades para la conexión, la acción y la creación. Hará posible nuevas clases de redes sociales y políticas y facilitará y acelerará mucho la formación de alianzas en torno a determinados propósitos. Podría asimismo darnos nueva capacidad para reconocer configuraciones y hacernos así posible descubrir la existencia de vínculos insospechados entre los varios componentes del mundo físico, la sociedad y nosotros mismos. Esto nos ayudaría a comprender cuál es nuestro lugar en el orden cósmico de las cosas y enriquecer la vida humana en conocimiento y experiencia. Como fue el caso durante todo el desarrollo de la primera Revolución industrial, los aspectos más importantes de la segunda no serán los científicos y tecnológicos, sino aquellos que implican decisiones humanas basadas en juicios de valor.

PRIORIDADES SOCIALES

Son tantas las crisis simultáneas que ocurren en el mundo entero, y ya tantos y tan diferentes los procedimientos que se ensayan para resolverlas, que en todos los países la gente coincide en la necesidad de "reordenar las prioridades"; pero aquí es donde el acuerdo termina. En Estados Unidos hay cierto consenso en cuanto a lo que *no* debe hacerse: por ejemplo, permitir más degradación ambiental, seguir destruyendo la vida silvestre, extender mucho más el sistema de supercarreteras, aumentar la concentración del poder ejecutivo y administrativo de Washington, depender exclusivamente de la fuerza militar estadounidense para resolver problemas internacionales.

Sin embargo, aun cuando es fácil coincidir en la crítica de políticas que han fracasado o que han demostrado ser en extremo ambiciosas, resulta mucho más difícil formular prioridades sociales conducentes a nuevos proyectos constructivos.

A primera vista, ciertas prioridades parecen netamente definidas por los agudos problemas de nuestro tiempo, tales como el desempleo, el decremento de la producción industrial, las deficiencias e insuficiencias de la atención médica, la delincuencia callejera, la degradación ambiental, los malos sistemas

369

de educación o del transporte público, así como otros males de la vida contemporánea. Sin embargo, con mayor frecuencia, los procedimientos formulados para hacer frente a contingencias resultan ser de cuestionable sabiduría a largo plazo, por ser contraproducentes y generar por lo regular nuevos problemas para el futuro. Sobrecalentar la economía para estimular la industria automovilística y aeronáutica ayudará a aliviar el desempleo ahora, pero creará nuevas condiciones de desempleo masivo cuando ya se haya agotado el petróleo o aparezcan medios de transporte más racionales o se hayan producido catastróficos problemas ambientales a causa de la utilización abusiva de automóviles y aeroplanos. Un servicio de salud nacionalizado resultaría útil para aquellos sectores de la población que ahora carecen de atención médica, pero probablemente rebajaría la calidad de los servicios médicos para un gran número de personas. Una fuerza policial mayor, con armas y técnicas de vigilancia más perfeccionadas, ayudaría quizá a disminuir la delincuencia, pero también podría constituir una amenaza para las libertades civiles. Un sistema de transporte público mejorado y más eficiente haría más fácil y quizá hasta placentero el cotidiano viaje de los abonados, pero aumentaría la extensión de las ciudades, como ahora ocurre en París.

Por lo demás, existen profundas diferencias de opinión sobre la naturaleza de los proyectos que merecen prioridad. Hace unos años, el gobierno revolucionario de México dio alta prioridad a la fundación de un magnífico museo antropológico en la capital de la República, probablemente el mejor y más espléndido del mundo. Pero este museo se

370

construyó en una época en que la inmensa mayoría del pueblo mexicano sufría aguda escasez de los elementos básicos para la vida, como gravemente sigue resintiéndola. La declaración de los funcionarios públicos en la época de la inauguración del museo, inscrita en una de sus paredes, afirma que se dio prioridad a este proyecto con el fin de ayudar a los diversos grupos étnicos del México moderno a adquirir un sentimiento más justo de la identidad y unidad nacionales.

En sus comienzos, la República Popular China también decidió prioridades difícilmente justificables económicamente. En China, el estándar de vida era asimismo uno de los más bajos del mundo, y sin embargo, poco después de haber logrado el control del país, el gobierno comunista financió difíciles proyectos arqueológicos que sacaron a la luz preciosos tesoros artísticos, hasta entonces desconocidos, de una antigüedad que se remonta desde el periodo neolítico hasta el siglo XIV. La exhibición de estos tesoros en Europa y América ha hecho probablemente más por el prestigio de la China moderna que la construcción de armas nucleares, los logros agrícolas de las comunas o la actividad de los llamados "médicos descalzos" en la mejora de la salud del pueblo. Cuestiones similares podrían plantearse respecto a los motivos que llevaron a conceder prioridad a la construcción de catedrales en la Europa medieval, cuando las ciudades en que fueron edificadas tenían menos de 30 mil habitantes, la mayoría de los cuales vivían en condiciones primitivas.

Criterios no económicos influyeron también en la formulación de prioridades por las naciones europeas al terminar la segunda Guerra Mundial. Por ejemplo, en Alemania, la ciudad de Hamburgo reedificó el teatro de la ópera antes de que los escombros causados por los bombardeos hubiesen sido retirados de las calles. En Polonia, los barrios antiguos de Varsovia se reconstruyeron tal como habían sido conocidos y amados antes de la guerra, aunque el país pasaba por un periodo crítico de carencia de viviendas y se enfrentaba a un incierto futuro.

Así pues, el precepto "debemos reordenar nuestras prioridades" está vacío de sentido, pues cada nación, cada grupo étnico, cada clase social e incluso cada persona tienen su opinión particular en cuanto a lo que es más importante para una vida satisfactoria. Discutir prioridades desde puntos de vista económicos y políticos exclusivamente como es práctica general entre los reformadores sociales de Estados Unidos, significa pasar por alto el hecho de que muchos de los valores que más contribuyen a la calidad de la vida son de naturaleza intangible. Los efectos sobre la salud de la contaminada atmósfera de Manhattan pueden ser menos importantes que la dificultad de gozar la vista de las estrellas en una noche sin nubes e incluso que la imposibilidad de ver la Vía Láctea. También importante, al menos para mí, es el hecho de que la contaminación del aire impide el crecimiento de líquenes en el tronco de los árboles y en las peñas del Parque Central. La felicidad depende en gran medida de ciertos valores ambientales y sociales a los que raramente concedemos primeros lugares entre nuestras prioridades.

Por ejemplo, la gente siempre objeta la intensidad del ruido en las grandes ciudades y desde este punto de vista, Manhattan es uno de los lugares más objetables. El control del ruido figuraba entre los problemas considerados por un grupo de reformadores que comenzó a trabajar en 1870 para mejorar las ciudades estadounidenses. Sin embargo, tal como uno de los componentes del grupo declaró "Si el hombre ocupara el primer lugar [en nuestras consideraciones], el abatimiento del ruido sería efectivo en una semana. Pero antes está la máquina, y es más fácil para la máquina hacer ruido". La New York City Noise Abatement Commission [Comisión para Abatir el Ruido en la Ciudad de Nueva York] se deshizo en 1932 pues no se habían instrumentado sus recomendaciones. No obstante, para mí el ruido es uno de los peores componentes de la contaminación urbana, no sólo por sus efectos deletéreos sobre la salud física, sino porque interfiere con la percepción de sonidos agradables, como el de las campanas, y se introduce en nuestro espacio personal, con lo que desanima el encuentro humano.

Como la apreciación de las prioridades es asunto tan personal, me limitaré a considerar unas cuantas de ellas en que yo tengo interés personal.

Por supuesto, la lucha por la paz y en particular contra las armas nucleares, constituye evidentemente la más alta de las prioridades sociales, pero no veo forma alguna en que yo pueda contribuir a la solución de este problema y, por consiguiente, me limitaré a expresar mi convicción de que, a pesar de todo lo que se habla acerca de la contención, acabarán usándose las armas nucleares y que, contra sus efectos, no existe procedimiento médico eficaz alguno.

El desempleo masivo entre los jóvenes me parece la mayor tragedia social del tiempo de paz. Aun cuando no sé cómo resolver este problema, por lo menos puedo exponer opiniones que difieren algo de la política actual del gobierno. En general se supone que la condición de los jóvenes sin trabajo podría hacerse soportable por medio de la ayuda asistencial, inclusive algunas formas de diversión o entretenimiento; pero me parece que éste es un enfoque erróneo del problema. La vida de los seres humanos como tales sólo es posible si forman parte de grupos sociales estructurados. Si los desocupados no forman parte de la sociedad normal por estar permanentemente desempleados, se organizarán espontáneamente en sus propias agrupaciones, tal como lo hacen ahora, y ello conducirá inevitablemente a conflictos sociales destructivos en un futuro próximo. Suministrar asistencia en forma de dinero, albergue y diversión no es la solución al problema social del desempleo. Lo que se necesita es una profunda reestructuración de nuestra sociedad o, transitoriamente, para salvar la brecha, programas parecidos a los del Civilian Conservation Corps [Cuerpo Cívico de Conservación], adaptados a las condiciones actuales.

Así pues, la reordenación de las prioridades no puede basarse en razones de orden puramente económico. Si bien seguirá usándose el dinero en una u otra forma para la mayor parte de las transacciones sociales, hay pruebas de que, aun ahora, los aspectos no materiales de la vida van adquiriendo creciente importancia en los cálculos relativos al éxito personal e incluso el nacional. No tiene sentido incluir en el cálculo del producto nacional bruto (PNB) elementos tan negativos como el alto costo de mantener comunidades sobrepobladas, de controlar sus varias formas de contaminación y de costear grandes fuerzas de policía. Los países de la OCDE (Organización para la Cooperación y el Desarrollo Económico) han formulado ya un proyecto alternativo, llamado Índice Neto de Bienestar Nacional, que incluye valores cualitativos en el cálculo de la riqueza nacional verdadera. Las autoridades japonesas también tratan de estructurar un índice semejante para la planeación a largo plazo. A la formulación de tal índice de bienestar colectivo debiera dársele primerísima prioridad en todo el mundo.

Hay muchas maneras de definir y medir la riqueza y el crecimiento, aparte de las basadas en el consumo material. Libertad personal, tiempo libre, artes creativas, nivel de alfabetización, consumo de drogas, frecuencia de delitos, suicidios o enfermedades y muchos otros elementos que acuden fácilmente a la mente debieran ser ingredientes de un índice de bienestar que estaría mucho más cerca que el PNB de lo que la gente considera factores de importancia en la calidad de la vida.

Los intentos de reformular las prioridades con fundamento en criterios no económicos van contra la tendencia dominante en las sociedades industriales, y seguramente resultará difícil impartir a los jóvenes la educación que los prepare para estilos de vida en que el espíritu de comunidad y cierto grado de autosuficiencia sean tan importantes como ahora son la adquisición y acumulación de riqueza. La solución no nos la dará un simple cambio en los planes tradicionales de estudio o la modificación de los sistemas pedagógicos, sino que requerirá, en lugar de esto, una nueva orientación de la teoría y doctrina de los métodos de enseñanza.

La autosuficiencia es un rasgo que se adquiere y, para lograrla mejor, la persona habría de experimentar varios cambios de escena y de ocupación, de preferencia durante la juventud. En tiempos pasados, este amplio aspecto de la educación ocurría generalmente en la famila, en cuyo ambiente el niño iba progresivamente incorporándose a diversas ocupaciones sociales y asumiendo crecientes responsabilidades. Sin embargo, en nuestros días, la vida familiar raramente ofrece al niño la variedad de experiencias y responsabilidades indispensables para el desenvolvimiento individual. Tampoco el sistema escolar actual está organizado de manera que lo haga capaz de efectuar satisfactoriamente el proceso de socialización que otrora fuera responsabilidad de la familia.

Tal como ahora están constituidas, las escuelas son instituciones cerradas en las que es difícil preparar al niño para desenvolverse en los múltiples y complejos ambientes de la vida adulta. De todas formas, las escuelas podrían complementar plenamente la acción de la familia si incorporasen a sus sistemas disciplinas tales como clases ligadas a experiencia del trabajo práctico o créditos transferibles entre instituciones de naturaleza muy diferente. Por añadidura, los métodos de calificación habrían de reconocer las diferentes clases de competencia de los individuos, para complementar así la evaluación fundada en los exámenes y grados tradicionales. La actual forma de enseñanza institucionalizada se ideó para sociedades muy estables, pero resultará cada vez más contraproducente si, como es probable, vamos a seguir viviendo en sociedades abiertas y en rápida evolución.

La educación y la enseñanza no sólo deben abarcar a una parte de la sociedad mayor de la que ahora las recibe, sino que deben extenderse a lo largo del curso entero de la vida, sin interrupción de su continuidad, a fin de mantener a la gente al corriente de los cambios sociales, científicos y tecnológicos. La continuación de la enseñanza, además de necesaria para conservar la competencia, ofrecería la ventaja de recordar y renovar el conocimiento de las humanidades a la gente de edad mediana que tuvo noción de ellas en sus años escolares. Por lo demás, indudablemente, esta renovación de conocimientos será crecientemente valiosa en el mundo moderno.

La sociedad tecnológica sabe cómo crear riqueza, pero su éxito definitivo dependerá de su capacidad para formular una cultura humanista posindustrial. El tránsito desde la obsesión por el crecimiento cuantitativo a la búsqueda de una vida mejor no será posible sin un cambio radical de las actitudes. La primera Revolución industrial recompensó a la inteligencia cualitativamente más adecuada para la invención de artículos manufacturables, así como la producción y distribución de ellos en gran escala. Por el contrario, una sociedad humanística premiaría más pródigamente la aptitud para facilitar mejores relaciones humanas e interacción más creativa entre las personas, la naturaleza y la tecnología. En las sociedades futuras, los individuos más valiosos no serían los poseedores de mayor capacidad para producir bienes materiales, sino aquellos que tuvieren el don de difundir la buena voluntad y la felicidad por medio de la empatía y la comprensión. Este don quizá sea innato, pero desde luego podrían perfeccionarlo la experiencia y la educación.

Ningún decreto de las autoridades centrales logrará cambios profundos en el sistema educativo, los cuales requerirán tantos programas experimentales diferentes como sea posible, con la esperanza de que aquellos que den buen resultado sirvan de ejemplo y final-

377

mente creen nuevo consenso. Las sociedades tecnológicas son tan complejas que temen el riesgo del error humano. Por esta razón, propenden a remunerar mejor a los especialistas que ofrecen menos probabilidades de cometer errores, lo mismo si conducen aviones que si trabajan con computadoras. En general, suelen desestimar a los que quisieran verse involucrados en empresas realmente nuevas que pudieran causar riesgos y volcar el carro de las manzanas sociotecnológicas.

Las pruebas o *tests* de inteligencia y de aptitud para el trabajo miden principalmente las dimensiones de la mente humana que favorecen la seguridad sobre la creatividad. Sin embargo, las sociedades sólo pueden adaptarse a las nuevas condiciones y lograr un progreso real si se arriesgan a efectuar nuevos u originales experimentos y a permitir la aceptación de riesgos, sea en tecnología, agricultura, salud o instrucción. En realidad así procede la naturaleza para lograr la adaptación y la evolución. La naturaleza no es eficiente, es redundante. Siempre lo hace todo de muy diferentes y muchas maneras, gran parte de las cuales fracasan antes de llegar a soluciones viables. Para mejorar la calidad de la vida humana, en vez de limitarse a producir mercancías, las sociedades industriales deberán ensayar muchas y diversas formas de enfrentar las situaciones futuras, y no conformarse con la opinión y decisión de unos cuantos expertos, pues los expertos propenden a preocuparse principalmente por los medios y la eficiencia, en lugar de interesarse por las metas y por la diversidad creativa, que es esencial para una vida más rica y para el ininterrumpido progreso de la civilización.

En muchos casos, la búsqueda de "soluciones" definitivas habrá de ser remplazada por "intervenciones adaptativas" —modificaciones "para salir del paso" pero que, a la larga, pueden resultar beneficiosas. Warren Johnson, profesor de la Universidad de California en San Diego, defendía recientemente, en su libro *Muddling Toward Frugality,* la atractiva tesis según la cual la necesidad de adaptarnos a modos de vida más frugales nos proporcionará la oportunidad de desarrollar nuevos estilos de vivir que serán más felices por ser ricos en experiencias personales. Por ejemplo, como ya señalé en páginas anteriores, la escasez verdadera de energía podría muy bien ser a la larga una bendición, por cuanto nos animaría a cultivar algunas de nuestras potencias físicas y mentales que ahora permanecen sin desarrollar por disponer de artefactos mecánicos que las sustituyen; los más de nosotros nos haríamos capaces de entonar una canción o tañer algún instrumento musical si no dispusiéramos fácilmente de música enlatada. Las escaseces también nos inducirían a diversificar los lugares donde habitamos y hacerlos por tanto más agradables y satisfactorios, si no fuera tan fácil como ahora viajar largas distancias en busca de entornos más atractivos.

La necesidad de nuevas políticas sobre el uso de la tierra es otra prioridad social que ofrece la oportunidad de mejorar el ambiente.

Excepto el selvatismo real, los aspectos más atrayentes de la naturaleza suelen encontrarse en los parques públicos, pero más generalmente en zonas agrícolas y grandes fincas particulares. Sin embargo, en las actuales condiciones, la agricultura ya no es hoy viable económicamente en la vecindad de aglomeraciones urbanas, y la mayor parte de las grandes fincas privadas están destinadas a ser abandonadas, no sólo a causa de los grandes impuestos, sino también porque no encajan en los gustos de las generaciones jóvenes. En cuanto deja de cultivarse la tierra labrantía o los grandes terratenientes dejan de ocuparse de sus fincas, la tierra se puebla de matorrales y, en consecuencia, pierde mucho de su atractivo estético. La magnitud de este aspecto del uso de la tierra en la vecindad de los centros urbanos puede apreciarse por el hecho de que existen más de 40 mil hectáreas de campo abierto en un radio de unos 50 kilómetros desde el centro de Manhattan, lo que posibilita una desordenada y generalmente odiosa edificación de un millón de viviendas. Como existen condiciones similares en muchas partes del continente americano y algunos lugares de Europa, la modificación de la política relativa al uso de la tierra es ya una necesidad social inaplazable en varias naciones adelantadas.

Cabe pensar en muchas posibilidades de aprovechamiento de las grandes extensiones de tierra baldía que todavía existen cerca de las aglomeraciones urbanas; por ejemplo, dejar que poco a poco retornen a un estado cercano al selvatismo; establecer cinturones verdes; construir parques para el uso público; desarrollar asentamientos humanos combinados con amplios espacios públicos, equivalentes, por ejemplo a la ciudad jardín proyectada por Ebenezer Howard, en Inglaterra, o al ideal *Broadacre* de Frank Lloyd Wright o, de preferencia, a las "aldeas del futuro" descritas en la sección precedente. En muchos lugares probablemente sea deseable y posible reintroducir alguna forma de producción agrícola, especialmente cultivos perecederos, aunque sólo fuera para hacer de nuevo asequibles frutas, verduras y legumbres frescas y sabrosas al habitante de la ciudad. Es probable que acabemos por decidirnos en favor de una mezcla de estas diferentes formas de administración de la tierra, pero ello no se logrará sin generar controvertidos problemas de zonificación.

Generalmente, las políticas de zonificación han tendido a lograr alguna forma de segregación socioeconómica y ocupacional, siendo así que deberían incorporar consideraciones relativas a la ecología y a la percepción del ambiente. En lugar de basarse en la segregación, la nueva doctrina sobre la zonificación ambiental debe dirigirse a crear lugares en que puedan coexistir, en un ambiente adecuado, apropiados grupos de usos. Esta actitud ha sido amenamente expuesta por Nan Fairbrother en los siguientes términos: "El uso de la tierra para un solo propósito rara vez creará un ambiente, no más que montones separados de mantequilla, azúcar y harina constituirían un pastel; pues, a semejanza de un pastel, un ambiente es un todo complejo creado por la hábil mezcla y fusión de adecuadas materias primas." Idealmente, la zonificación habría de considerarse no como un proceso restrictivo, sino constructivo; su meta habría de ser la integración de diferentes modos de uso de la tierra que crearan ambientes armoniosos e interesantes.

Así, la planificación a largo plazo del campo que rodea a los grandes centros urbanos deberá considerar no sólo la condición y usos actuales de la tierra, sino también sus potencialidades. Necesitamos mapas que abarquen lo que se ha llamado "clases de capacidad de la tierra", que ponen de relieve no los usos actuales, sino las potencialidades inherentes al suelo, la topografía, el clima, la relación con el agua, etcétera. Tal conocimiento podría sugerir formas para desarrollar la producción de alimentos y otros usos deseables de la tierra en ciertas áreas urbanas. A su vez, esto contribuiría a un sentido de planificación espaciosa y ordenada que proclamase que la sociedad puede administrar su ambiente en forma compatible con el bienestar de la humanidad y de la Tierra.

El último ejemplo de prioridad que habré de considerar es uno casi exclusivo y peculiar de Estados Unidos. Quedé sensibilizado a él la primera tarde que pasé en este continente, y todavía, después de tantos años, perdura en mí la impresión que entonces me produjo, a saber: la urgencia de un mejor aprovechamiento de la tierra litoral, tanto la correspondiente a zonas urbanas como las alejadas de éstas.

A los veintitrés años llegué como inmigrante a New Brunswick, Nueva Jersey, a comienzos de octubre de 1924 y tomé una habitación en un pequeño hotel situado a una cuadra de distancia del río Raritan. Naturalmente, me sentía un tanto desamparado, aquel primer día en tierra extraña; pero ansioso de investigar mi nuevo entorno, decidí emprender una larga caminata a lo largo del río, justo como hubiera hecho en cualquier ciudad europea. Sin embargo, para mi gran sorpresa y decepción, descubrí que era prácticamente imposible llegar a la orilla del río Raritan en algún lugar cercano al hotel, y no hablemos de un camino a lo largo de aquél; en consecuencia, hube de satisfacerme con la contemplación de la interminable corriente de automóviles que pasaban sobre el puente tendido sobre el río.

Uno de mis primeros viajes largos en Estados Unidos fue el que realicé a Omaha, Nebraska. Había leído con gran placer que Omaha estaba situada junto al Missouri, río que estaba ansioso por conocer, pues había nutrido mi imaginación respecto al continente norteamericano desde los días de mi juventud en Francia. Pero también entonces quedé decepcionado, pues en aquella época —y probablemente todavía ahora— las márgenes del río en Omaha estaban ocupadas por autopistas, vías férreas y edificios industriales, de manera que resultaban inaccesibles a los peatones dentro de los límites de la ciudad. Dejé Omaha sin haber tenido realmente la experiencia del Missouri.

He vivido en la ciudad de Nueva York la mayor parte de mi vida adulta —primero en Riverside Drive, cerca del río Hudson, después, por poco tiempo, no lejos del puente de Brooklyn, más tarde en Greenwich Village, cerca del río Hudson y, durante los últimos treinta años, en el centro de Manhattan, a unas cuadras del río East. Ahora, después de haber visitado muchas de las más famosas y mayores ciudades del mundo, no puedo pensar en ninguna que iguale a Nueva York por la diversidad de sus vías acuáticas y sus litorales marinos. ¡Nueva York tiene 928 kilómetros de costa sobre el océano Atlántico y los ríos Hudson, East y Harlem! A Herman Melville le impresionó tanto la contribución de las corrientes acuáticas a la vida de Manhattan que se refiere a este tema en la primera página de su *Moby Dick*. Describe las "multitudes de contempladores de agua" que se reunían entonces en la Battery; le maravilló el hecho de que "a derecha e izquierda, las calles lo llevan a uno hacia el agua", y gente de todas las clases sociales podía gozar vicariamente del mundo entero, viendo los barcos que llegaban a la ciudad por los ríos y el océano.

Las costas marinas y fluviales de Nueva York han perdido gran parte del atractivo romántico que ofrecían en los días de Melville, y en su mayor parte son casi inaccesibles a los peatones. Requiere mucho esfuerzo tomar contacto con el océano Atlántico desde Battery Park o Staten Island, así como llegar a los grandes puentes —el de Brooklyn inclusive— que enlazan Manhattan con los barrios circundantes y con Nueva Jersey. Por añadidura, se ha hecho poco menos que imposible escapar de los humos y el ruido de los automóviles en cualquier lugar a lo largo de los ríos Hudson, East y Harlem. Mucho similar puede decirse de las costas marinas o riberas fluviales de no pocas ciudades norteamericanas. Probablemente no exista parte alguna del mundo en que las ciudades hayan sido tan generosamente dotadas de paisajes acuáticos —marítimos, lacustres o fluviales—; pero en ningún otro país las riberas urbanas han sido tan mal utilizadas y deterioradas.

Es fácil hallar en la historia excusas que pretenden justificar el descuido de riberas y costas en Estados Unidos. Al principio, los ríos fueron las principales y más cómodas vías de acceso a las ciudades del nuevo continente y, por tanto, las tierras ribereñas y costeras se utilizaron con fines comerciales e industriales. Por otro lado, la mayor parte de los valles fluviales estaban infestados por mosquitos transmisores del paludismo, de manera que prevaleció la tendencia a establecer los sectores residenciales tan lejos como fuera posible de las costas de ríos y lagos. Hasta hace poco, en gran parte de Estados Unidos imperaba la tradición de que las costas eran buenas únicamente para trabajadores y vagabundos.

Ahora las condiciones han cambiado; el comercio ya no depende de las vías acuáticas; es posible eliminar a los mosquitos y el paludismo ha sido prácticamente erradicado. La calidad de la vida en las ciudades norteamericanas sería grandemente enaltecida mediante el sencillo expediente de hacer de los cuerpos de agua, riberas y costas marítimas centros de atracción para los habitantes y visitantes de las ciudades. Pocos son los aspectos de la naturaleza que ofrecen tan gran diversidad de ambientes y tan amplia gama de distracciones como las riberas de ríos, lagos y mares, junto a las cuales se asientan muchas ciudades.

Aunque muchos de los ríos y lagos están ahora contaminados, ello no es razón para desesperar, pues en la mayor parte de los casos, el daño ambiental es reversible. Es tan grande el poder de recuperación de la naturaleza que dondequiera que se han tomado medidas para *evitar ulterior contaminación* por parte de fuentes industriales y domésticas, los cuerpos de agua se han depurado por sí mismos, por sus propios mecanismos naturales, como ha sucedido, por ejemplo, con el lago Washington, en Seattle, el río Villamette, en Oregón, y la bahía de Jamaica, en la ciudad de Nueva York.

El control de la contaminación es sólo uno de los aspectos de una política completa de mejora ambiental. Otro aspecto es aprovechar las riberas fluviales, lacustres y marinas para crear entornos placenteros fácilmente accesibles a los habitantes de las ciudades. Tales lugares de atracción irán adquiriendo más y más importancia, pues las dificultades para viajar harán que un número cada vez mayor de personas tenga que pasar sus días o ratos de ocio cerca de sus lugares de residencia.

Las ciudades europeas tienen la larga tradición de transformar los cuerpos acuáticos —aun los más oscuros y menores—, junto a los cuales están situadas, en ambientes placenteros que agregan mucho encanto y diversidad a la vida urbana. Los pintores impresionistas han dejado muchos recuerdos de ocasiones festivas relacionadas con arroyos y lagos. Naturalmente, varias ciudades norteamericanas han conseguido aprovechar sus costas para que las disfruten sus habitantes. Ejemplo famoso ofrece la espectacular costa del Pacífico, en San Francisco. Por lo demás, logros muy deseables son posibles aun donde las condiciones naturales no son tan evidentemente favorables. Durante mi relación con la Escuela Médica de la Universidad de Harvard, hace treinta años, pasé horas felices paseándome a lo largo de la orilla del río Charles, cuyo paisaje había mejorado Olmsted. Incluso una masa de agua pequeña y poco espectacular como la de San Antonio, Texas, puede hacer una contribución importante a la vida urbana, siempre que esté bien situada, integrada al paisaje de la ciudad, no perjudicada por el tránsito de automóviles y sea de fácil acceso para los peatones. Por último, y probablemente de mayor importancia para la vida urbana, el paisaje acuático ha de ser no sólo atractivo desde el punto de vista escénico, sino de tal modo diseñado que sirva como escenario que invite a la gente a dedicarse a actividades placenteras: pesca, navegación, excursiones, canto, representaciones teatrales y también, a soñar.

Los economistas objetarán que mejorar las orillas

fluviales o marítimas con el solo objeto de gozar no cabe considerarse prioridad urbana urgente, pero tampoco lo fueron la fundación del museo antropológico de la ciudad de México, el programa arqueológico de la China comunista, la reedificación exacta de la antigua Varsovia ni la de la Casa de la Ópera de Hamburgo, después de la segunda Guerra Mundial. Las violentas objeciones a la construcción del Parque Central de Nueva York aporta una lección a este respecto. No había razones competentes para acometer una empresa tan ambiciosa como la creación del Parque Central, en una época en que la ciudad sólo ocupaba el bajo Manhattan. Y sin embargo, ¡cuánto más pobre hubiera sido la ciudad de Nueva York sin el Parque Central de Manhattan y el Prospect Park de Brooklyn!

El enriquecimiento de la vida urbana con las satisfacciones cotidianas que puede proporcionar el uso imaginativo de las vías acuáticas y costas fluviales, lacustres o marítimas tiene enorme valor aun cuando éste no pueda medirse en dinero. Si los economistas desconocen cómo medir este valor y cómo incorporarlo a su formulación de las prioridades sociales, entonces la economía es una ciencia aún más dudosa de lo que se dice.

Mientras escribo estas líneas se ha levantado una violenta controversia en Nueva York sobre los méritos relativos de utilizar fondos públicos para construir el Westway, autopista subterránea cubierta por un parque público a lo largo del bajo Hudson, o usarlos para mejorar el sistema de transporte público urbano. Sé que deben mejorarse los sistemas de transporte subterráneo —ferrocarril metropolitano o metro— y de autobuses de Nueva York, aun cuando ello contribuya a agravar la degradación del núcleo de la ciudad, al incitar a sus habitantes a vivir en las afueras de ella, pero estoy aún más convencido de que la creación de un parque con fácil acceso al bajo Hudson significaría una inmensa contribución al gozar de la vida en la ciudad de Nueva York. ¿Cómo poner precio a la experiencia de "las multitudes contempladoras de agua" del *Moby Dick* de Melville, quienes quedaban inmóviles en "ensueños de mares", mientras los grandes buques navegaban en el Hudson de arriba abajo y de abajo arriba?

Negarse a considerar como prioridad social la mejora de las costas urbanas me parece lamentable expresión de una opinión estrecha sobre la vida, que es quizá la amenaza más perturbadora a la grandeza actual y futura de Estados Unidos.

SUEÑOS SOBRE EL FUTURO

Tengo ya ochenta años al escribir estas líneas. Aunque he sufrido más enfermedades orgánicas que el promedio de las personas, sigo estando lo bastante vigoroso no sólo para resentir muchos aspectos de la vida moderna, sino, lo que es más importante, para gozar del mundo y tener fe en su futuro.

Haber vivido en lugares tan diferentes y en circunstancias tan diversas me ha convencido de que la adaptabilidad y la facultad de recuperación del estado anterior es atributo universal de todos los organismos vivos —desde los ecosistemas naturales hasta el individuo humano—; es también uno de los más importantes. Para los organismos vivientes, esta elasticidad vital significa también la capacidad de recuperarse de experiencias traumáticas y de crear nuevos valores durante el proceso de recuperación.

Creo también que podemos mejorar la vida humana y el ambiente, pero no intentando un imposible retorno al mundo hipotético del noble salvaje de Rousseau, sino por medio de innovaciones sociales y tecnológicas que revelen y activen potencialidades de la naturaleza humana y de la Tierra hasta ahora no expresadas. Nuestro enfoque a estos problemas es tan burdo que me hace desesperar, pero mi juicio sobre la historia y nuestras potencialidades me da suficiente esperanza para haberme hecho adoptar la frase "El optimista desesperado" como título de la columna que acostumbraba publicar en el *American Scholar*.

Sé que un elevado porcentaje de personas ilustradas contemporáneas piensan que cualquier forma de optimismo es prácticamente incompatible con las realidades de nuestros tiempos. Y he de admitir que el pesimismo se sobrepone al optimismo en mi propia opinión acerca de no pocos problemas sociales, en particular los concernientes a las armas nucleares y al desempleo entre los jóvenes, como ya he mencionado en la sección precedente.

En contraste, soy bastante optimista en cuanto respecta a las prioridades sociales, también mencionadas en la sección anterior, así como por lo que toca a los problemas técnicos y de recursos que experimentan ahora o experimentarán en el futuro las sociedades industriales. Como dije anteriormente, estamos adquiriendo y perfeccionando habilidades que nos capacitarán para prever algunas de las consecuencias probables de ciertos acontecimientos naturales y de los cursos de acción que emprendemos.

Por otra parte, el conocimiento científico nos hace capaces de aprender a resolver la mayor parte de los problemas prácticos del mundo moderno, sean causados por la escasez de alimentos o energía, la degradación ambiental o aun, probablemente, por la sobrepoblación.

Casi todas las aserciones que hasta ahora he hecho en este libro se refieren a asuntos respecto a los cuales he llegado a conclusiones que tienen para mí casi la misma fuerza que las convicciones. Consideraré ahora algunas tendencias que parecen surgir en las sociedades modernas y a las que observo con pensamiento más anhelante que el desplegado en las partes anteriores de este libro.

Probablemente, de mayor importancia a largo plazo sean los descubrimientos científicos recientes relativos al cerebro humano y su influencia sobre el estado del cuerpo en la salud y en la enfermedad. He seleccionado los ejemplos que siguen sólo para ilustrar el largo alcance de los progresos realizados en este campo de la investigación.

Se sabía desde hace mucho tiempo que, si bien los hemisferios cerebrales derecho e izquierdo parecen anatómicamente casi iguales, sirven cada uno de ellos a muy diferentes funciones, como si nosotros estuviéramos dotados de dos mentes diferentes. En general, en la vida ordinaria parece predominar el hemisferio izquierdo, por cuanto controla facultades como la capacidad de hablar, de pensar analíticamente y de desarrollar la aptitud de calcular. Por el contrario, el hemisferio derecho está involucrado en procesos relacionados con las sensaciones, los sentimientos, la creación y valoración del arte y la percepción de configuraciones. Se piensa que la mayoría de las personas tiene bajo su control los trabajos y actividades de la vida social, y deja al hemisferio derecho libre para encargarse de asuntos menos críticos. Aun cuando hay verdaderas diferencias funcionales entre uno y otro hemisferios en todas las personas, descubrimientos muy recientes han revelado que la situación es más compleja de lo que se solía creer. Por una parte, la división de labores entre los hemisferios izquierdo y derecho no está definida con precisión. Por otra parte, en niños que han sufrido la destrucción parcial, o aun la total, de uno de los hemisferios, como resultado de enfermedad, accidente u operación quirúrgica, las funciones a que normalmente habría de servir el hemisferio perdido puede irlas asumiendo progresivamente el otro. Tenemos incluso algunos indicios de que en el caso de adultos que sufren la destrucción de uno de los hemisferios puede también ocurrir una ligera recuperación funcional. Algunos neurofisiólogos han llegado incluso a afirmar que "todas las funciones intelectuales del cerebro, lo mismo que todas las motoras, puede efectuarlas adecuadamente un solo hemisferio, sin que importe cuál de ellos sea". Aun cuando esto es seguramente una exageración, hay razones para creer que, al menos en los primeros tiempos de la vida, ambos hemisferios poseen casi las mismas potencialidades y que sus diferencias funcionales son consecuencia de posteriores especializaciones que ocurren probablemente hacia los dos o tres años de edad; pero todavía no se han aclarado las causas ni las ventajas de estos hechos funcionales.

En 1978, el neurofisiólogo japonés Tadanobu Tsunoda afirmaba en su libro *The Japanese Brain: Brain Function and East-West Culture* [El cerebro japonés: función cerebral y culturas de Oriente y Occidente], que la lengua que uno aprende de niño influye sobre la forma en que los hemisferios derecho e izquierdo adquieren sus respectivas funciones. Las diferencias entre la mente occidental y la oriental podrían así ser, en parte, manifestaciones del modo como la organización del cerebro, influida por agentes externos, determina maneras especializadas de ser en el mundo, desde actividades espaciales y verbales hasta la posesión de dones musicales o artísticos.

Uno de los grandes enigmas de la neurología es el almacenamiento de la memoria en el cerebro. Se han formulado muchas teorías respecto a la localización de la memoria en áreas específicas y en ciertos componentes químicos del cerebro; pero todas las hipótesis propuestas han resultado inadecuadas. No obstante, está ahora formulándose una teoría enteramente nueva sobre la memoria biológica —más generalmente sobre la información neuronal— que posee gran atractivo, por cuanto en realidad significa una teoría sobre la verdadera naturaleza de la mente. Se la llama "teoría holográmica". Mi única excusa para mencionar un tema del cual no tengo conocimiento científico es hacer al lector de este libro receptivo a conceptos radicalmente nuevos sobre la mente que, a mi parecer, van a ser de extrema importancia en un futuro cercano.

En óptica, los hologramas codifican mensajes transmitidos por ondas. De acuerdo con los especialistas en este campo, "hologramas de todos los tipos tienen en común el hecho de codificar información relativa a una propiedad de las ondas llamadas *fase*". Por muy extraño que parezca, una fase carece de tamaño definido y de masa absoluta; de hecho, fue virtualmente incognoscible hasta el desarrollo de la rama de la óptica denominada holografía. Reconstruir una fase, lo que es posible con un holograma, es regenerar la forma de una onda y de esta manera re-crear cualquier mensaje o imagen que la onda original comunicara al medio de registro y almacenamiento. De acuerdo con la teoría holográmica, el cerebro almacena lo que llamamos "mente" en forma de código de fase de onda.

Una línea de investigación por completo diferente ha revelado que el cerebro produce múltiples hormonas hasta ahora desconocidas, llamadas endorfinas y encefalinas. Al principio, se usó la palabra endorfina para designar una hormona peculiar producida por cierta parte del encéfalo que causa efectos semejantes a los que produce la morfina. Hay pruebas de que la secreción de endorfina aumenta en ciertos estados generadores de estrés —quizá, incluso, en los momentos que preceden a la muerte— y decrece así la percepción del dolor. La endorfina es una de las muchas hormonas descubiertas recientemente que afecta una u otra de las funciones encefálicas y, en consecuencia, modifica ciertas percepciones.

Se sabe desde hace largo tiempo que la forma de reaccionar a agentes ambientales, al contacto con otras personas, a diversas enfermedades y también, desde luego, a cualquier otra experiencia, está muy influida por el estado mental del sujeto. Y todo el mundo sabe que casi todo lo que afecta al cuerpo tiene influencia también sobre el estado mental. Así, se está acercando el día en que será posible conocer y quizá controlar hasta cierto punto los mecanismos mediante los cuales nuestro cerebro interactúa con nuestro cuerpo y condiciona las respuestas de la totalidad del organismo a la circunstancia y los acontecimientos. De hecho, la relación entre cuerpo y mente es probable que llegue a ser uno de los más importantes campos de la biología y la medicina en un próximo futuro. La principal dificultad que se presenta a las ciencias modernas de la biología y la medicina es que ambas son demasiado unilaterales. Sólo llegarán a ser verdaderamente científicas cuando hayan aceptado la doctrina de acuerdo con la cual en todos los aspectos de la vida, particularmente de la vida humana, el cuerpo y la psique están íntimamente ligados en todas las manifestaciones de la salud y la enfermedad.

La sentencia de Schumacher "Lo pequeño es bello" logró rápida y amplia popularidad, probablemente, porque corresponde a uno de los más hondos anhelos del hombre, deseo casi universal en el mundo industrializado, de escapar de las gigantescas megamáquinas sociales y tecnológicas que van controlando más y más aspectos de nuestra vida. La región se prefiere a la nación, las poblaciones de tamaño moderado a las inmensas y anónimas aglomeraciones urbanas, la empresa individual a las líneas de ensamble, las *boutiques* a los centros comerciales o grandes almacenes de departamentos. Queda por resolver si la descentralización y la diferenciación son en verdad las vías del futuro; pero las tendencias recientes y la economía de las sociedades modernas parecen armonizar con la inclinación humana simbolizada por la frase "Lo pequeño es bello". Tanto en las empresas particulares como en las instituciones gubernamentales, los gastos de administración y coordinación crecen desproporcionadamente con el tamaño. Muchas instituciones han llegado al punto de disminuir las ganancias en relación con el tamaño y no pocas al punto de obtener ganancias negativas. Por fortuna, los cambios que están produciéndose en los mundos tecnológico y social apuntan a la posibilidad de hacer que ciertas clases de pequeñez (casi siempre diferentes en cualidad de las aconsejadas por Schumacher y sus colaboradores) sean compatibles con el éxito tecnológico y social. Desde los comienzos de la Revolución industrial ha prevalecido siempre la tendencia a concentrar la fabricación de la mayor parte de los productos en unidades industriales cada vez mayores y a distribuir estos productos en lugares más y más distantes. Hasta ahora, esta política ha sido económicamente provechosa, pero es probable que se invierta como resultado de los cambios que ha traído la revolución de las comunicaciones y por las nuevas actitudes ante el trabajo.

El precio del transporte físico aumentará, casi seguramente, con mayor rapidez que otros costos, no sólo por la escasez y carestía de los combustibles fósiles, sino también a causa de nuevas mejoras técnicas de los métodos de transporte tradicionales. En contraste, los sistemas de comunicación electrónica inalámbricos van haciéndose cada vez más baratos, diversos y prácticos. Las diferencias entre el transporte físico y la comunicación electrónica crearán, por tanto, incentivos económicos, de una parte para descentralizar y dispersar la manufactura física y, de otra, para ligar electrónicamente las operaciones dispersas a la central rectora del diseño y el control.

El advenimiento de la microtecnología de procesos ha comenzado a convertir la *máquina* bruta en *ins-*

trumentos más humanos. Mientras que en las fases iniciales de la Revolución industrial el obrero era el servidor de la máquina, en la tecnología contemporánea se convertirá en el manejador o incluso dueño de los instrumentos que usa. En otras palabras, el salto industrial ofrece al obrero fabril una nueva oportunidad para convertirse en artesano.

Las microcomputadoras y otros refinados instrumentos podrían conducir a una alta tecnología del "hágalo usted mismo" que se realizaría en pequeñas unidades industriales o aun en el propio hogar, en ciertos casos. Por supuesto, los nuevos y perfeccionados instrumentos y herramientas habrán de agruparse en lugares convenientes, de modo que puedan ser adecuadamente servidos; pero el individuo tendrá mejor oportunidad que la que tuvo durante los dos últimos siglos para planificar y ordenar su trabajo, como ahora hace con su tiempo libre.

Además de sus efectos descentralizadores sobre las operaciones técnicas de la industria, los progresos de la tecnología de la comunicación y de otros aspectos de la microelectrónica harán posible que las empresas privadas y gubernamentales administrativas se dispersen más y evolucionen para convertirse en federaciones de pequeñas unidades semiautónomas.

Probablemente, la política laboral experimentará cambios aún más profundos. En nuestra época, la política general consiste en que unos cuantos individuos profesionales cobren *honorarios o sueldos* por el trabajo que realizan, mientras que muchos más —profesionales o empleados ordinarios— reciben *jornales o salarios* por el tiempo que dedican al trabajo. A medida que los problemas de empleo vayan haciéndose más costosos y complejos, los patronos pueden tender a contratar tanto trabajo como sea posible con individuos o grupos. En todo caso, el número de empleos administrativos y manuales irá disminuyendo, como sucedió con los trabajos agrícolas al mecanizarse la agricultura.

A medida que crezca el número de personas que podríamos considerar como empleadas por ellas mismas, éstas tenderán a seguir carreras especializadas, más que las administrativas u organizativas. De necesitar ayuda, acudirán en busca de auxilio no a patronos o empresarios, sino a organizaciones industriales o profesionales que sustituirán a los actuales sindicatos. El contrato de trabajo externo, industrial o administrativo, irá haciéndose cada vez más atractivo a medida que las técnicas electrónicas faciliten el control de calidad y cantidad de estas operaciones. Así sucederá particularmente en el caso de tecnologías muy complejas y refinadas.

Ya han comenzado a producirse cambios en la actitud de los trabajadores y, consecuentemente, en la política de empleo, aun antes de llegar a su plenitud la era microelectrónica. El más conocido de estos cambios es el ocurrido en las operaciones de la línea de ensamble de las plantas fabricantes de automóviles y otras industrias muy automatizadas. Ciertos expertos en eficiencia han tratado de aplicar la mentalidad ingenieril a los obreros industriales, pero los seres humanos rehúsan que los "ingeniericen" y, en consecuencia, cuanto más automatizada es la fábrica, mayor el ausentismo. Por esta razón, es mucha la experimentación ahora enfocada a cambiar la organización del trabajo fabril. Ejemplo temprano es el concepto de Kalmar, introducido por la empresa Volvo para la producción de sus automóviles. De acuerdo con este concepto, los automóviles se ensamblan no en la línea tradicional, sino que se encarga esta labor a pequeños grupos de obreros que deciden por sí mismos su sistema de cooperación y el ritmo de su trabajo. El aspecto más notable del plan Kalmar es que surgió por iniciativa de los obreros y ha evolucionado progresivamente en la medida en que éstos aprendieron a trabajar conjuntamente en pequeños grupos.

La tendencia a la descentralización se irá reforzando en virtud de la acción de factores tecnológicos sutiles, pero importantes. Si la autoridad ha de ejercerse con eficiencia, su aplicación habrá de ser crecientemente personal. Cada vez será menor el número de las personas dispuestas a *obedecer*; lo más que podrá exigírseles será que estén de *acuerdo* con las instrucciones que reciban. Los administradores no obrarán con eficacia en su función de guiar o influir al personal de sus organizaciones si no se relacionan personalmente con cada individuo. Tales relaciones personales ponen un límite al número de personas que pueden constituir una unidad operativa eficiente. El número de sujetos adecuado puede llegar quizá a un centenar, pero desde luego nunca a varios miles. Sin duda sobrevivirá la burocracia, pero adoptará una cara más humana y menos anónima, si ha de pervivir contenida en comunidades de tamaño razonable.

Podría ser que el tamaño óptimo de los grupos humanos tenga una base biológica. Como dije en páginas anteriores, las hordas humanas de la Edad de Piedra constaban, cuando más de unas centenas de individuos y lo mismo ha sucedido con las aldeas agrícolas en el curso de la historia. Cuando nuestros contemporáneos sueñan con el regreso a la tierra, tal vez fantaseen acerca de los encantos, y tranquilidad de la vida rural, pero también lo hacen motivados por un profundo anhelo vital de una comunidad humana de tamaño apropiado, determinado en el curso del desarrollo evolutivo.

La anormalidad económica del tamaño es particularmente notable en las enormes aglomeraciones urbanas. Así como los pueblos y ciudades medievales no solían pasar de los 50 000 habitantes, pues éste era el número de personas que podían alimentar los campos situados a distancia conveniente para el transporte en carretas o carros, en nuestros días son las dificultades de administración y las que plantea la recolección y eliminación de la basura y desechos los factores que limitan el crecimiento de las ciudades modernas. Por lo demás, es probable que también limiten el crecimiento de las ciudades el costo del transporte de los alimentos y la inseguridad de abastecimiento a causa de huelgas o conflictos internacionales. La escasez de alimentos que experimentó la costa atlántica de Estados Unidos después de sólo dos semanas de huelga parcial de conductores de camión, en junio de 1979, fue un aviso de los peligros inherentes a la completa dependencia en cuanto al abasto de alimentos, que han de ser llevados desde lugares distantes. El fenomenal aumento del precio de verduras, legumbres y frutas, así como la disminución de su cualidad gustativa, podrían contar entre los principales factores limitantes del crecimiento de las ciudades y estimulantes de la reanudación de la producción de alimentos dentro o cerca de las regiones urbanas. Soy consciente de las penalidades que llevaban consigo los métodos tradicionales de producción de alimentos, y no abogo por ellos; pero también creo que los conocimientos modernos harán posible desarrollar métodos prácticos para producir ciertas clases de alimentos vegetales en áreas urbanas adecuadas. Algunos de estos métodos constituyen exhibiciones de la nueva Disneylandia que ahora se ha establecido en la Florida, pero hay otros que ya han llegado a la fase de aplicación práctica. Por ejemplo, en un proyecto del *British Glass Crop Research Institute* [Instituto Británico de Investigación de Cultivos en Invernadero], las plantas crecen en canales formados por película de polietileno que tienen un declive pequeño, de un grado. La solución nutricia fluye por gravedad sobre la masa de raíces de las plantas y se recoge en un tanque, del cual, mediante bombeo, se conduce al punto de partida, con lo que se inicia un nuevo ciclo de descenso y ascenso. Este método se usa ya en más de setenta países para cultivar hortalizas de alto valor económico, como tomates y pepinos. Así, en varios lugares se cultivan matas de tomatero que alcanzan cuatro metros de altura, apoyadas en una densa masa de raíces. Se dice que esta técnica cuesto poco, es relativamente simple y utiliza poca agua. Se ha aplicado recientemente a la producción de tapetes de césped para trasplante, y dentro de poco se utilizará para producir arroz y trigo.

El establecimiento de granjas en torno de pueblos y ciudades o la introducción de especies vegetales enteramente nuevas ayudaría a eliminar los desechos orgánicos, evitaría el alto precio del transporte de alimentos frescos desde grandes distancias y, por último, aunque no en importancia, haría asequibles al habitante urbano frutos y hortalizas frescos y maduros. Industrias practicables en granjas suburbanas con tecnologías altamente refinadas podrían pronto permitir la producción local de varias clases de alimentos vegetales, lo que señalaría como antisocial la importación de manzanas, lechugas, coles, zanahorias y otras hortalizas desde cientos o aun miles de kilómetros de distancia. Lo mismo podría aplicarse a los receptores de radio o televisión y, tal vez, incluso a algunos modelos de automóviles.

Si bien cada paso de la vida humana es influido por factores genéticos y ambientales, sus aspectos más importantes trascienden las explicaciones deterministas simples. En 1605, al comienzo mismo de la era científica, Francis Bacon escribía en su *Advancement of Learning* [Adelanto del aprender]: "La invención de la aguja marinera que da la orientación no es menos benéfica para la navegación que el invento de la vela, que da el movimiento." Esta metáfora significa claramente que el progreso dependería de la fijación de metas tanto como del desarrollo de técnicas. Por lo demás, Bacon creía seguramente que la fijación de metas es siempre influida por juicios de valor. Su advertencia no tuvo mucha influencia hasta hace poco, por cuanto el movimiento, no la dirección, ha sido la preocupación principal de los responsables del desarrollo económico y tecnológico; pero el clima de opinión comienza a cambiar. Si bien la grandeza y la rapidez siguen siendo los índices de éxito más ampliamente aceptados, hemos llegado a darnos cuenta de que, etimológicamente, la palabra progreso significa tan sólo moverse hacia delante y, por todo lo que sabemos, quizá por el camino equivocado.

El concepto de progreso podría muy bien resultar indefinible, por cuanto puede referirse a diversos procesos de cambio sin relación entre sí e incluso, algunos de ellos, incompatibles. Progreso puede significar avances lógicos secuenciales traducibles al lenguaje de las computadoras; puede también significar cambios intuitivos relacionados con juicios de valor. Durante gran parte del curso de la historia, el mito del eterno retorno ha dominado el pensamiento humano acerca del futuro. Sin embargo, progresivamente, se ha sustituido o al menos complementado por la creencia de que todo en el universo se mueve continuamente hacia cierto punto omega. Si bien el Eclesiastés enseña que nada hay nuevo bajo el sol, nos vamos inclinando a creer que nuestra misión en la Tierra es la edificación de la Nueva Jerusalén. El mito del eterno retorno tiene gran atractivo, pues ofrece la satisfacción de experimentar la diversidad, al tiempo que se es parte de la eternidad; pero ya hace mucho que la civilización occidental ha adoptado un juicio sobre la vida que implica la continua creación no sólo de nuevos bienes materiales, sino también de nuevos conocimientos y nuevos valores. El antiguo mito de Prometeo simboliza la creencia de que estamos entregados a un proceso de cambio continuo hacia un nuevo estado que será diferente de todo lo pasado, aun cuando no sea exactamente lo que deseamos.

Sin embargo, durante los últimos decenios se ha ido extendiendo la creencia de acuerdo con la cual lo nuevo no es siempre preferible a lo viejo y que nuestra civilización, contra lo que pensábamos, podría no ser superior a aquella que todavía seguimos calificando de primitiva. Esto es particularmente manifiesto cuando desplazamos el acento que ponemos sobre la riqueza material y el poder de la tecnología a la calidad de la vida y del ambiente. De modo análogo, de día en día crece en nosotros el sentimiento de que, para los seres humanos, cierta vinculación tangible con el pasado es ingrediente esencial de la felicidad. Anhelamos un *ethos* que, como el mito del eterno retorno, nos ofrezca a la vez la excitación del cambio y la seguridad de retornar a un estado y lugar en que nos sintamos en casa.

La vida de Charles Lindbergh, según informa su obra, publicada después de su muerte, *Autobiography of Values* [Autobiografía de los valores], simboliza cómo ha evolucionado el mundo moderno desde una incuestionada y acrítica fascinación por las tecnologías complejas hasta el temor de que una excesiva dependencia de ellas amenace los valores humanos fundamentales. En ocasión de un viaje a Kenya en época tardía de su vida adulta, Lindbergh se intoxicó con las sensibles cualidades de la vida africana que percibió "en la danza de los masai, en el desenfreno de los kikuyu, en la desnudez de muchachos y muchachas. Uno siente estas cualidades en el sol sobre el rostro, en el polvo sobre los pies... en el aullido de las hienas, el relincho de las cebras". La experiencia de estas cualidades sensibles hizo que Lindbergh se preguntara, en su autobiografía, "¿Podría ser que la civilización fuera perjudicial para el progreso humano? [...] ¿Acabará la civilización por convertirse en desarrollo hiperespecializado del intelecto, tan organizado y artificial, tan separado de los sentidos que llegara a ser incapaz de seguir funcionando?"

Las dudas de Lindbergh acerca de la civilización y el progreso me sorprendieron muchísimo, pues yo lo había conocido en los años treinta, cuando era colega mío en el Instituto Rockefeller de Investigación Médica, donde él, en colaboración con el doctor Alexis Carrel, estaba desarrollando una bomba de perfusión que hiciera posible mantener la circulación extracorporal. En aquella época, su interés dominante, junto con la aviación, se centraba en idear y construir artefactos mecánicos para explorar lo que en su libro llama "la mecánica de la vida". La *Autobiography of Values* revela cómo finalmente complementó su interés por las habilidades mecánicas con una honda preocupación por sus implicaciones sociales y filosóficas. Conservaba un intenso interés por la ciencia moderna y, por ejemplo, le fascinaba la exploración del espacio; pero también se sentía más y más turbado al ver cómo se usaba la tecnología con propósitos triviales y destructores.

Así, Bacon al comienzo de la era científica, y Lindbergh más de dos siglos después, expresaron con diferentes palabras su preocupación por uno de los problemas centrales de la civilización moderna. La ciencia y la tecnología nos proporcionan los *medios* para crear casi cualquier cosa que deseemos, pero el desarrollo de los medios sin pensar en *metas* meritorias genera, en el mejor de los casos, una vida lúgubre, y en el peor, tal vez una tragedia. Algunas de las más espectaculares hazañas de la tecnología científica traen al recuerdo las palabras del capitán Ahab en la novela de Melville *Moby Dick*: "Todos mis medios son sensatos, mis propósitos y metas, locos." Como dije antes, sin embargo, la fuerza demoniaca no es la tecnología científica en sí, sino nuestra propensión a considerar los medios como fines, actitud simbolizada por el hecho de que medimos el éxito por el producto nacional bruto, y no por la calidad de la vida y del ambiente.

Aunque es fácil convenir en que el propósito de la tecnología ha de ser mejorar la calidad de la vida y del ambiente, más que simplemente aumentar la cantidad de cosas producidas, probablemente no sea posible imaginar cambios cualitativos que todos juzguemos deseables. La palabra misma deseable implica juicios de valor, en gran parte ajenos al dominio de la investigación científica, pues se formulan sobre la base de gustos y prejuicios individuales.

Académicos a quienes admiro mucho creen, por ejemplo, que debemos orientar mucha investigación y desarrollo científicos a la colonización del espacio. Muchos científicos y tecnólogos norteamericanos han formulado los méritos teóricos y prácticos de esta empresa, y uno de mis conocidos, un humanista francés, ve en ello algo indispensable para el crecimiento continuado de la civilización, pues todas las civilizaciones anteriores estuvieron limitadas por la finitud de nuestro planeta. Yo escucho, interesado pero escéptico. En mi opinión, podemos soñar en estrellas y otros mundos; podemos incluso flirtear con ellos, pero somos parte de la Tierra y sólo ligados a ella por un cordón umbilical podremos sobrevivir. ¡Los tripulantes de una nave espacial, norteamericanos o rusos, no podrían sobrevivir si realmente se colocaran en el ambiente del espacio! Las actuales naves espaciales y su atmósfera han sido proyectadas para hacer posible cierta forma de vida y actividades similares a las que se desarrollan en la Tierra. Podremos desarrollar la tecnología para instalar colonias en el espacio; pero éstas sólo serán verdaderamente habitables para el hombre si podemos establecer en ellas un ambiente físico-químico y biológico esencialmente idéntico al de la Tierra. Para ser adecuada como hábitat humano, una colonia espacial habría de convertirse en un ecosistema plenamente integrado, incluso con organismos varios, desde las plantas capaces de realizar la fotosíntesis y producir así una atmósfera respirable, hasta la inmensa diversidad de las especies microbianas que llevan a efecto la recirculación de la materia orgánica. En mi opinión, quizá fundada en prejuicios incrustados por mi edad, instalar en el espacio un ecosistema tan complejo y autosuficiente, adecuado para la vida del ser humano, es imposible, y ello hace de la colonización del espacio una meta tecnológica de valor muy discutible. Sin embargo, esto no disminuye en modo alguno la importancia ni el interés de las ciencias del espacio.

El hecho de que todos los seres humanos tengan las mismas necesidades fundamentales y las mismas normas fundamentales de conducta parece implicar que sería fácil idear utopías capaces de proporcionar y conservar la felicidad universal; pero esto no es realista. Las utopías abortan o mueren pronto, pues las condiciones ambientales y las aspiraciones del hombre cambian incesantemente.

Por lo demás, el concepto mismo de utopía supone que conocemos casi todo lo necesario para la felicidad humana, sin considerar que la palabra felicidad significa cosas muy diversas para las diferentes personas, aun cuando sean de la misma edad y pertenezcan al mismo grupo social. Algunas personas prefieren la vida en soledad, mientras que otras anhelan formar parte de la multitud que celebra el año nuevo en la calle 42, frente a Times Square, en Nueva York.

La falacia de los supuestos que sirven de base a las utopías ha sido recientemente demostrada por el fracaso de los modernos avances de la arquitectura en cuanto a proporcionar habitación y lugar de trabajo. Ejemplo trágico de ello nos lo ofrece el caso del proyecto habitacional gigantesco de Pruitt-Igoe, en Saint Louis, que, habiendo sido muy alabado por su diseño y construcción en los años cincuenta, hubo de dinamitarse a comienzos de los setenta, menos de veinte años después de haber recibido premios por proporcionar lo que entonces se suponía que eran las instalaciones ideales para gente de la clase media. Los planificadores que diseñaron el proyecto manifiestamente sabían poco de los estilos de vida y gustos de las personas para las cuales se construyó el edificio, y el resultado fue la general insatisfacción de sus ocupantes, el vandalismo incontrolable y la inseguridad en zaguanes y pasillos. Los planificadores y arquitectos no suelen vivir en viviendas como las que proyectan para sus clientes, sean éstos ricos o pobres.

Algunos de los juicios de valor que implica la formulación de metas tecnológicas tienen su base en características universales de la naturaleza humana; pero otros son tan diversos como las tradiciones y aspiraciones culturales de los diversos grupos humanos.

Dado que todos los seres humanos poseen una identidad genética heredada de los mismos lejanos progenitores, y que ha sido la interacción con las varias características de nuestro planeta lo que ha conformado nuestras civilizaciones, sólo podemos seguir siendo humanos si formulamos propósitos y metas compatibles con nuestra historia biológica y terrestre. La atmósfera material que respiramos y la cultural en que nos movemos han de ser compatibles con nuestro antiguo pasado. La felicidad y el arte de vivir dependen en gran medida de satisfacer necesidades antiquísimas en un contexto moderno.

Aunque el arte de vivir se ha expuesto en muy diferentes formas, todas ellas tienen en común ciertos factores que probablemente derivan de las características del escenario en que nació la humanidad, una tierra de colinas y valles, con arroyos, ríos y lagos, diversidad de animales y plantas, estaciones alternas de lluvias y sequedad, asociadas con periodos de crecimiento y de descanso de la vegetación. Durante miles de años, diversos ambientes han inspirado los temas de la mitología y nuestra imagen del paraíso en la Tierra. Incontables narraciones y pinturas han representado pastizales y tierras de cultivo cuidadas por labradores, árboles bajo los cuales los pastores cuidan del ganado mientras éste pace; surcos con agua o fuentes junto a las cuales los jóvenes se entregan a juegos de amor y los adultos meditan o filosofan. En nuestra mente podemos asociar a los beduinos y tuaregs, con grandes extensiones de tierra sin árboles; pero ellos, en su pensamiento, probablemente añoran los oasis.

Las mayores dificultades que se oponen a la formulación de las metas tecnológicas derivan del hecho de haber sido expresadas de muy distintas maneras las invariantes humanas, en las diferentes formas de lo que llamamos civilización. Nombres tales como Sumeria, Mesopotamia, Egipto, India, China, Grecia, Islam, Europa, con sus muchos aspectos, desde las edades oscuras a la Edad Media, el Renacimiento, la Ilustración y la Edad Tecnológica, traen a la mente innumerables intentos para encontrar modos de vida deseables, cada uno de los cuales se proponía metas especiales para la tecnología de la época.

Cualquiera que sea la naturaleza de las metas tecnológicas, todas ellas suponen gasto de energía. Encender y manejar el fuego, hace aproximadamente un millón de años, fue el primer salto tecnológico de la humanidad, simbolizado en el mito de Prometeo. La vida humana ha sido organizada por tanto tiempo alrededor del fuego que la llama evoca hondos y místicos recuerdos en todos los seres humanos. En las imágenes de la Tierra captadas por satélites artificiales desde su lado oscuro en la noche, el rasgo dominante es la presencia del fuego. Aun África aparece constantemente tachonada de minúsculas luces que emanan de fogatas en el monte, de ciudades o refinerías.

Hasta la Revolución industrial, todas las tecnologías usaban como única fuerza la del músculo, la leña, el viento o las caídas de agua; todas estas fuentes de energía la obtenían en último término de la del sol. Aun la hulla, el petróleo, el gas natural, de los cuales la sociedad industrial se aprovecha, tienen su origen indirecto en el sol, pues derivan de la actividad fotosintética de las plantas verdes fosilizadas hace millones de años.

Así pues, todas las grandes civilizaciones del pasado utilizaron la fuerza del sol directa o indirectamente. Los filósofos griegos, Leonardo da Vinci, Miguel Ángel, Shakespeare, Newton, Goethe, vivieron antes de la era de los combustibles fósiles. Baudelaire, Picasso o Einstein casi seguramente habrían sido tan creativos si no se hubieran utilizado la hulla y el petróleo en su época. En realidad, todos los aspectos de las artes y las ciencias, todas las manifestaciones de amor, alegría y entusiasmo se expresaron durante miles de años por gente sin acceso a los combustibles fósiles.

La provincia francesa llamada La Beauce posee un suelo agrícola altamente productivo, y la corona uno de los más famosos monumentos del mundo, la Catedral de Chartres. El trabajo de los campesinos, que han cultivado esta tierra durante milenios sin disponer de combustibles fósiles la ha hecho fértil. Aserciones similares podrían hacerse acerca de todos los paisajes humanizados del mundo. Nueva Inglaterra y el campo holandés de Pensilvania son ejemplos en el continente norteamericano. Así, la intervención del hombre en la naturaleza ha tenido como resultado frecuente la creación no sólo de nuevos ambientes, sino también de valores artísticos y espirituales, como la catedral de Chartres. El tañido de las campanas, la osadía de la arquitectura, la cualidad mística de la luz que se filtra a través de las coloridas vidrieras son producto de una complejísima tecnología del siglo XIII. De muchas y diferentes maneras, esta tecnología dependía de la energía solar, que así ayudaba a los seres humanos a experimentar el orden cósmico por medio de los órganos de los sentidos, y transportaba al espíritu humano más allá del metal, la piedra y el vidrio. Largo tiempo antes de la era de los combustibles fósiles, muchas otras tecnologías han contribuido de modo semejante a nuestro conocimiento y gozo del resto de la creación.

El hombre ha sido hijo del sol desde el comienzo de los tiempos. Como dice el proverbio italiano, "no todos podemos vivir en la plaza, pero todos podemos gozar del sol". Si se ha producido durante los siglos

410

recientes la aceleración del aumento de los conocimientos y de la producción de bienes materiales ha sido porque hemos utilizado las reservas de energía solar acumuladas en forma de árboles, hulla, petróleo y gas natural. Todas las formas del conocimiento y del arte son himnos al sol, y aun de noche, cuando la luna brilla en el cielo, la cualidad poética de su luz es en sí reflejo del sol.

La explotación de la energía solar almacenada en forma de combustibles fósiles terminará algún día. El conocimiento de este hecho explica en gran parte nuestra preocupación acerca del futuro, pero contribuirá a tranquilizarnos el saber que muchas civilizaciones alcanzaron inmensas alturas y perduraron por siglos y aun milenios mucho antes de que dispusiera el hombre de combustibles fósiles o de energía nuclear, y nuestra era probablemente se recuerde en tiempos venideros como un simple episodio menor de la aventura humana. Ahora que nuestros conocimientos son mucho mayores nos será posible avanzar mucho más lejos hacia la creación de nuevas formas de civilización, gracias al aprovechamiento de las interminablemente renovables formas de energía derivada del sol.

Hasta hace poco, la energía solar se aprovechaba principalmente en forma de leña. En 1870, la madera proporcionaba como un 70% de toda la energía que se usaba en los Estados Unidos; el porcentaje llegó a su más bajo nivel, aproximadamente un 2% hacia 1975, pero ahora ha comenzado a crecer y llega a cifras del orden del 3 a 4%, lo cual, por sorprendente que parezca, es más que el total de la energía actualmente producida por reactores nucleares. Se ha sugerido que el uso de la madera y otras formas de la biomasa seguirá aumentando hasta fines de este siglo, para alcanzar quizá como un 8% de la energía total consumida en Estados Unidos; pero éste casi seguramente será el límite superior posible.

Por supuesto, la energía solar es aprovechable de muy diferentes maneras, aparte de la utilización de la biomasa; pero aún no se han desarrollado técnicas que permitan su aprovechamiento en gran escala, y probablemente no se llegará a perfeccionar técnicas prácticas, capaces de satisfacer las necesidades de las sociedades industriales hasta bien avanzado el próximo siglo. Por consiguiente, los combustibles fósiles y los reactores nucleares seguirán siendo las principales fuentes de energía por varios decenios. En vista de los bien conocidos peligros que derivan de estas fuentes energéticas, hay razones legítimas para el pesimismo acerca del futuro lejano de la civilización tecnológica. Sin embargo, en mi opinión, las perspectivas son esperanzadoras si consideramos la energía solar desde un punto de vista más futurista.

Aun tomando en consideración su uso por todas las formas de vegetación, sólo un minúsculo porcentaje de la radiación solar interceptada por la Tierra se utiliza por el hombre y otros seres vivientes. No poseo la clase de conocimientos necesarios para sugerir cómo convertir en utilizable esta energía solar ahora no aprovechada; pero tengo suficiente fe en la inteligencia humana para creer que en los próximos cien años se desarrollarán las ciencias y tecnologías apropiadas para hacernos por completo independientes de los combustibles fósiles.

Paradójicamente, preveo que, en los siglos por venir, el mayor peligro no será la escasez de energía sino el uso excesivo de ella, en nuestra vida individual o aplicada a la manipulación del ambiente. A juzgar por la conducta de nuestra especie desde la Revolución industrial (que con mayor propiedad debiéramos llamar revolución de los combustibles fósiles), es de temer que inhibamos algunos aspectos del desarrollo humano y empeoremos la calidad de la Tierra, por entregarnos a la pereza física e intelectual, en vista de que la energía es tan abundante que podemos derrocharla sin preocupación.

Cualquiera que sea el origen y la forma de energía, su utilización excesiva será siempre peligrosa, si no nos preocupamos suficientemente por sus consecuencias inmediatas y en el futuro distante. En la medida en que las actividades humanas influyan sobre ellas, la calidad de nuestras vidas y la salud de la Tierra no serán determinadas por dificultades o potencialidades técnicas, sino por juicios de valor.

Las dificultades morales que implica la aplicación de la tecnología científica aparecen acerbamente expresadas en la carta que Charles Lindbergh escribió en 1970 al diputado Emilio Q. Daddario, quien le había invitado a formar parte de un grupo de estudio encargado de la organización del Despacho de Asesoría Tecnológica. Lindbergh rehusó unirse a dicho grupo, pero decía en su carta que estaba profundamente interesado en el nuevo enfoque del diputado a la investigación y el desarrollo científicos, por tomar en consideración sus efectos sobre la futura salud de la humanidad.

"El intelecto humano va adquiriendo conciencia de las vulnerabilidades que acompañan a su poder [...] y de que, para evitar la autodestrucción, debe ejercer control sobre su conocimiento acumulado [...]

Podemos asentar ciertos principios, uno de ellos que el hombre debe otorgar más valor a *la corriente de vida humana* que a sí mismo como individuo... que su salvación e inmortalidad radican en ella [la corriente de la vida] más que en sí mismo. Posiblemente, esto implique una religión intelectual arraigada en las religiones intuitivas del pasado." [Las bastardillas son de Dubos.]

La cuestión planteada por Lindbergh a Daddario trae a consideración uno de los más difíciles dilemas de la humanidad, quizá el dilema definitivo, a saber, la importancia relativa de la persona individual y de la comunidad en la conducción de los asuntos humanos.

Han existido muchas sociedades, especialmente en el pasado, en las que la comunidad tenía precedencia sobre la persona individual. En una relación detallada de su vida alrededor del año 1880, por ejemplo, un navajo llamado Zurdo explicaba cómo él y su pueblo tenían escasa tolerancia por la opción personal. Sin duda, en aquella época no se les había ocurrido a los navajos exaltar otra vida que no fuera la de sus antepasados. Pero dondequiera que fueran, se hallaban entre parientes y parientes de parientes; vivían en un mundo de personas ligadas entre sí por la sangre, la pertenencia al clan y la *obligación*.

Una actitud comunitaria semejante sigue hoy vigorosamente viva entre los huteritas, grupo de cristianos de origen europeo ahora establecido en 220 colonias pequeñas en Estados Unidos y Canadá. En estas colonias la finalidad de la educación de los niños es lograr la sumisión a la voluntad de los adultos, para el bien de la comunidad. Como resultado de un riguroso entrenamiento y enseñanza, son pocos los jóvenes que deciden abandonar la comunidad, pese a que la vida en ella demanda mucho y arduo trabajo y una disciplina religiosa más estricta que la prevaleciente en la sociedad con que los huteritas viven en contacto directo.

No obstante, en casi todas partes, la evolución social ha dado importancia siempre creciente a la individualidad y ha hecho de la persona individual la unidad última de valor. "El hombre consciente de sí mismo es para siempre independiente... Vive solo... Una vez que hace lo que otros, porque éstos lo hacen, un letargo se apodera insensiblemente de los más finos nervios y facultades del alma." Estas palabras de Virginia Woolf expresan bellamente el rico valor de la individualidad, pero no advierten al lector de que conceder extrema importancia a los derechos de la persona individual puede ser causa de graves peligros para nuestra supervivencia como especie. En palabras del psicólogo Robert Coles: "El yo es nuestro guía, [...] nuestra norma, esas 'necesidades' psicológicas que experimentamos, esos 'pasajes' psíquicos a través de los cuales viajamos, esas 'emociones' de que jactanciosamente hacemos gala entre nosotros." Como miembros de la generación del "MI" muchas personas contemporáneas de todas las edades, pero quizá especialmente entre los jóvenes, tratan de hallar alivio a su aburrimiento en sus problemas individuales. La frase *L'État c'est moi*, [Yo soy el Estado], atribuida a Luis XIV, pudo haber tenido cierto mérito político en algún tiempo; pero su equivalente en nuestras vidas particulares seguramente conduciría a desastres, especialmente si la adoptaran millones de personas de una sociedad determinada.

En última instancia, la salud de la humanidad podría muy bien depender de nuestra capacidad para crear el equivalente de la unidad tribal que existió al comienzo de la aventura humana, y al mismo tiempo seguir alimentando la diversidad individual, que es esencial para el ulterior desarrollo de la civilización. Debemos tender hacia alguna forma de unificación política de la humanidad; pero la unidad universal sólo será viable si es compatible con el pluralismo de nuestros hábitos, gustos y aspiraciones.

No es éste el mejor de los tiempos, pero es, no obstante, tiempo de celebración, pues aun cuando seamos conscientes de nuestra insignificancia como parte del cosmos y como miembros individuales de la familia humana, sabemos que cada uno de nosotros puede desarrollar una persona que, siendo única, sigue no obstante formando parte del orden de las cosas cósmico y humano. Los seres humanos han sido y son creativos porque son capaces de integrar el pesimismo de la inteligencia con el optimismo de la *voluntad*.

Envío

Los inmensos rebaños de animales que pacen en las regiones del África oriental donde se supone que nació la humanidad ofrecen uno de los espectáculos más excitantes de la naturaleza. Simbolizan el poder de la vida para crear una al parecer interminable diversidad de especies, cada una de ellas perfectamente adaptada a un hábitat particular y a una peculiar norma de conducta. Bellos como estos animales nos parecen y admirablemente adaptados como están a lo que la sabana provee, pueden eludir a sus cazadores humanos, pero todos sufren la limitación que les impone el ser prisioneros de la evolución darwiniana, que es irreversible y determina dónde y cómo tienen que vivir.

En contraste, los seres humanos viven benditos por la libertad y la flexibilidad de la evolución social, que es casi totalmente reversible. Aunque seguimos siendo miembros de la especie biológica *Homo sapiens*, hemos experimentado muchas y diferentes formas de vida, y algunos de nosotros somos aún hoy cazadores y recolectores, pastores, campesinos, artistas, marineros, obreros fabriles o apartados intelectuales. Hemos sido miembros de bandas errantes, de sedentarias aldeas o ciudades, o de comunidades académicas y religiosas de vida claustral.

En el curso de la historia, y también de la prehistoria, hemos gozado de la libertad de elegir nuestro curso, de cambiar de dirección, y aun de reandar nuestros pasos a fin de alcanzar las metas que nos hemos propuesto. El futuro determinista opera en la vida humana igual que en otras formas de la vida; pero ha sido continua y crecientemente complementado por el futuro deseado basado en valores y aspiraciones humanos.

A semejanza de otros seres humanos en todas las etapas de la historia y la prehistoria, estamos todavía en el camino. Constantemente nos renovamos al desplazarnos a nuevos lugares y experimentar nuevas vivencias. Dondequiera que intervengan seres humanos, la tendencia no es nunca destino, pues la vida comienza de nuevo para ellos en cada amanecer. *Demain, tout recommence.*

Podemos diferir unos de otros por nuestros respectivos gustos y metas; podemos incluso menospre-

417

ciar mucho de lo que vemos en nuestro entorno; pero casi todos nosotros nos uniríamos a la llamada de clarín de Thoreau en su *Walden*: "No propongo escribir una oda a la aflicción, sino jactarme tan impúdicamente como Chanteclaire en la aurora, posado en su tejado, no más fuera para despertar a mis vecinos", para la celebración de la vida.

ÍNDICE

Prólogo 7

I. *La humanización del* Homo sapiens . . 11

La familia humana global, 11; Mis raíces, 16; El
ser humano como animal, 21; Diversidad social en
la humanidad, 30; Del *Homo sapiens* al ser humano, 35; Los orígenes de la humanidad, 38; La socialización del *Homo sapiens*, 45; Las variantes del
ser humano, 53

II. *El pasado, lugares públicos y autodescubrimiento* 63

La vida como experiencia, 63; Supervivencia del
pasado, 67; Ambientes naturales y artificiales, 81;
Imágenes de la humanidad, 104; Opciones y creatividad, 120; Agradecimientos, 130

III. *Pensar globalmente, pero actuar localmente* 139

Soluciones locales a los problemas globales, 139; La
aldea global, 146; Los Países Bajos, campo horizon-
tal construido por el hombre, 161; Manhattan, la
ciudad vertical, 186; El trotamundos en casa, 202

IV. *La tendencia no es el destino* 216

El síndrome de Beauvais, 216; El poder material
y las fuerzas espirituales, 220; Tendencias mundiales y tristeza contemporánea, 231; Adaptaciones sociales al futuro, 240

V. *Recursos materiales y riqueza de la vida en recursos.* 251

De la vida silvestre a la naturaleza humanizada, 251; Materias primas y recursos, 266; Los méritos de la escasez de energía, 281

VI. *Optimismo a pesar de todo.* 317

Civilización y civilidad, 317; En busca de certidumbres, 324; Comunidades humanas, 333; Riqueza, tecnología y felicidad, 355; Prioridades sociales, 369; Sueños sobre el futuro, 388; Envío, 416

Se terminó la impresión de esta obra
en el mes de octubre de 1985, en
"La Impresora Azteca", S. de R. L.,
Av. Poniente 140 N° 681-1, colonia
Ind. Vallejo, 02300, México, D. F.
Se tiraron 10 000 ejemplares

"Why, Andrew, boy," she said, trembling, smiling, sobbing, beaming all at once, " didn't you know that people cry for very joy sometimes ? "

And as I shook my head she bent down and kissed me.

MY AUNT SUSAN

MY AUNT SUSAN

I HELD the lamp, while Aunt Susan cut up the pig.

The whole day had been devoted, I remember, to preparations for this great event. Early in the morning I had been to the butcher's to set in train the annual negotiations for a loan of cleaver and meat-saw; and hours afterward had borne these implements proudly homeward through the village street. In the interval I had turned the grindstone, over at the Four Corners, while the grocer's hired man obligingly sharpened our carving-knife. Then there had been the even more back-aching task of clearing away the hard snow from the accustomed site of our wood-pile in the yard, and scraping together a frosted heap of chips and bark for the smudge in the smoke-barrel.

From time to time I sweetened this toil, and helped the laggard hours to a swifter pace, by

paying visits to the wood-shed to have still
another look at the pig. He was frozen very
stiff, and there were small icicles in the crevices
whence his eyes had altogether disappeared.
My emotions as I viewed his big, cold, pink
carcase, with its extended legs, its bland and
pasty countenance, and that awful emptiness
underneath, were much mixed. Although I was
his elder by seven or eight years, we had been
close friends during all his life—or all except
a very few weeks of his earliest sucking pighood,
spent on his native farm. I had fed him daily ;
I had watched him grow week by week ; more
than once I had poked him with a stick as he ran
around in his sty, to make him squeal for the
edification of neighbours' boys who had come into
our yard, and would now be sharply ordered out
again by Aunt Susan.

As these kindly memories surged over me I
could not but feel like a traitor to my old com-
panion, as he lay thus hairless and pallid before
my eyes. But then I would remember how good
he was going to be to eat—and straightway
return with a light heart to the work of kicking
up more chips from the ice.

From the living-room in the rear of our little
house came the monotonous incessant clatter of
Aunt Susan's carpet loom. Through the window
I could see the outlines of her figure and the back

of her head as she sat on her high bench. It was
to me the most familiar of all spectacles, this
tireless woman bending resolutely over her work.
She was there when I first cautiously ventured
my nose out from under the warm blanket of a
winter's morning. Very, very often I fell asleep
at night in my bed in the recess, lulled off by the
murmur of the diligent loom.

Presently I went in to warm myself, and stood
with my red fingers over the stove top. She cast
but one vague glance at me, through the open
frame of the loom between us, and went on with
her work. It was not our habit to talk much in
that house. She was too busy a woman, for one
thing, to have much time for conversation. The
impression that she preferred not to talk was
always present in my boyish mind. I call up the
picture of her still as I saw her then under the
top bar of the cumbrous old machine, sitting with
lips tight together, and resolute, masterful eyes
bent upon the twining intricacy of web and woof
before her. At her side were piled a dozen or
more big balls of carpet rags, which the village
wives and daughters cut up, sewed together and
wound in the long winter evenings, while the men-
folks sat with their stockinged feet on the stove
hearth, and read out the latest " news from the
front " in their *Weekly Tribune.*

I knew all these rag balls by the names of

their owners. Not only did I often go to their
houses for them, upon the strength of the general
village rumour that they were ready, and always
carry back the finished lengths of carpet; but I
had long since unconsciously grown to watch all
the varying garments and shifts of fashion in the
raiment of our neighbours, with an eye single to
the likelihood of their eventually turning up at
Aunt Susan's loom. When Hiram Mabie's
chequered butternut coat was cut down for his
son Roswell, I noted the fact merely as a stage of
its progress toward carpet rags. If Mrs. Wilkins
concluded to turn her flowered delaine dress a
third year, or Sarah Northrup had her bright
saffron shawl died black, I was sensible of a wrong
having been done our little household. I felt like
crossing the street whenever I saw approaching
the portly figure of Cyrus Husted's mother, the
woman who dragged everybody into her house to
show them the ingrain carpet she had bought at
Tecumseh, and assured them that it was much
cheaper in the long run than the products of my
Aunt's industry. I tingled with indignation as
she passed me on the side-walk, puffing for breath
and stepping mincingly because her shoes were
too tight for her.

Nearly all the knowledge of our neighbours'
sayings and doings which reached Aunt Susan
came to her from me. She kept herself to her-

self with a vengeance, toiling early and late, rarely
going beyond the confines of her yard save on
Sunday mornings, when we went to church, and
treating with frosty curtness the few people who
ventured to come to our house on business or
from social curiosity. For one thing, this Juno
Mills in which we lived was not really our home.
We had only been there for four or five years—
a space which indeed spanned all my recollections
of life—but left my Aunt more or less a stranger
and newcomer. She spared no pains to maintain
that condition. I can see now that there were
good reasons for this stern aloofness. At the
time I thought it was altogether due to the proud
and unsociable nature of my Aunt.

In my child's mind I regarded her as distinctly
an elderly person. People outside, I know, spoke
of her as an old maid, sometimes winking
furtively over my head as they did so. But she
was not really old at all—was in truth just barely
in the thirties. Doubtless the fact that she was
tall and dark, with very black hair, and that years
of steady concentration of sight upon the strings
and threads of the loom had scored a scowling
vertical wrinkle between her near-sighted eyes,
gave me my notion of her advanced maturity.
And in all her ways and words, too, she was so
far removed from any idea of youthful softness !
I could not remember her having ever kissed me.

My imagination never evolved the conceit of her kissing anybody. I had always had at her hands uniformly good treatment, good food, good clothes; after I had learned my letters from the old maroon plush label on the Babbitt's soap box which held the wood behind the stove, and expanded this knowledge by a study of street signs, she had herself taught me how to read, and later provided me with books for the village school. She was my only known relative—the only person in the world who had ever done anything for me. Yet it could not be said that I loved her. Indeed she no more raised the suggestion of tenderness in my mind than did the loom at which she spent her waking hours.

" The Perkinses asked me why you didn't get the butcher to cut up the pig," I remarked at last, rubbing my hands together over the hot stove griddles.

" It's none of their business ! " said Aunt Susan, with laconic promptness.

" And Devillo Pollard's got a new overcoat," I added. " He hasn't worn the old army one now for upwards of a week."

" If this war goes on much longer," commented my Aunt, " every carpet in Dearborn County 'll be as blue as a whetstone.

I think that must have been the entire conversation of the afternoon. I especially recall the

remark about the overcoat. For two years now
the balls of rags had contained an increasing pro-
portion of pale blue woollen strips, as the men of
the country round about came home from the
South, or bought cheap garments from the second-
hand dealers in Tecumseh. All other colours had
died out. There was only this light blue, and
the black of bombazine or worsted mourning into
which the news in each week's papers forced one
or another of the neighbouring families. To
obviate this monotony, some of the women dyed
their white rags with butternut or even cochineal,
but this was a mere drop in the bucket, so to
speak. The loom spun out only long, depressing
rolls of black and blue.

My memory leaps lightly forward now to the
early evening, when I held the lamp in the wood-
shed, and Aunt Susan cut up the pig.

How joyfully I watched her every operation !
Every now and again my interest grew so beyond
proper bounds that I held the lamp sidewise, and
the flame smoked the chimney. I was in mortal
terror over this lamp, even when it was standing
on the table quite by itself. We often read in the
paper of explosions from this new kerosene, by
which people were instantly killed and houses
wrapped in an unquenchable fire. Aunt Susan
had stood out against the strange invention, long
after most of the other homes of Juno Mills were

familiar with the idea of the lamp. Even after she had yielded, and I went to the grocery for more oil and fresh chimneys and wicks, like other boys, she refused to believe that this inflammable fluid was really squeezed out of hard coal, as they said. And for years we lived in momentary belief that out lamp was about to explode.

My fears of sudden death could not, however, for a moment stand up against the delighted excitement with which I viewed the dismemberment of the pig. It was very cold in the shed, but neither of us noticed that. My Aunt attacked the job with skilful resolution and energy, as was her way, chopping small bones, sawing vehemently through big ones, hacking and slicing with the knife, like a strong man in a hurry.

For a long time no word was spoken. I gazed in silence as the head was detached, and then resolved itself slowly into souse—always tacitly set aside as my special portion. In prophecy I saw the big pan, filled with ears, cheeks, snout, feet, and tail, all boiled and allowed to grow cold in their own jelly—that pan to which I was free to repair anytime of day until everythi ng was gone. I thought of myself, too, with apron tied round my neck, and the chopping-bowl on my knees, reducing what remained of the head into small bits, to be seasoned by my Aunt, and then fill other pans as headcheese. The sage and summer-savoury hung in paper flour bags from the rafters overhead. I looked up at them with rapture. It seemed as if my mouth already tasted them in headcheese and sausage, and in the hot gravy which basted the succulent spare-rib. Only the abiding menace of the lamp kept me from dancing with delight.

Gradually, however, as my Aunt passed from the tid-bits to the more substantial portions of her task, getting out the shoulders, the hams for smoking, the pieces for salting down in the brine-barrel, my enthusiasm languished a trifle. The lamp grew heavy as I changed it from hand to hand, holding the free fingers at a respectful distance over the chimney-top for warmth, and shuffling my feet about. It was truly very cold. I strove to divert myself by smiling at the big shadow my bustling Aunt cast against the house side of the shed, and by moving the lamp to affect its proportions, but broke out into yawns instead. A mouse ran swiftly across the scantling just under the lean-to roof. At the same time I thought I caught the muffled sound of distant rapping, as if at our own rarely used front door. I was too sleepy to decide whether I had really heard a noise or not.

All at once I roused myself with a start. The lamp had nearly slipped from my hands, and the horror of what might have happened frightened me into wakefulness.

"The Perkins girls keep on calling me 'wise child.' They yell it after me all the while," I said, desperately clutching at a subject which I hoped would interest my Aunt. I had spoken to her about it a week or so before, and it had stirred her quite out of her wonted stern calm. If anything would induce her to talk now, it would be this.

"They do, eh?" she said, with an alert sharpness of voice which dwindled away into a sigh. Then, after a moment, she added, "Well, never you mind. You just keep right on, tending to your own affairs, and studying your lessons, and in time it'll be you who can laugh at them and all their low down lot. They only do it to make you feel bad. Just don't you humour them."

"But I don't see——" I went on, "why—what do they call me 'wise child' *for?* I asked Hi Budd, up at the Corners, but he only just chuckled and chuckled to himself, and wouldn't say a word."

My Aunt suspended work for the moment, and looked severely down upon me. "Well! Ira Clarence Blodgett!" she said, with grim emphasis, "I am ashamed of you! I thought you had more pride! The idea of talking about things like that with a coarse rough hired man—in a barn !"

To hear my full name thus pronounced, syllable by syllable, sent me fairly weltering, as it were, under Aunt Susan's utmost condemnation. It was the punishment reserved for my gravest crimes. I hung my head, and felt the lamp wagging nervelessly in my hands. I could not deny even her speculative impeachment as to the barn ; it was blankly apparent in my mind that the fact of the barn made matters much worse.

" I was helping him wash their two-seated sleigh," I submitted, weakly. " He asked me to."

" What does that matter ? " she asked peremptorily. " What business have you got going around talking with men about me ? "

" Why, it wasn't about you at all, Aunt Susan," I put in more confidently. " I said the Perkins girls kept calling me 'wise child,' and I asked Hi——"

Aunt Susan sighed once more, and interrupted me to inspect the wick of the lamp. Then she turned again to her work, but less spiritedly now. She took up the cleaver with almost an air of sadness.

" You don't understand—yet," she said. " But don't make it any harder for me by talking. Just go along, and say nothing to nobody. People will think more of you."

R

My mind strove in vain to grapple with this
suggested picture of myself, moving about in
perpetual dumbness, followed everywhere by
universal admiration.   The lamp would *not* hold
itself straight.

All at once we both distinctly heard the sound
of footsteps close outside.   The noise of crunching
on the dry, frozen snow came through the thin
clap-boards with sharp resonance.   Aunt Susan
ceased cutting and listened.

" I heard somebody rapping at the front door a
spell ago," I ventured to whisper.   My Aunt
looked at me, and probably realised that I was too
sleepy to be accountable for my actions.   At all
events, she said nothing, but moved toward the
low door of the shed, cleaver in hand.

" Who's there ? " she called out in shrill,
belligerent tones, and this demand she repeated,
after an interval of silence, when an irresolute
knocking was heard on the door.

We heard a man coughing immediately outside
the door.   I saw Aunt Susan start at the sound—
almost as if she recognised it.   A moment later
this man, whoever he was, mastered his cough
sufficiently to call out, in a hesitating way :

" Is that you, Susan ? "

Aunt Susan raised her chin on the instant, her
nostrils drawn in, her eyes flashing like those of
a pointer when he sees a gun lifted.   I had never

seen her so excited. She wheeled round once, and covered me with a swift, penetrating, comprehensive glance, under which my knees smote together, and the lamp lurched perilously. Then she turned again, glided towards the door, halted, moved backward two or three steps—looked again at me, and this time spoke.

" Well, I *swan!* " was what she said, and I felt that she looked it.

" Susan ! Is that you ? " came the voice again, hoarsely appealing. It was not the voice of any neighbour. I made sure I had never heard it before. I could have smiled to myself at the presumption of any man calling my Aunt by her first name, if I had not been too deeply mystified.

" I've been directed here to find Miss Susan Pike," the man outside explained, between fresh coughings.

" Well, then, mog your boots out of this as quick as ever you can ! " my Aunt replied, with great promptitude. " You won't find her here! "

" But I *have* found her ! " the stranger protested, with an accent of wearied deprecation. " Don't you know me, Susan ? I am not strong, this cold air is very bad for me."

" I say ' get out ! ' " my Aunt replied sharply, Her tone was unrelenting enough, but I noted that she had tipped her head a little to one side, a clear sign to me that she was opening her mind to argument. I felt certain that presently I should see this man.

And, sure enough, after some further parley, Susan went to the door, and, with a half-defiant gesture, knocked the hook up out of the staple.

"Come along then, if you must!" she said, in scornful tones. Then she marched back till she stood beside me, angry resolution written all over her face, and the cleaver in her hand.

A tall, dark figure, opaque against a gleaming background of moonlight and snowlight, was what I for a moment saw in the frame of the open doorway. Then, as he entered, shut and hooked the door behind him, and stood looking in a dazed way over at our lamplit group, I saw that he was a slender, delicately featured man, with a long beard of yellowish brown, and gentle eyes. He was clad as a soldier, heavy azure-hued caped overcoat and all, and I already knew enough of uniforms—cruel familiarity of my war-time infancy —to tell by his cap that he was an officer. He coughed again, before a word was spoken. He looked the last man in the world to go about routing up peaceful households of a winter's night.

"Well, now—what is your business?" demanded Aunt Susan. She put her hand on my shoulder as she spoke, something I had never known her to do before. I felt confused under this novel caress and it seemed only natural that the stranger, having studied my Aunt's face in a wistful way for a moment, should turn his gaze upon me. I was truly a remarkable object, with Aunt Susan's hand on my shoulder.

"I could make no one hear at the other door. I saw the light through the window here, and came around," the stranger explained. He sent little straying glances at the remains of the pig, and at the weapon my Aunt held at her side, but for the most part looked steadily at me.

" That doesn't matter," said Aunt Susan, coldly. "What do you want, now that you *are* here? Why did you come at all? What business had you to think that I ever wanted to lay eyes on you again? How could you have the courage to show your face here—in *my* house?"

The man's shoulders shivered under their cape, and a wan smile curled in his beard. "You keep your house at a very low temperature," he said with grave pleasantry. He did not seem to mind Aunt Susan's hostile demeanour at all.

"I was badly wounded last September," he went on, quite as if that was what she had asked him, "and lay at the point of death for weeks. Then they sent me North, and I have been in the hospital at Albany ever since. One of the nurses there, struck by my name, asked me if I had any relatives in her village—that is, Juno Mills. In that way I learned where you were living. I suppose I ought not to have come—against doctor's orders—the journey has been too much—I have suffered a good deal these last two hours."

I felt my Aunt's hand shake a little on my shoulder. Her voice, though, was as implacable as ever.

"There is a much better reason than that why you should not have come," she said, bitterly.

The stranger was talking to her, but looking at me. He took a step toward me now, with a softened sparkle in his eyes, and an outstretched hand. "This—this then is the boy, is it?" he asked.

With a gesture of amazing swiftness Aunt Susan threw her arm about me, and drew me close to her side, lamp and all. With her other hand she lifted and almost brandished the cleaver.

"No, you don't!" she cried. "You don't touch him! He's mine! I've worked for him day and night, ever since I took him from his dying mother's breast. I closed her eyes. I forgave her. Blood is thicker'n water after all. She was my sister. Yes, I forgave poor Emmeline, and I kissed her before she died. She gave the boy to me, and he's mine! Mine, do you hear?—*mine?*"

" My dear Susan——" our visitor began.

"Don't 'dear Susan' me! I heard it once—
once too often. Oh, never again! You left me
to run away with her. I don't speak of that. I
forgave that when I forgave her. But that was
the least of it. You left her to herself for months
before she died. You've left the boy to himself
ever since. You can't begin now. I've worked
my fingers to the bone for him—you can't make
me stop, now."

" I went to California," he went on in a low
voice, speaking with difficulty. "We didn't get
on together as smoothly as we might, perhaps,
but I had no earthly notion of deserting her. I
was ill myself, laying in yellow-fever quarantine
off Key West, at the very time she died. When
I finally got back, you and the child were both
gone. I could not trace you. I went to the war.
I had made money in California. It is trebled
now. I rose to be Colonel—I have a Brigadier's
brevet in my pocket now. Yet I give you my
word I never have desired anything so much, all
the time, as to find you again—you and the
boy."

My Aunt nodded her head comprehendingly.
I felt from the tremor of her hand that she was
forcing herself against her own desires to be dis-
agreeable.

" Yes, that war," was what she said. " I know

about that war! The honest men that go get
killed. But you—*you* come back!"

The man frowned wearily, and gave a little
groan of discouragement. "Then this is final, is
it? You don't wish to speak with me; you
really desire to keep the boy—you are set against
my ever seeing him—touching him—why then—
of course—of course—excuse my——"

And then for the first time I saw a human
being tumble in a dead swoon. My little brain,
dazed and bewildered by the strange new things
I was hearing, lagged behind my eyes in follow-
ing the sudden pallor on the man's face—lagged
behind my ears in noting the tell-tale quaver and
gasp in his voice. Before I comprehended what
was toward—lo! there was no man standing in
front of me at all.

Like a flash Aunt Susan snatched the lamp
from my grasp and flung herself upon her knees
beside the limp and huddled figure. After a
momentary inspection of the white, bearded face,
she set the lamp down on the frozen earth floor
and took his head upon her lap.

"Take the lamp, run to the buttery and bring
the bottle of hartshorn!" she commanded me,
hurriedly. "Or, no—wait—open the door—that's
it—walk ahead with the light!"

The strong woman stood upright as she spoke,
her shoulders braced against the burden she bore

in her arms. Unaided, with slow steps, she carried the senseless form of the soldier into the living room, and held it without rest of any sort, the while I, under her direction, wildly tore off quilts, blankets, sheets and feather-tick from my bed and heaped them up on the floor beside the stove. Then, when I had spread them to her liking, she bent and gently laid him down.

"*Now* get the hartshorn," she said. I heard her putting more wood on the fire, but when I returned with the phial she sat once again with the stranger's head upon her knee. She was softly stroking the fine, waving brown hair upon his brow, but her eyes were lifted, looking dreamily at far-away things. I could have sworn to the beginnings of a smile about her parted lips. It was not like my Aunt Susan at all.

"Come here, Ira," I heard her say at last, after a long time had been spent in silence. I walked over and stood at her shoulder, looking down upon the pale face upturned, against the black of her worn dress. The blue veins just discernible in temples and closed eyelids, the delicately–turned features, the way his brown beard curled, the fact that his breathing was gently regular once more— these are what I saw. But my Aunt seemed to demand that I should see more.

"Well?" she asked, in a tone mellowed beyond

all recognition.   " Don't you—don't you see who
it is ? "

I suppose I really must have had an idea by
this time. But I remember that I shook my head.

My Aunt positively did smile this time. " The
Perkins girls were wrong," she said ; " there isn't
the least smitch of a ' wise child ' about *you !* "

There was another pause. Emboldened by
consciousness of a change in the emotional atmo-
sphere, I was moved to lay my hand upon my
Aunt's shoulder. The action did not seem to
displease her, and we remained thus for some
minutes, watching together this strange addition to
our family party.

Finally she told me to get on my cap, comforter
and mittens, and run over to Dr. Peabody's and
fetch him back with me. The purport of my
mission oppressed me.

" Is he going to die then ? " I asked.

Aunt Susan laughed outright. " You little
goose," she said ; " do you think the doctors kill
people *every* time ? "

And, laughing again, with a trembling softness
in her voice and tears upon her black eye-lashes,
she lifted her face to mine—and kissed me !

*   *   *   *   *

No fatality dogged good old Doctor Peabody's
big footsteps through the snow that night. I fell
asleep while he was still at my Aunt's house, but

not before the stranger had recovered consciousness, and was sitting up in the large rocking-chair,
and it was clearly understood that he was soon to
be well again.

The kindly, garrulous doctor did more than
reassure our little household.   He must have spent
most of the night going about reassuring the
other households of Juno Mills.   At all events,
when I first went out next morning—while our
neighbours were still eating their buckwheat cakes
and pork-fat by lamplight—everybody seemed to
know that my father, the distinguished Colonel
Blodgett, had returned from the war on sick leave,
and was lying ill at the house of his sister-in-law.
I felt at once the altered attitude of the village
toward me.   Important citizens who had never
spoken to me before—dignified and portly men in
blue cut-away coats with brass buttons, and high
stiff hats of shaggy white silk—stopped now to
lay their hands on the top of my head and ask
me how my father, the Colonel, was getting along.
The grocer's hired man gave me a Jackson ball and
two molasses cookies the very first time I saw him.
Even the Perkins' girls, during the course of the
afternoon, strolled over to our front gate, and,
instead of hurling enigmatic objurgations at me,
invited me to come out and play.   The butcher of
his own accord came and finished cutting up the
pig.

These changes come back to me as one part of the great metamorphosis which the night's events had wrought. Another part was the definite disappearance of the stern-faced, tirelessly toiling old maid I had known all my life as Aunt Susan. In her place there was now a much younger woman, with pleasant lines about her pretty mouth, and eyes that twinkled when they looked at me, and who paid no attention to the loom whatever, but bustled cheerily about the house instead, thinking only of good things for us to eat.

I remember that I marked my sense of the difference by abandoning the old name of Aunt Susan, and calling her now just " Auntie." And one day in the mid-spring, after she and her convalescent patient had returned from their first drive together into the country round about, she told me, as she took off her new bonnet in an absent-minded way, and looked meditatively at the old disused loom, and then bent down to brush my forehead with her warm lips—she told me that henceforth I was to call her Mother.